国家科学技术学术著作出版基金资助出版

中国航天科技前沿出版工程·中国航天空间信息技术系列
"十二五"国家重点图书出版规划项目

Dynamics and Control over Elongated Asteroids

细长小行星探测动力学与控制

曾祥远 李俊峰 刘向东 著

清华大学出版社
北 京

内 容 简 介

太阳系内已经发现的小行星数以百万计,它们形态各异,存在诸多不同于地球等大行星的奇特动力学现象。为深入理解和揭示上述现象的动力学机理,书中选取细长小行星为研究对象,分析不规则引力场特征及其绕飞探测器动力学特性等。全书共计 6 章,主要内容分为两大部分:(1)小行星引力场描述——不规则引力场建模方法、Chermnykh 偶极子模型及其改进模型的动力学特性分析,包括引力平衡点分布、平衡点稳定性与局部流形等;(2)小行星引力场中质点动力学,包括自然周期轨道、广义甩摆轨道、太阳帆航天器本体悬停轨道等。本书可供航天动力学、深空探测等领域研究者参考,也可供对小行星探测感兴趣的人员阅读。

图书在版编目(CIP)数据

细长小行星探测动力学与控制/曾祥远,李俊峰,刘向东著. —北京:清华大学出版社,2019
(中国航天科技前沿出版工程·中国航天空间信息技术系列)
ISBN 978-7-302-52273-7

Ⅰ. ①细…　Ⅱ. ①曾…　②李…　③刘…　Ⅲ. ①外行星探测器－轨道力学 ②外行星探测器－飞行控制　Ⅳ. ①V476.4

中国版本图书馆 CIP 数据核字(2019)第 024552 号

责任编辑:佟丽霞
封面设计:傅瑞学
责任校对:赵丽敏
责任印制:宋　林

出版发行:清华大学出版社
　　　　网　　　址:http://www.tup.com.cn,http://www.wqbook.com
　　　　地　　　址:北京清华大学学研大厦 A 座　　　　　邮　　编:100084
　　　　社 总 机:010-62770175　　　　　　　　　　　　邮　　购:010-62786544
　　　　投稿与读者服务:010-62776969,c-service@tup.tsinghua.edu.cn
　　　　质量反馈:010-62772015,zhiliang@tup.tsinghua.edu.cn
印　刷　者:三河市铭诚印务有限公司
装 订 者:三河市启晨纸制品加工有限公司
经　　　销:全国新华书店
开　　　本:185mm×260mm　　　　印　张:11　　　　字　　数:268 千字
版　　　次:2019 年 7 月第 1 版　　　　　　　　　　　印　　次:2019 年 7 月第 1 次印刷
定　　　价:79.00 元

产品编号:070676-01

序言

人们流连于层峦叠嶂之间时，忍不住会赞叹大自然的鬼斧神工；人们徜徉在海边或湖畔时，可能会被漂亮的鹅卵石吸引。假如你去遨游太空，就会发现很多大大小小、奇形怪状的石块散落在太阳系中，像地球一样绕着太阳运行。这些"太空怪石"有些飞行在地球轨道附近，有些在木星轨道上伴随在木星的"鞍前马后"，有些游荡在海王星轨道以外，但更多的则聚集在火星和木星轨道之间，形成了一个巨大的环带。它们大的直径上千公里，块头小的则仅有几米，而且部分石块表面有着深坑和悬崖等复杂的地形。

这些"太空怪石"正是本书的研究对象——小行星。小行星轨道分布以及地形地貌等，是人类近 200 年来不断探索得到的信息。作为太阳系形成后的残余物质，小行星还有很多有趣而神秘的故事等待你去发现，等待人类去探索。

曾祥远博士自研究生阶段开展深空探测动力学与控制相关研究已约 10 年。本书是作者近几年重要科研成果的系统性整理，重点阐述了细长小行星的动力学特性。我们研究团队近 20 年来一直从事航天动力学与控制研究工作，结合国家重大基础工程，面向世界航天动力学前沿，在火星探测、月球探测、小行星探测、轨道设计与优化、航天器充液晃动等方向做出一些成果。本团队在清华大学出版社已出版两部动力学与控制方面专著，第一部是《深空探测动力学与控制》，共 10 章，每一章讲一个专题；第二部是《太阳帆航天器动力学与控制》，是第一部专著中第 10 章内容更详细更系统的阐述，包含更丰富的研究成果。这本书可以与前两部构成一个系列。书中自小行星的奇特动力学入手，再由不规则引力场描述、平衡点特性、自然周期轨道，讲到悬停探测轨道等，渐次递进，适合于读者由浅入深了解小行星动力学研究。

随着国际航天科技发展，小行星探测的动力学与控制问题成为研究热点，相关的学术专著还较少见。希望此专著为有志于研究小行星探测动力学与控制的读者揭开神秘面纱之一角，愿有越来越多的同仁关注航天动力学发展。

星空浩瀚，追梦无止。

李俊峰　于清华园

2019 年 3 月 1 日

前言

小行星探测是 21 世纪深空探测领域的重要方向之一,小行星不规则引力场内的动力学与控制问题则是探测任务轨道设计的理论基础和亟待解决的关键问题。自 20 世纪 70 年代,人类对小天体的航天探测才逐渐兴起。已有的理论研究、天文观测以及航天探测实践,使得人们对这些奇形怪状的"太空石块"有了基本了解,但仍缺乏系统深入的认知。目前国内小行星探测研究方兴,理论分析和未来工程实践均面临诸多挑战。作为小行星研究领域的专业书籍,书中主要阐述了作者有关小行星动力学的研究成果,包括小行星引力场简化模型及其动力学特性、引力场近似方法、环绕小行星的周期轨道、广义甩摆和应用太阳帆的悬停探测等。全书内容具体安排如下:

第 1 章介绍小行星探测意义、研究进展与挑战、奇特动力学特性等。

第 2 章为小行星引力场中轨道动力学基础,简要介绍不规则引力场建模方法与极子棒模型,分析 Chermnykh 偶极子模型及其绕飞质点动力学。

第 3 章研究一类改进偶极子模型,讨论改进模型的平衡点分布与稳定性等问题。

第 4 章针对细长小行星介绍两类引力场近似方法,包括平衡点位置逼近方法和引力梯度近似方法。

第 5 章探讨小行星不规则引力场中的周期轨道,介绍分层网格法和最优控制法等两类周期轨道搜索方法,给出多族周期轨道并分析轨道特性。

第 6 章研究两类特殊轨道:广义甩摆和本体悬停。分析不规则引力场中广义甩摆的动力学机理;简要介绍太阳帆航天器,研究太阳帆在小行星引力场内的悬停飞行。

除已经标明的引用外,全部内容均为作者近几年研究成果。书中公式和符号较多,同一符号在不同章节可能含义不同,请读者注意具体说明。

感谢国家自然科学基金"细长形小行星引力场拓扑动力学与轨道控制研究"(11602019)、"碎石堆小行星的不规则散体建模与 N 体动力学仿真研究"(11572166)、"深空探测中的若干关键非线性不确定性动力学与控制问题研究"(11432001)、中国科协青年人才托举工程(2016QNRC001)、北京理工大学优秀青年教师资助计划(2015YG0605)的大力支持。本书获得 2017 年度国家科学技术学术著作出版基金资助(2017-A-001)。曾祥远特此感谢家人,感谢美国工程院院士 Kyle T. Alfriend 教授、Srinivas R. Vadali 教授、国际宇航科学院院士 Giovanni Vulpetti、宝音贺西教授、唐胜景教授、张景瑞教授等的指导、合作与帮助。

限于作者水平,不妥或错误之处恳请批评指正。

编　者

2018 年 10 月

目录

第 1 章　绪论 ……………………………………………………………………… 1

1.1　引言 …………………………………………………………………………… 2

1.2　小行星分类与细长小行星 …………………………………………………… 3

　1.2.1　轨道分布与光谱特性 …………………………………………………… 3

　1.2.2　细长小行星 ……………………………………………………………… 5

1.3　小行星探测进展与挑战 ……………………………………………………… 6

　1.3.1　小行星探测任务 ………………………………………………………… 6

　1.3.2　小行星探测之挑战 ……………………………………………………… 7

1.4　小行星的奇特动力学 ………………………………………………………… 9

　1.4.1　雅科夫斯基效应和 YORP 效应 ……………………………………… 10

　1.4.2　引力平衡点与局部流形 ………………………………………………… 11

1.5　周期轨道与悬停轨道 ………………………………………………………… 13

　1.5.1　自然周期轨道 …………………………………………………………… 13

　1.5.2　悬停飞行轨道 …………………………………………………………… 15

1.6　小结 …………………………………………………………………………… 16

参考文献 …………………………………………………………………………… 16

第 2 章　不规则小行星引力场模型 …………………………………………… 21

2.1　引言 …………………………………………………………………………… 22

2.2　轨道动力学建模 ……………………………………………………………… 23

　2.2.1　引力作用范围与参考坐标系 …………………………………………… 23

　2.2.2　质点运动方程 …………………………………………………………… 25

2.3　不规则引力场的描述 ………………………………………………………… 27

　2.3.1　引力场建模方法概述 …………………………………………………… 28

　2.3.2　多面体法 ………………………………………………………………… 30

　2.3.3　简化模型法 ……………………………………………………………… 33

2.4　Chermnykh 偶极子模型 …………………………………………………… 35

　2.4.1　动力学方程 ……………………………………………………………… 36

　2.4.2　引力平衡点 ……………………………………………………………… 37

2.5　偶极子模型平衡点特性 ……………………………………………………… 40

　2.5.1　平衡点拓扑分类 ………………………………………………………… 41

　2.5.2　平衡点附近扰动解 ……………………………………………………… 42

2.6　小结 ……………………………………………………………………… 47

参考文献 ……………………………………………………………………… 47

第 3 章　偶极子模型的改进 …………………………………………………… 51

3.1　引言 ……………………………………………………………………… 52

3.2　单椭球偶极子模型 ……………………………………………………… 52

3.3　赤道面内引力平衡点 …………………………………………………… 54

3.3.1　平衡点分布特征 …………………………………………… 56

3.3.2　模型参数对平衡点的影响 ………………………………… 58

3.4　赤道面内平衡点稳定性 ………………………………………………… 61

3.4.1　共线平衡点 ………………………………………………… 62

3.4.2　非共线平衡点 ……………………………………………… 64

3.5　赤道面外引力平衡点 …………………………………………………… 65

3.5.1　平衡点位置 ………………………………………………… 66

3.5.2　模型参数的影响 …………………………………………… 67

3.6　赤道面外平衡点稳定性 ………………………………………………… 68

3.7　双椭球偶极子模型 ……………………………………………………… 71

3.7.1　引力平衡点 ………………………………………………… 71

3.7.2　三类双椭球改进模型 ……………………………………… 72

3.8　小结 ……………………………………………………………………… 76

参考文献 ……………………………………………………………………… 77

第 4 章　用简化模型近似细长小行星引力场 ………………………………… 79

4.1　引言 ……………………………………………………………………… 80

4.2　偶极子模型近似细长小行星 …………………………………………… 80

4.2.1　平衡点位置近似方法 ……………………………………… 81

4.2.2　仿真算例与讨论 …………………………………………… 84

4.2.3　偶极子模型近似效果 ……………………………………… 87

4.3　极子棒模型动力学特性 ………………………………………………… 90

4.3.1　动力学方程与受力比 ……………………………………… 91

4.3.2　引力平衡点与稳定性 ……………………………………… 92

4.4　引力梯度近似方法 ……………………………………………………… 97

4.4.1　简化模型参数优化 ………………………………………… 97

4.4.2　小行星(8567)1996 HW1 算例 …………………………… 98

4.4.3　与其他简化模型的比较 …………………………………… 101

4.5　仿真算例与讨论 ………………………………………………………… 102

4.5.1　误差分析与计算效率 ……………………………………… 102

4.5.2　近似 433 Eros 小行星 ·························· 105

4.6　小结 ··························· 106

参考文献 ··························· 107

第 5 章　环绕细长小行星的周期轨道 ··························· 109

5.1　引言 ··························· 110

5.2　环绕周期轨道 ··························· 111

5.2.1　周期轨道定义 ··························· 111

5.2.2　传递矩阵与单值矩阵 ··························· 112

5.2.3　分层网格法与轨道延拓 ··························· 113

5.3　小行星 1620 Geographos 绕飞周期轨道 ··························· 115

5.3.1　引力平衡点局部周期轨道 ··························· 116

5.3.2　大范围周期轨道 ··························· 118

5.4　其他类型周期轨道 ··························· 120

5.4.1　线性稳定平衡点 E_1 绕飞轨道 ··························· 121

5.4.2　线性稳定三角平衡点周期轨道 ··························· 122

5.4.3　其他新型周期轨道 ··························· 124

5.5　最优控制方法求解周期轨道 ··························· 125

5.5.1　间接法求解周期轨道 ··························· 126

5.5.2　两类赤道面内周期轨道 ··························· 128

5.5.3　倾角轨道及其延拓 ··························· 131

5.6　小结 ··························· 132

参考文献 ··························· 133

第 6 章　广义甩摆与太阳帆悬停 ··························· 135

6.1　引言 ··························· 136

6.2　广义甩摆 ··························· 136

6.2.1　甩摆轨道能量方程 ··························· 137

6.2.2　单次甩摆动力学机理 ··························· 139

6.3　广义甩摆参数化讨论 ··························· 140

6.3.1　近拱点对甩摆轨道的影响 ··························· 140

6.3.2　小行星附近逃逸轨道 ··························· 143

6.4　本体悬停飞行与太阳帆航天器 ··························· 146

6.4.1　悬停飞行动力学建模 ··························· 146

6.4.2　太阳帆航天器 ··························· 147

6.4.3　太阳帆简化模型 ··························· 148

6.5　悬停探测球形小行星 ··························· 150

　6.5.1　太阳帆悬停动力学 ………………………………………… 151

　6.5.2　太阳帆模型对悬停轨道的影响 …………………………… 153

　6.5.3　小行星自转周期与悬停半径 ……………………………… 155

6.6　悬停探测细长小行星 …………………………………………… 157

　6.6.1　太阳帆航天器可行悬停轨道 ……………………………… 158

　6.6.2　悬停探测小行星 951 Gaspra …………………………… 162

6.7　小结 ……………………………………………………………… 164

参考文献 ……………………………………………………………… 165

第1章

绪论

1.1 引言

浩瀚星空宛若无垠的画卷，展示着难以名状的深邃之美。对未知好奇的天性与了解自然的渴求，激励着人们不断向深空迈进，在一次次伟大的冒险之旅中，尽情展现着人类的智慧、浪漫和一往无前的勇气。历经 40 多年的太空旅行(1977 年发射)，携带着载有地球问候语金质唱片的"旅行者 1 号"已进入恒星际空间，且仍在不断刷新着深空的记录；从日地 L_1 点轨道"借走"去探测哈雷彗星的 ISEE-3 探测器，在 2014 年 8 月与美国宇航局(NASA)的设计师 Farquhar 擦肩而过，再一次远离地球而去；2000 年的情人节，第一颗以小行星为直接探测目标的 NEAR 飞行器成功绕飞爱神星(433 Eros①)；2011 年，美国喷气推进实验室(JPL)的工程师们提出了一个疯狂的想法，拟邀请一颗小行星到地月系统"做客"；2016 年的 7 月 31 日晚，超期服役两年多的"玉兔号"月球车发出最后一条晚安的微博，从此长眠于月球[1]。上述故事仅撷取了深空探测大潮中的几朵浪花，面对星辰大海的征途，人类从未停止前进的脚步。

北京时间 2014 年 11 月 13 日凌晨，"菲莱"着陆器(Philae)在彗星表面成功着陆，成为人类历史上首颗着陆彗星的探测器。这是欧空局(ESA)"罗塞塔"(Rosetta)任务的一部分，该探测器于 2004 年 3 月发射，历经 10 年太空飞行，于 2014 年 8 月成功交会 67P/Churyumov-Gerasimenko 彗星，并在绕飞三个月后成功释放着陆器[2]，图 1.1 分别给出轨道器及着陆器的特写。实际上，该项目早在 20 世纪 70 年代就被提出，于 1993 年批准实施，这个几乎穷尽一代科技人员职业生涯的伟大项目，无疑将小天体探测推向了新的高峰！尼罗河畔的罗塞塔石碑打开了通往古埃及历史文明的大门，人们以石碑之名命名该项目，就是希望它为人类揭开彗星是否为地球提供了生命所需的有机物等谜题，进而在研究太阳系及人类起源等问题中起到突破作用。

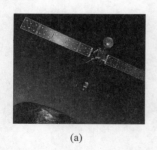 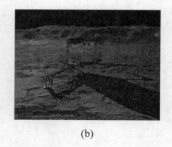

(a) (b)

图 1.1 "罗塞塔"彗星探测器与"菲莱"着陆器示意图

(a) "罗塞塔"环绕探测器；(b) "菲莱"着陆器

太阳系内除了 8 颗大行星、已辨认的 5 颗矮行星(Dwarf planet)外，还存在着数以亿计的小天体，其中绝大多数是位于主小行星带的小行星，另外还包括彗星以及柯伊伯带(Kuiper belt)天体等。截至目前太阳系内发现的小天体逾 110 多万颗，它们大小不一、形状各异、轨道分布及自旋状态等亦不相同，为科学研究和航天探测带来了极大挑战。

相比于"西瓜"一样的大行星，"芝麻"大小的小行星不过 200 多年的研究历史。1801 年

① 各章首次提到小行星时以"数字＋名称"形式表示，如 433 Eros，后文将略去数字

意大利天文学家 Piazzi 发现了第一颗小行星——谷神星(1 Ceres,2006 年被重新归类为矮行星)。受科技水平限制和人们观念的影响,小行星观测与研究工作进展非常缓慢,直至 1970 年被正式编号的小行星尚不足五千颗。在真正进入航天时代以前,人们只能通过地面观测获取小行星的数据。1971 年"水手 9 号"(Mariner 9)探测器获得了火星卫星 Phobos 和 Demos 的照片,人类才首次揭开了小行星地形地貌的奥秘。20 年后,木星探测器"伽利略号"(Galileo)飞越 951 Gaspra 小行星并拍照,1993 年飞越 243 Ida 小行星时首次确认了太阳系内双小行星系统的存在[3]。图 1.2 展示了酷似马铃薯的 Gaspra 小行星(18.2km×10.5km×8.9km)、Ida 小行星(59.8km×25.4km×18.6km)以及它的小月亮 Dactyl(1.6km×1.4km×1.2km)。

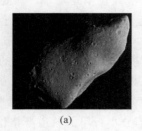 

(a)　　　　　　　　　　　　　　　(b)

图 1.2　小行星 951 Gaspra(a)、小行星 243 Ida 和 Dactyl 双小行星(b)

伴随世界范围内第二轮深空探测热潮的兴起[4],小行星逐渐成为科学探测的重点目标。通过地面观测以及航天探测等活动,人类目前已初步了解太阳系内小行星的大致轨道分布、基本化学组成、内部结构及个别小天体的地形地貌等。随着研究的深入,人们惊奇地发现这些不起眼的"太空石块"蕴含着丰富的太阳系早期物质。对小天体开展科学探测,将有助于揭示太阳系起源、行星演化及生命起源等谜题,丰富科学研究的内涵和推动人类空间科技的发展。此外,部分近地小行星对地球具有潜在撞击威胁,如 2013 年 2 月一颗直径约 15 米的小行星坠毁在俄罗斯车里亚宾斯克上空,导致多人受伤及建筑物受损。从未来小天体防御[5]的实际出发,开展小行星探测对于提前获取目标信息及制定防御策略等,具有重要的现实意义。

放眼人类历史发展的长河,15 世纪的"大航海时代"造就了一批世界性大国。迪亚士、达·伽马、哥伦布等一大批航海先驱探索了新的航线,使得葡萄牙和西班牙成为第一代世界大国。麦哲伦船队的环球航行证明了地圆说,增进了人们对地球的认知并促进了科学的发展。之后,荷兰、法国、英国等一大批欧洲国家先后崛起,经过 170 多年的追赶,中国也逐渐走上自己的强国之路。21 世纪以来,随着知识的积累和科学技术的进步,各国航天事业都取得了长足的发展,加强国际合作成为人们的共识与提高创新能力的重要方式[6]。各航天大国或机构除了争夺优势空间资源外,未来是否会有更多的国际合作,包括寻找地外宜居星球、共同防御对地球有撞击威胁的小行星等?人类是否会跨入"大航天时代",携手续写人类文明的新篇章,让我们拭目以待。

1.2　小行星分类与细长小行星

1.2.1　轨道分布与光谱特性

小行星指那些围绕太阳运行的比行星质量小得多的天体,是依据系统的质量和体积对太阳系内天体进行分类的结果。"小行星"一词在汉语中最早见于 1855 年[7]，对应于英文中的"minor planet"，日文则称为"小惑星"。现在狭义的小行星应是除彗星和大行星卫星以外的小天体，对应英文中"asteroid"。书中小行星应理解为广义上的小行星（minor celestial bodies），包括小行星、彗星以及大行星的卫星等各类小天体。谷神星的发现主要是受提丢斯-波得定则（Titius-Bode law）的激励，预测在距离太阳约 2.8 AU（AU 为天文单位，1 AU 为日地平均距离 1.496×10^8 km）处应该有一颗行星[8]。为此，在谷神星发现后的近 100 年里，新的小行星的观测都集中在谷神星轨道附近。直至 1898 年 Eros 的发现，人们注意到其近日点仅有 1.13 AU，这才意识到小行星并非全部位于火星和木星之间。

随着天文观测技术水平不断提高，被发现的小行星数量不断增加。根据它们的轨道分布，研究人员将其大致分为如下几类：距离太阳由近及远依次为近地小行星（Near Earth objects）、主带小行星（Main belt asteroids）、特洛伊小行星（Trojan asteroids）、半人马小行星（Centaurs）和柯伊伯带小行星。特别地，近地小行星由于存在撞击地球的潜在可能性而备受关注，如近年来一直跟踪研究的 99942 Apophis 小行星。为进一步区分近地小行星的轨道分布，又可将其归为 3 类（或 4 类），分别为阿登型（Atens）、阿波罗型（Apollos）和阿莫尔型（Amors），如图 1.3 所示。其中 Aten 族群中一部分小行星的轨道严格位于地球轨道之内，被称为阿迪娜型（Atiras 或 Apoheles）。另外，与太阳-木星系统三角平动点处特洛伊小行星类似，太阳-火星等系统三角平动点处发现的小行星称为对应系统的特洛伊小行星。

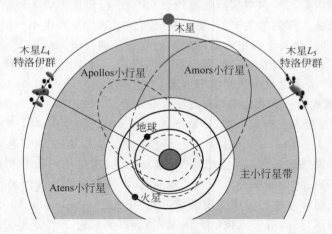

图 1.3　典型近地小行星、主小行星带、特洛伊小行星轨道分布示意图

另一种常见的小行星分类方法是按照光谱特性划分的，主要反映各小行星表面性质和物质组成的不同。反照率（Albedo）是衡量小行星表面结构和化学成分的重要参数，表征着行星或卫星反射光的能力，天文学家便是依据小行星的反照率和亮度来粗略估计它的大小。反照率取值范围为 [0,1]，即从完美黑体至完全反射。目前，基于反照率和反射光谱，一般将小行星分为反照率较大 [0.10,0.22] 的石质小行星 S 型、反照率较小 [0.03,0.09] 的碳质小行星 C 型、具有相似光谱但不同组成的 X 型以及一些其他异常类型[9]。

在已经发现的小行星中，约 75% 为 C 型，近 17% 为 S 型，其他的则绝大多数为 X 型中的亚类 M 型小行星。作为参照，月球的反照率约为 0.07，而金星的高达 0.6。另据统计发现上述小行星的轨道分布也存在一定的规律，C 型小行星大多位于主带小行星的外侧，而 S 型和 M 型则更多靠近主带内侧。我们已经知道由于木星轨道共振作用而导致"柯克伍德空隙"（Kirkwood gap）的出现，又是什么机制使得不同光谱类型的小行星呈现上述分布规律？不同反照率的小行星物质组成与演化机制有哪些特性？这些都是目前行星科学领域研究的重点。

1.2.2　细长小行星

在过去的研究中，人们对于一类具有细长外形的小行星特别感兴趣，因为它们典型的不规则外形与（近）球形相差甚远。原来广泛应用于近球形大行星的引力场建模方法，在细长小行星表面附近时近乎完全失效，促使人们不得不另辟蹊径，寻找新的引力场建模方法。相比于轨道分布和光谱类型等分类，细长小行星（Elongated asteroids）并非严格的分类定义，而是根据外形所挑选的一类研究对象。胡维多和 Scheeres 曾基于三轴惯量提出一个形状特征数[10]，用以描述小行星的质量分布特征，该参数可以从一定程度上反映小行星的形状，但很难用其定义形状。常见的哑铃形小行星（Dumbbell-shaped asteroids）显然属于细长小行星，如 216 Kleopatra、2063 Bacchus、4769 Castalia 以及密接双星（Contact-binary asteroids）（8567）1996 HW1 和 67P/Churyumov-Gerasimenko 等。除此之外，一些长短轴之比较大的小行星也属于此类，包括 Ida、Eros、Gaspra、1620 Geographos 及 25143 Itokawa（中文名"丝川"）等。

为了直观地理解细长小行星概念，图 1.4 给出了两颗小行星对比图，图中 Itokawa 属于典型的细长小行星，而 101955 Bennu 则为近球形小行星（非细长形）。图 1.4（a）所示为 2005 年 9 月"隼鸟号"探测器在距离 Itokawa 约 8km 处拍摄的照片，其酷似生姜的外形由"头"和"身体"两部分组成，经由凹陷的颈部区域连接在一起，三维尺寸约为 $535 \times 294 \times 209$m。根据"隼鸟号"导航数据等可估算出其系统质量为 $(3.58 \pm 0.18) \times 10^{10}$ kg，进而可得平均密度为 $(1.95 \pm 0.14) \times 10^3$ kg/m³。基于 Itokawa 的多面体模型[11]，可得其三轴转动惯量 $[I_{xx}, I_{yy}, I_{zz}]^T$ 分别为 $[3.8914, 9.1408, 9.6189]^T \times 10^8$ kg·km²，对应的形状特征数 $(I_{yy} - I_{xx})/(I_{zz} - I_{xx}) = 0.9165$，非常接近理想细长体的 1.0。

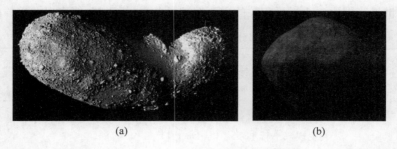

(a)   (b)

图 1.4　细长小行星 Itokawa 与近球形小行星 Bennu

(a) 25143 Itokawa；(b) 101955 Bennu

近地小行星 Bennu 为美国 OSIRIS REx 任务探测目标（OSIRIS REx 全称 Origins Spectral Interpretation Resource Identification Security Regolith Explorer[12]，中文译名"源光谱释义资源安全风化层辨认探测器"），运行在轨道半长轴约 1.1264 AU 的椭圆轨道上，目前仅有雷达观测模型[13]。数据显示它的平均半径约 246 ± 10m，系统质量 $6 \sim 7.76 \times 10^{10}$ kg，平均密度 $(1.26 \pm 0.07) \times 10^3$ kg/m³。其三维尺寸约为 $576 \times 539 \times 526$m，基于多面体模型可

得三轴转动惯量分别为 $[1.3749, 1.4285, 1.5421]^T \times 10^9 \text{kg} \cdot \text{km}^2$，对应形状特征数为 0.3206。因此，Bennu 虽然具有不规则的外形和表面陨击坑等，但整体外形更趋向于球体。

　　由于小行星数量庞大且形态各异，很难（像地球等近球形大行星一样）给出较为统一的动力学性质以及探测轨道设计方法等。书中选取细长小行星为主要研究对象，寻找合适的引力场描述方法，研究它们共有的动力学特性。通过讨论小行星附近的周期轨道和悬停轨道等，揭示小行星引力场中特殊动力学行为，为人们了解细长小行星提供参考，为未来航天探测任务奠定理论基础。同时，本书希望藉此细长小行星为突破口，为其他不规则小天体问题分析提供一种研究思路。

1.3　小行星探测进展与挑战

1.3.1　小行星探测任务

　　20 世纪 90 年代以来，世界各航天大国或空间机构纷纷提出各自的深空探测计划，包括 NASA 的"新太空计划"、ESA 的"曙光女神计划"以及日本的"月球和小行星探测计划"等。2004 年，中国探月工程正式立项，拉开了我国深空探测的序幕。在上述探测计划的支持下，以小天体为直接目标的任务已开展 6 项，包括美国的"尼尔-舒梅克号"（NEAR-Shoemaker）、"黎明号"（Dawn）以及 2016 年 9 月刚发射的 OSIRIS-REx 探测器、日本的"隼鸟号"（Hayabusa）和"隼鸟 2 号"（Hayabusa-2）、ESA 的"罗塞塔号"等。

　　特别地，我国的"嫦娥二号"探测器在圆满完成探月任务后，使用剩余燃料成功开展了一系列拓展任务。探测器自环月轨道出发，首先飞往日地拉格朗日点 L_2 点，在完成一个拟周期轨道的完整飞行后，继续飞往深空，并于 2012 年 12 月近距离飞越近地小行星 4179 Toutatis，首次拍摄并传回了它表面的清晰图像，实现了我国在小行星探测领域零的突破。中国学者黄江川和季江徽等有机会第一次使用自主观测数据分析 Toutatis 的外形地貌与自旋状态等[14]，改进了人们对 Toutatis 的认识，为未来深空探测积累了宝贵经验。表 1.1 列出了近 30 年来世界范围内与小行星相关的主要探测任务，包括飞越、绕飞以及采样返回等。

表 1.1　部分代表性小行星探测任务简述

任务名称 发射时间 发射机构	小行星探测任务描述
Galileo 1989.10 NASA	1991 年飞越探测小行星 951 Gaspra，1993 年飞越探测小行星 243 Ida（首次发现双小行星系统 Ida-Dacty1）
Near-Shoemaker 1996.2 NASA	1997 年飞越小行星 253 Mathilde，2001 年登陆小行星 433 Eros（首颗绕飞并登陆小行星的探测器）
Cassini 1997.10 NASA/ESA/ASI①	2000 年偶遇小行星 2685 Masursky 并远距离飞越，2004 年进入环土星轨道并成功分离着陆器 Huygens。2005 年 Huygens 交会土卫六 Titan 并成功着陆（首颗外太阳系着陆器）

---

①　ASI：Italian Space Agency，"意大利宇航局"简称。

续表

Deep Space 1 1998.10 NASA	1999 年 7 月飞越探测小行星 9969 Braille,2001 年 9 月飞越探测彗星 19P/Borrelly
Stardust 1999.2 NASA	2002 年远距离飞越小行星 5535 Annefrank,2004 年飞越彗星 81P/Wild 并将采集的慧发样本运回地球,2011 年飞越彗星 9P/Tempel
Hayabusa 2003.5 JAXA	2005 年 9 月交会小行星 25143 Itokawa,同年 11 月登陆小行星并采样,于 2010 年 6 月返回地球(首颗小行星采样返回探测器)
ROSETTA 2004.3 ESA	2008 年飞越小行星 2867 Steins,2010 年飞越小行星 21 Lutetia,2014 年 8 月交会彗星 67P/Churyumov-Gerasimenko 并于 11 月释放着陆器 Philae 成功着陆(首颗彗星环绕探测器及着陆器)
Deep Impact 2005.1 NASA	2005 年 7 月飞越彗星 9P/Tempel(又名"Tempel 1")并释放撞击器成功撞机彗核,2010 年飞越彗星 103P/Hartley-2
New Horizons 2006.1 NASA	2006 年偶遇小行星 132524 APL(又名"2002 JF56")并远距离飞越,2015 年 7 月 14 日以 12500km 距离飞越矮行星 Pluto。预计 2019 年飞越探测柯伊伯带小天体(486958)2014MU$_{69}$
Dawn 2007.9 NASA	2011 年 7 月交会探测主带小行星 4 Vesta("灶神星"),2015 年交会探测矮行星"谷神星"1 Ceres
Chang'e-2 2010.10 (CASA)	绕月球飞行并拍照,2011 年 8 月飞抵日地拉格朗日点 L_2 点并绕飞探测,2012 年 12 月近距离飞越探测小行星 4179 Toutatis
Hayabusa 2 2014.12 JAXA	2018 年 7 月交会小行星 162173 Ryugu (1999 JU3),一年半时间绕飞探测及采样,预计 2019 年飞离小行星并于 2020 年 12 月返回地球
OSIRIS-REx 2016.9 NASA	2018 年交会近地小行星 101955 Bennu (1999 RQ36),开展 500 多天绕飞探测,预计 2020 年 7 月完成采样,于 2023 年 9 月返回地球

由表 1.1 可知,小行星探测任务从"伽利略号"的简单飞越向着绕飞、着陆、采样返回等复杂方向发展。以一次完整的采样返回任务为例,轨道设计大致分为 7 个阶段:地心逃逸段、日心转移段、目标小行星俘获段、近距离探测段、小行星逃逸段、日心返回段、地球再入段,其中涉及航天器长期在轨飞行、精密定轨、深空测控通信等诸多关键技术。近距离探测的方式包括环绕飞行、悬停飞行、着陆采样等操作[15],这与地球、火星等引力场内的开普勒轨道极为不同。

1.3.2 小行星探测之挑战

小行星不规则的引力场极为复杂且差别较大,探测器在小行星附近的运动控制仍是亟待解决的技术难点,也是开展小行星探测活动必须面对的挑战。准确把握小行星附近的轨道动力学特性,将是任务成功实施的前提和基础。目前的地面观测还无法提供小行星的准确信息（包括运动状态、外形及引力场数据等），探测器只能在接近目标的同时进行测量和校准。无论是日本的"隼鸟号"，还是欧空局的"罗塞塔"探测器，为了能够顺利执行采样或子探测器着陆任务，航天器需要不断调整和降低轨道高度，获取满足任务要求的高精度引力场数据。实际上，每次接近操作都存在着因参数估计不准确而导致任务失败的巨大风险，即撞向小行星表面或飞离目标引力场等[16]。

上述困难会直接反映在航天器的实际飞行中。以日本的"隼鸟号"任务为例，在采样操作之前，轨道器拟释放一个微小型着陆器"智慧女神"（MINERVA，全称 Micro/Nano Experimental Robot Vehicle for Asteroid）。MINERVA 通过内部的动量轮实现在 Itokawa 弱引力表面的移动和跳跃探测，开展小行星表面拍照等研究。该着陆器于 2005 年 11 月 12 日投放，但未能成功着陆且未被 Itokawa 俘获，最终进入了日心轨道，成为一颗绕太阳运行的小卫星[17]。事后查明"隼鸟号"投放着陆器的实际高度距离小行星表面约 200m，而原定投放高度为 60~70m，即投放着陆器的指令错过了最佳投放时机。失败的直接原因推测是对"隼鸟号"飞行轨迹估计不足（释放着陆器由地面指令控制），而更深层次的原因或是当时对 Itokawa 不规则引力场的认识还不够充分。

另一个遗憾来自"罗塞塔"任务的着陆器"菲莱"，它虽然成功降落至 67P 彗星表面，但并未将自己固定在预定着陆区域，而是落地反弹后掉入一个几乎没有光照的悬崖底部。这使得"菲莱"在耗尽自身能源后进入"沉睡"状态，之后基本没再提供新的科学数据。实际上，欧空局的项目人员在"罗塞塔"绕飞 67P 一段时间后，为"菲莱"挑选了几个可能着陆区域，综合论证后才选定了一块较为平坦的地方作为最终着陆地点。即便如此，"菲莱"依然未能着陆在计划区域，可见小天体近距离探测挑战之大。

作为"罗塞塔"任务的探测目标，67P 彗星丘留莫夫-格拉西缅科的三维尺寸为 $4.1\text{km} \times 3.2\text{km} \times 1.3\text{km}$，平均密度约 $0.4 \times 10^3 \text{kg/m}^3$，自转周期 12.4 小时，总质量 $1.0 \pm 0.1 \times 10^{13} \text{kg}$，由此估算其逃逸速度约 1m/s。据 ESA 官方消息，"菲莱"着陆时用于固定的鱼叉系统出了故障，只能依靠三条腿来把自己固定在彗星表面。对彗核地表地质特征了解不够准确、加之固定依附系统故障，"菲莱"落地反弹在所难免。对于彗核 1m/s 的低逃逸速度，"菲莱"经过反弹后能最终降落至彗核表面已属不易。若 67P 的尺寸小到和 Itokawa 一个量级，那"菲莱"的命运很有可能和 MINERVA 一样，成为太空里又一个飘荡的小卫星。因此，深入研究小行星地貌地质特征、分析小行星引力场分布，对于近距离航天探测及着陆采样等活动格外重要。

小行星 Itokawa 的表面重力加速度仅为 $\sim 0.1\text{mm/s}^2$（地球表面重力的 10^{-5} 倍），表面逃逸速度约 0.2m/s，释放着陆器在其表面稳定着陆、继而完成稳定表面移动极具挑战，着陆速度稍大就会出现落地反弹。如果反弹速度低于表面逃逸速度，随着碰撞的能量衰减，最终有可能降落在小行星表面。若反弹速度大于表面逃逸速度，着陆器的最终命运将很难准确预测。因此，在设计小行星着陆器或者表面探测机器人时，如何实现稳定抓地与成功完成表面移动将是未来重要发展方向之一[18]。

在以往的火星和月球探测中，着陆器一般为轮式探测车。对于小行星表面探测器而言，传统的轮式探测车很难适应其复杂的地表结构（大量陨击坑、悬崖、碎石堆结构等），容易发生侧翻或弹跳。同时，小行星的表面弱引力使得车轮与地面接触力很小，牵引力稍大便会高于最大表面摩擦力，进而导致车轮打滑而无法有效行进。此外，为了避免化学推进剂等污染小行星,微小型着陆器不采用反作用推力式。因此,为了适应小行星不规则弱引力场和复杂多变的地表,需要研发设计全新的表面探测机器人,包括但不限于跳跃式机器人、柔性附着机器人,以及特殊抓地机器人等[19]。

早在 1999 年,日本东京大学的 Yoshimitsu 和日本空间科学研究所(ISAS)的 Kubota 等人便着手 MINERVA 的研制工作[19]。作为 Hayabusa 的备选载荷,他们对圆柱外形的 MINERVA 跳跃探测进行了理论分析和落塔试验等[20]。1999 年 JPL 的 Fiorini 等[21]设计了球形跳跃机器人,可以在微重力环境中实现滚动和跳跃。2002 年日本东北大学 Yoshida 等[22]设计了一种足部带爪的三足爬行机器人,用以完成定点探测和攀爬悬崖等任务,如图 1.5(a)所示。之后,Yoshida 研究组进一步对多足机器人探测小行星的适应性和稳定性开展了研究[23]。2008 年,Bellerose 和 Scheeres[24]对椭球体近似的小行星表面动力学进行了理论分析,给出了曲面上弹跳运动的近似解析解。2012 年,Nagaokay 和 Yoshida 等[25]研制了一种毛刷跳跃机器人,通过将偏心轮和毛刷弯曲跳跃机制相结合,实现了新的表面跳跃探测方式。

(a)　　　　　　　　　　　　　(b)

图 1.5　小行星表面探测机器人

(a) 三足带爪机器人;(b) JPL 的 PUFFER 机器人

2017 年 3 月 NASA 发布了一款非常萌的弹出式平板折叠探测机器人,取名 PUFFER (Pop-Up Flat Folding Exploring Robot)①。该款机器人高约 7cm,重约 150g,是 JPL 以折纸为灵感开发的火星探测最新设备,如图 1.5(b)所示。试验表明,它可以通过折叠身体穿过狭小空间或进入探测车无法驶入的洞穴,还可利用尾巴支撑攀爬斜坡或越过障碍物等。JPL 的研发团队表示,在一次任务中,可以派出数十个 PUFFER,专门负责钻探洞穴等实地探测,将表面样本带回着陆器进行分析。上述研究为小行星表面探测机器人研制提供了新的思路,但目前仍处于地面测试阶段。迄今为止,世界范围内还没有完全成功的小行星表面探测器,作为未来探测的重要方式之一,有必要进行深入研究。

1.4　小行星的奇特动力学

随着小行星探测任务的开展和科学研究的不断深入,研究人员对于小行星不规则引力场有了初步了解。由于不规则外形与快速自旋的耦合作用,小行星会存在一些不同于传统大行星的奇特动力学现象。本节重点介绍对于小行星演化具有重要作用的雅科夫斯基效应

---

① https://gameon.nasa.gov/projects/puffer/

和 YORP 效应,以及快速自旋不规则引力场中的平衡点与局部流形等。小行星引力场中的自然周期轨道和悬停探测轨道将在下一节单独讨论。

1.4.1 雅科夫斯基效应和 YORP 效应

近年来,小行星天文观测及相关理论研究取得了一系列瞩目成果,发现双星系统、三小行星系统、运行轨道奇特的"逆骨"(Niku)小行星[26]等。同时,人类已经观测证实了雅科夫斯基效应(Yarkovsky effect)和 YORP(Yarkovsky-O'Keefe-Radzievskii-Paddack)效应。由于小行星不规则的外形和复杂的地表特性,被反射的太阳光以及二次辐射等相对星体质心均会具有不对称性,使得星体上产生一个净力和净力矩的作用。二者的作用都很微弱,但在小行星长期演化中会逐渐积累,净力会对小行星的轨道半长轴产生影响,即为雅科夫斯基效应;而净力矩则会改变小行星自转轴指向以及自旋速率等,即为 YORP 效应。

2003 年来自 JPL 的 Chesley 和 Ostro 等在《科学》杂志发表论文,通过对 6489 Golevka 小行星的观测首次证实了雅科夫斯基效应的存在[27],并据此推算它的平均密度约为 $2.7g/cm^3$。2007 年 Lowry 和 Taylor 等[28]在《科学》杂志同一期上发表两篇文章,证实他们在小行星 2000 PH5 上发现了 YORP 效应。为纪念这一发现,该小行星后来被命名为 54509 YORP。上述效应会受多种因素的影响,包括目标天体的大小、形状、轨道分布,甚至表面粗糙度等,对于研究小行星轨道和自旋状态等的长期演化具有重要意义。在此基础上,若进一步考虑小行星表面石块间的热传导,会有一个切向分量对小行星自旋产生影响,称为"切向 YORP 效应"(Tangential YORP effect)[29]。受 YORP 效应的影响,小行星自旋速率可能会不断增大,直至星体某一部分的结构力无法平衡掉离心力和引力的综合作用时,小行星便会解体。若解体的部分(可以是多块)恰好被另外质量较大部分所俘获并开始绕飞,它们就可能构成双小行星(或多小行星)系统。

自人类发现第一个双小行星系统 Ida-Dactyl 以来,迄今已发现了约 300 个可能的双星或多星(如 Kleopatra 有两颗小月亮)系统,其中近地系统约 60 个,主带约 120 个。这些多星系统为理解太阳系的演化机制提供了重要线索,同时也为确定系统内小行星的质量密度等提供关键信息。目前研究认为,这些小行星系统的形成极有可能是原来的小行星在 YORP 效应下加速自转解体后形成的[30]。不过在仿真分析中,如何精确地计算小行星的 Yarkovsky 和 YORP 效应,依然是当前研究的一大难题。

实际上,仅计算双星系统引力势就已经给研究人员带来了很大的挑战。美国得州奥斯汀大学 Braun 在其博士论文中研究了任意两个天体间的球谐函数引力势并应用于地月系统[31],波兰的 Maciejewski 推导了全二体(Full two-body problem)模型中绝对与相对运动方程并分析了相对平衡点[32]。为了研究双星系统内部物质的交换机制,Geissler 等用相同质量的大量质点描述原双星系统中的小行星,来分析 Ida-Dactyl 间的物质传递[33]。科罗拉多大学 Scheeres(原密歇根州立大学)将全二体模型应用于双星系统,并进一步引入了双多面体模型[34]。之后,Fahnestock 与 Scheeres 合作开发了多面体双星模型的仿真程序,对近地双星系统(66391)1999 KW4 的运动情况进行了仿真分析。结果表明,1999 KW4 系统主星 Alpha 的高速自旋已接近稳定性极限,间接地支持了 YORP 效应令 Alpha 加速自旋解体并最终形成当前双星系统的理论[35]。

1.4.2 引力平衡点与局部流形

引力平衡点是指力学系统中离心力和中心引力相等的空间位置,对小行星而言分为拉格朗日点和引力场内平衡点。拉格朗日点是指小行星和太阳组成系统中的引力平衡点,通常包括三个共线平动点和两个三角平动点[36],但理论研究中考虑太阳光压力后有可能产生新的平衡点[37]。对于单颗小行星,引力场内平衡点特指小行星引力与自转离心力相平衡的位置,类似于地球静止轨道。若将地球视作完美球体,它的引力场内有无数个平衡点,即组成静止轨道所有点的集合。对于不规则小行星而言,引力平衡点一般是有限个孤立点,如图 1.6 中 Eros 小行星有 4 个外部平衡点和 1 个内部平衡点。小行星 Kleopatra 共有 7 个引力平衡点,包括 4 个外部平衡点和 3 个内部平衡点。实际上,在考虑地球扁率或高阶摄动的情况下,地球引力场内平衡点也仅有 5 个,包括原静止轨道附近 4 个外部平衡点和 1 个内部平衡点,情况与文献[38]中"灶神星"Vesta 多面体模型求解结果类似。

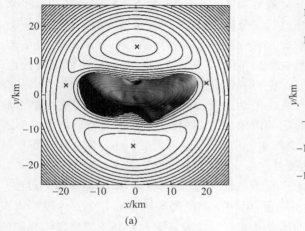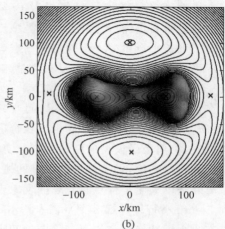

(a)　　　　　　　　　　　　(b)

图 1.6　小行星引力场内平衡点与零速度面在赤道面内的投影
(a) 433 Eros 的 5 个平衡点; (b) 216 Kleopatra 的 7 个平衡点

(1) 小行星引力场内平衡点

太阳-小行星系统的拉格朗日点与日地系统的主要区别是质量比不同,书中不再赘述,而是重点关注小行星引力场内平衡点。这些小行星随体系下孤立的平衡点,为小行星有效势函数梯度的零点,是小行星引力场拓扑结构变化的临界点。对于给定的小行星,人们首先关注平衡点的个数与稳定性,之后再分析系统参数对平衡点存在性及个数的影响等,这些参数包括但不限于小行星自旋速率、系统质量、外形结构等。

文献[38]计算了 23 颗不规则小天体的平衡点分布并分析了它们的稳定性,得到了一些很有意思的结果。例如,自旋周期约 0.1784 小时的近球形小行星 1998 KY26(直径约 30m)没有外部引力平衡点,个头稍大些(平均直径约 250m)以周期 4.288 小时自旋的小行星 Bennu 则有 8 个外部平衡点,而自旋周期约 6.138 小时的小行星 1580 Betulia(平均直径 4.57km)则有 6 个外部引力平衡点[39]。对于上述小行星,随着它们物理参量的变化,小行星引力平衡点个数各不相同,即引力场拓扑结构发生了改变。

另外,并非不同外形小行星的平衡点个数就一定不同。恰恰相反,从已知的部分小行星平衡点分布情况来看,虽然小行星的形状、自旋速率等不尽相同,但它们大部分都有 4 个外部引力平衡点和 1 个内部平衡点[38],如 Vesta、Ida、Eros、Castalia、Golevka 等。实际上,将地球非球形摄动考虑在内,地球引力场中真正的有效势零点也仅有 4 个。在上述研究基础上,文献[40]讨论了小行星 Bennu 自旋速率取不同值时平衡点的变化与消失情况。上述研究可以看作小行星平衡点拓扑动力学分析的初步尝试,其中自旋速率只是小行星平衡点变化的影响因素之一。能否找到影响小行星平衡点特性的物理量之间关系,确定平衡点个数变化的临界值,为小行星附近空间拓扑结构变化提供明确指导,或是小行星研究中的重要一步。

小行星平衡点稳定性表征着平衡点附近空间拓扑结构,直接决定着平衡点附近局部周期轨道的稳定性。平衡点稳定性一般由扰动方程的线性化矩阵特征根来判别,即线性稳定性。鉴于动力学特征方程为关于特征根的六次方程,所得 6 个特征根为以下三类的不同组合,包括一对相反实根、一对相反纯虚根、一对相反共轭复根。当且仅当所有特征根为负时平衡点线性稳定,若有任一特征根为正(复数时实部为正)则平衡点不稳定。基于上述原理,文献[41]对引力场内可能的平衡点类型进行了分类,讨论了三类特征根的不同组合情况。

对于细长小行星的 4 个外部平衡点,两个共线平动点(参见图 1.6 中 ox 轴附近平衡点)一般不稳定,对应一对相反实根和两对纯虚根;两个非共线平动点在一定条件下线性稳定,对应三对纯虚根。上述情况可从文献[42]中得到部分解释,偶极子模型的两个外部共线平动点在任意系统参数下均不稳定,而非共线平动点则为条件线性稳定,即当模型的自旋速率、总质量、两质点间距离和质量比在合适的范围内时,非共线平动点的特征根为三对纯虚根。不过,将偶极子模型的结论推广至实际小行星,即便是得到细长小行星 4 个外部平衡点稳定性的一般结论,仍然是一项艰难的挑战。

另外一个关于平衡点有意思的现象来自于文献[40]和文献[43]中两个算例的对比。注意到 Bennu 小行星外部 8 个平衡点均不稳定,但特征根类型间隔分布;立方体模型周围平衡点有 4 个线性稳定和 4 个不稳定的间隔分布。假设二者自旋速率和系统质量均相同的情况下,若将 Bennu 看成是规则的立方体通过连续变形所得,那么 Bennu 平衡点个数与变形前立方体的个数是否一致?所得平衡点的稳定性又是否会发生变化?通过类似的研究,若能建立起简化模型与实际小行星间的某种映射关系,无疑将为形态各异的小行星研究开启新的篇章。

(2) 平衡点附近局部流形

均匀自旋小行星引力场中轨道动力学方程与圆形限制性三体问题(Circular restricted three-body problem,缩写为 CR3BP 或 CRTBP,下文简称为"限制性三体问题")的方程在数学形式上完全一致,二者仅引力势表达式不同,这为小行星附近轨道动力学研究提供了极大的帮助。自 1772 年 Euler 和 Lagrange 研究限制性三体问题以来,旋转坐标系的提出、引力平衡点的发现、雅可比积分的获得、零速度曲面的确定、庞加莱截面(Poincaré section surface)的引入等一系列成果使得人们对于限制性三体问题有了较为深刻的理解和认识[36]。这些经典的方法可以被借鉴来研究小天体附近的轨道动力学问题,在解决新问题的同时推动自身的发展。

不变流形是非线性系统研究中一个重要的思想工具,给出了动力系统空间几何结构的数学解释。20 世纪 90 年代以来,以 Koon[44]、Lo、Gomez[45]等为代表的一批学者对限制性三体问题中不变流形开展了大量研究,分析了共线平动点间异宿连接轨道,同时也给出了地月低能转移轨道[46]更本质的动力学解释。不变流形的另一个重要应用是寻找平衡点附近的局部周期轨道,通过去除不稳定和稳定流形,在中心流形的基础上求解(拟)周期轨道[47]。

近年来,部分学者尝试将上述思想应用于小行星平衡点特性的研究中。中心流形定理保证了平衡点局部不变流形与其线性化方程的不变子空间在平衡点处相切,且局部稳定和不稳定流形唯一,局部中心流形不唯一。据此,Liu 等[43]研究了均质立方体部分平衡点附近的不变流形及其异宿连接,Yu 和 Baoyin[48]基于多面体模型分析了 Kleopatra 小行星 4 个外部平衡点局部流形,并给出了基于中心流形的周期轨道。英国萨瑞大学 Herrera-Sucarrat 等[49]基于不变流形设计了细长小行星引力场内的转移轨道与着陆轨道等,不过他们采用的二阶二次引力场具有良好的对称性,而这恰好是真实小行星不具备的性质。

对于一颗真实小行星,平衡点局部流形及中心流形对应的周期轨道等比较容易求解,但由于平衡点不再位于赤道面内,如何选取合适的庞加莱截面构造异宿连接轨道则成为新的挑战。同时,由于小行星引力场较弱,航天探测一般采用连续小推力系统[50]完成轨道机动,这会使得自然流形发生缓慢的改变,目前该方面尚未见到公开研究。平衡点附近局部流形对理解和认识小行星引力场内拓扑结构有着不可替代的重要意义,在目前研究基础上应当进一步深化。

1.5 周期轨道与悬停轨道

1.5.1 自然周期轨道

小行星近旁绕飞质点动力学行为相当复杂,与传统大行星引力场中自然轨道有着极大的不同。按照几何形状或能量分类,理想二体问题中大行星绕飞轨道分为圆轨道、椭圆轨道、抛物线轨道和双曲线轨道,根据 6 个轨道根数即可完全确定轨道形状以及探测器所在空间位置。小行星附近自然轨道无法直接沿用轨道根数来描述,并且在其引力场内还有一些特殊的动力学现象,例如绕飞轨道的能量和角动量可能在小行星一个自旋周期内发生剧烈变化[51],导致探测器轨道不稳定而逃离引力场或撞向小行星。特别地,一些尺寸很小的小行星(如平均直径 10m 量级)引力场很弱,不具备俘获探测器的能力,但可能依然有星际尘埃等围绕其运动。从非线性动力学角度出发,无论是探测器还是星际尘埃,本质上都是不规则引力场内的质点运动。

目前,小行星周围自然轨道的搜寻仍是一项充满挑战的工作,主要依靠庞加莱截面和数值迭代方法,在小行星随体系下求解闭合(满足误差要求)的空间曲线。在限制性三体问题中搜索周期轨道时大多考虑了模型对称性来降低搜索的维度[52],实际小行星一般不具备对称性,需要在三维空间内直接搜索。Werner 和 Scheeres[51]通过选取小行星随体系某一坐标平面为参考截面,迭代求取了 Castalia 多面体模型下比较简单的三族周期轨道,包括赤道面附近的顺行和逆行轨道,以及一组非共线平动点附近的 halo 轨道。在此基础上,他们进一步研究了非均匀自旋的 Toutatis 小行星附近周期轨道[53]。Riaguas 等[54]针对细长小天体,研究了均质细直棒的环绕周期轨道,采用柱坐标求解了不同角动量时的庞加莱截面,得到了多族周期轨道及其分岔特性。作者将最优控制方法引入小行星附近周期轨道搜索问题,采用打靶法求解两点边值问题来获得周期解[55]。上述针对实际小行星和简化模型的研究只得到了几类简单的周期轨道族,为了对引力场内周期轨道进行全局搜索,Tsirogiannis等[56]针对二阶保守系统提出了一类改进的网格搜索算法,并成功应用于希尔方程下各类轨道的求解。

2012年,Yu等[57]研究了Kleopatra多面体模型引力场中周期轨道,选用球坐标给出了一种改进的分层网格搜索算法。按照轨道在随体系中的空间位置和形状,他们将所得结果整理为29族周期轨道。应用该方法,他们继续求解了小行星Ida附近的周期轨道,并按照周期轨道单值矩阵特征根分布归类,同时研究了周期轨道随着雅可比积分改变时拓扑类型的变化情况[58],更多关于小行星环绕周期轨道拓扑分类可参见文献[59]。

图1.7为采用分层网格方法所得Geographos小行星引力场内四族示例周期轨道,均为复杂的空间曲线。图1.7(a)轨道虽空间尺寸较大,但其本质依然是共线平动点附近的局部周期轨道。图1.7(b)为非共线平动点处的局部周期轨道,类似于限制性三体问题中的halo轨道。图1.7(c)和(d)两类均为大范围周期轨道,但其有可能通过轨道延拓的方法与局部周期轨道联系起来。基于自然周期轨道族的概念[60],通过轨道延拓方式[61]将各类不同族周期轨道联系起来的研究颇有意思。上述研究既可以帮助我们理解周期轨道族的分岔特性,又为寻找不规则引力场内新型周期轨道提供了可能。

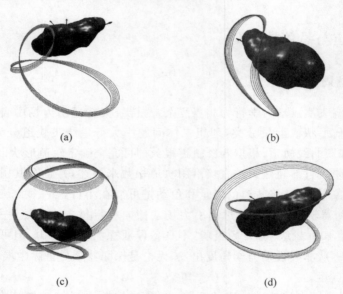

(a)   (b)

(c)   (d)

图1.7 小行星Geographos环绕周期轨道示例

(a) 共线平动点局部周期轨道;(b) 非共线平动点局部周期轨道;(c) 大范围草帽轨道;(d) 类8字形周期轨道

Elipe等[62]应用细直棒模型近似Eros引力场,并求解了近似模型环绕周期轨道。他们的求解方法与限制性三体问题中方法[52]类似,首先给出一个距离足够远处(如中心天体特征长度4～8倍距离处)的圆轨道,把中心天体(此处为细直棒)视为质点。之后考虑中心天体自旋,将上述参数转换至旋转坐标系中,采用微分修正获得非中心引力场中远距离近圆周期轨道。以该轨道为初值,采用数值延拓方法[61]不断减小轨道半径,最终求得近距离周期轨道。上述研究中的延拓方法决定着周期轨道的“生长”方向,可以将不同轨道族联系在一起[52]，但近期研究较少。鉴于相空间中轨道的稠密性尚未给出数学结论，小行星引力场中轨道延拓的方向性和分岔特性等值得深入探究，以期为三体问题和轨道稠密性等研究提供借鉴。

1.5.2　悬停飞行轨道

本体系悬停飞行（Body-fixed hovering flight）是指航天器与小行星表面某点保持相对静止，能够对小行星表面某一特定区域开展高精度测绘及采样探测等。据估算，探测器在等效半径 100m、密度 $2 \times 10^3 \mathrm{kg/m}^3$ 的小行星表面附近悬停一天约需 4.8m/s 的速度增量，而相对半径 10km 的小行星悬停一天则需要 480m/s 的速度增量[15]。由此可见，在尺寸较小的小行星附近悬停探测更为实际。例如，Itokawa 等效半径约为 160m，Hayabusa 探测器采用悬停飞行方式来完成采样任务。小行星 Eros 等效半径约为 8.4km，每天约 10^2 m/s 量级的速度增量消耗超出了航天器的承受能力，因而 NEAR 任务中并未采用悬停方式。

本体悬停轨道本质上是一类人工引力平衡点，通过在动力学方程中引入控制加速度而获得新的有效势零点。目前已知的绝大多数小行星平衡点都是位于赤道面附近的几个孤立点，若想航天器在非平衡点位置对小行星进行长时间固定观测，就需要提供额外加速度，来抵消引力和离心力间的差值。Scheeres[63] 最早提出本体悬停轨道概念，发现开环控制下轨道并不稳定。为此，他的博士生 Broschart[64] 以及来自 JAXA 的访问学者 Sawai 等[65] 引入了反馈控制律以保持轨道稳定。亚利桑那大学 Butcher（原新墨西哥州立大学）等[66] 和 Furfaro[67] 近年来针对悬停轨道的稳定控制问题开展了一系列研究，包括引入高阶滑模控制、采用航天器刚体模型[68] 以及考虑小天体的非均匀自旋等[69]。另有部分学者研究了小行星引力梯度力矩对航天器姿态稳定性的影响[70]，以及悬停探测时转移轨道的闭环控制问题等[71]。

这些研究主要关注悬停轨道对控制力的需求以及轨道稳定条件，并未考虑控制力的来源。目前深空探测中航天器轨道机动以电离子推进等连续小推力发动机为主，任务时长决定于星载燃料的多少。在未来探测任务中，若想航天器对小行星进行长时间悬停探测或在一次发射任务中探测多颗小行星[72] 等，太阳帆航天器[73] 或是较为理想的选择。太阳帆是一种大型空间薄膜推进系统，不需要星载燃料，通过帆膜与太阳光子间动量交换时产生的太阳光压力给航天器提供推力，是未来深空探测中极具潜力的推进方式。太阳帆的概念最早由齐奥尔科夫斯基等提出[74]，经过近 100 年的发展研究，日本于 2010 年成功发射并在轨展开了世界上首颗太阳帆航天器"伊卡洛斯号"（IKAROS），标志着太阳帆自理论研究迈向工程实践的新阶段[75]。

早在 2000 年，Morrow 等[76] 便分析了小行星附近的太阳帆绕飞轨道，之后讨论了非理想太阳帆模型和小行星非球形摄动对环绕轨道的影响[77]。2009 年，Williams 和 Abate[78] 拓展了 Morrow 的研究，分析了小行星附近太阳帆轨道机动、太阳与小行星系统中共线平动点处航天器伴飞问题，并首次给出了球形小行星假设下太阳帆本体悬停轨道。2012 年，Farrés 和 Jorbá[79] 基于太阳-小行星椭圆形限制性三体模型，讨论了太阳帆在共线平动点 L_1 和 L_2 处的伴飞轨道，并分析了太阳帆不同姿态角对任务轨道的影响。2015 年作者[80] 分析了非理想太阳帆模型对悬停轨道的影响，求解了球形小行星假设下本体悬停轨道可行域。在此基础上，我们一方面研究了连续小推力作用下航天器可行悬停探测区域问题[81]，另一方面分析了小行星不规则引力分布对悬停轨道的影响[82]。

上述研究打开了悬停探测的大门,但仍徘徊在质点引力、二阶二次引力场或三轴椭球体等简化模型假设下,并未考虑小行星实际不规则形状摄动及光压摄动等。显然,本体悬停与目标小行星密切相关且受控制力的直接影响,上述因素导致了该问题的复杂性和多样性。寻找优化控制策略使得悬停飞行满足任务要求的同时,兼具良好的稳定性和鲁棒性,将是该类轨道工程应用的前提和未来理论研究的重要方向[83]。同时,小行星快速自旋对悬停飞行中航天器姿态调整提出了更高的要求,如何设计出满足任务要求的悬停轨道,尽量降低航天器姿态机动的幅值和频率,则是工程设计中面临的又一个难题。

1.6　小结

2012年10月,美国国家研究委员会(National Research Council)为NASA科学任务委员会行星科学部撰写了"2013—2022行星科学十年愿景"报告,明确的五个重点研究方向之一便是"小天体任务中的近距离轨道设计"。近年来日本在小行星探测中崭露头角,继"隼鸟号"任务后于2014年12月发射了"隼鸟2号"探测器,携带了更先进的采样设备,将交会近地小行星162173 Ryugu并采样返回。继探月工程后,中国的火星探测已经立项,随着我国深空探测技术的不断成熟,相信未来小行星探测任务也将逐渐开展。

横看成岭侧成峰,远近高低各不同。在小天体研究中,天文学注重小行星的发现和自身演化等,非线性动力学领域侧重不规则引力场内的质点动力学、双星及多星系统动力学等,而工程技术领域则更关注目标小行星附近的引力场特性、探测轨道与稳定控制等问题。过去30年的研究使得各领域对小行星的认识都有了长足进步,但尚未建立完整的理论体系。例如,相比于传统大行星二体问题开普勒轨道动力学,小行星不规则引力场内的质点动力学以及全部类型的自然轨道还没有完全阐明。

作为太阳系的"活化石",小行星已成为深空探测的主要目标之一。小行星不规则的外形与快速自旋的耦合作用,使得自身演化和引力场内自然轨道等都呈现出奇特的动力学现象。这些新奇的动力学现象,与传统的近球形大行星动力学有着极大的不同,吸引着人们不断去研究和探索。小行星探测活动的开展,促进了航天新技术的进步和理论方法的创新,颠覆了人们对一些基本问题的认知,相信终将影响和改变人们的生活。

参考文献

[1]　李俊峰,曾祥远,张韵. 小行星的奇特动力学[J]. 力学与实践,2016,38(6):603-611.

[2]　http://www.esa.int/Our_Activities/Space_Science/Rosetta/Mission_complete_Rosetta_s_journey_ends_in_daring_descent_to_comet

[3]　Chapman C R,Veverka J,Thomas P C,Klaasen K,Belton M J S,Harch A,McEwen A,Johnson T V,Helfenstein P,Davies M E,Merline W J,Denk T. Discovery and physical properties of Dactyl,a satellite of asteroid 243 Ida[J]. Nature,1995,374(6525):783-785.

[4]　李俊峰,宝音贺西. 深空探测中的动力学与控制[J]. 力学与实践,2007,29(4):1-9.

[5]　https://www.adrc.iastate.edu/research/

[6]　Xi J P. Let engineering science and technology create a better future for humankind[J]. Engineering,2015,1(1):1-3.

[7]　黄河清. "小行星"探源[J]. 中国科技术语,2016,18(3)：51-52,58.

[8]　Murry C D,Dermott S F. Solar system dynamics[M]. New York：Cambridge University Press,1999.

[9]　Fornasier S,Clark B E,Dotto E. Spectroscopic survey of X-type asteroids[J]. Icarus,2011,214(1)：131-146.

[10]　Hu W,Scheeres D J. Numerical determination of stability regions for orbital motion in uniformly rotating second degree and order gravity fields[J]. Planetary and Space Science,2004,52：685-692.

[11]　Abe S,Mukai T,Hirata N,et al. Mass and local topography measurements of Itokawa by Hayabusa [J]. Science,2006,312(5778)：1344-1347.

[12]　https：//www. nasa. gov/content/osiris-rex-overview

[13]　Chesley S R,Farnocchia D,Nolan M C,et al. Orbit and bulk density of the OSIRIS-Rex target asteroid (101955)Bennu[J]. Icarus,2014,235：5-22.

[14]　Huang J C,Ji J H,Ye P J,et al. The ginger-shaped asteroid 4179 Toutatis：New observations from a successful flyby of Chang'e-2[J]. Scientific Reports,2013,3,3411：1-6.

[15]　Scheeres D J. Close proximity dynamics and control about asteroids[C]//2014 American Control Conference,Portland,Oregon,US,June 4-6,2014：1584-1598.

[16]　李俊峰,曾祥远.不规则小行星引力场内的飞行动力学[J].力学进展,2017,47：429-451.

[17]　Yoshimitsu T,Kubota T,and Nakatani I. MINERVA rover which became a small artificial solar satellite[C]//20th Annual AIAA/USU Conference on Small Satellites,SSC06-Ⅳ-4,2006.

[18]　Yoshida K. Achievements in space robotics[J]. IEEE Robotics & Automation Magazine,2009,16 (4)：20-28.

[19]　Yoshimitsu T,Kubota T,Nakatani I,et al. Hopping rover "MINERVA" for asteroid exploration [C]//Proceedings of the Fifth International Symposium on Artificial Intelligence, Robotics and Automation in Space,Noordwijk,Netherlands. Edited by Perry M. ,1999,ESA SP-440：83-88.

[20]　Yoshimitsu T, Kubota T, Nakatani I, et al. Robotic lander MINERVA, its mobility and surface exploration[C]//Proceedings of the 11th Annual AAS/AIAA Space Flight Mechanics Meeting,Santa Barbara,CA,2001,AAS 01-136：491-501.

[21]　Fiorini P,Hayati S,Heverly M,et al. A hopping robot for planetary exploration[C]//Proceedings of Aerospace Conference 1999,IEEE,2：153-158.

[22]　Yoshida K,Maruki T,Yano H. A novel strategy for asteroid exploration with a surface robot[C]// 34th COSPAR Scientific Assembly,2002,34：1-6.

[23]　Chacin M,Yoshida K. Stability and adaptability analysis for legged robots intended for asteroid exploration[C]//2006 IEEE/RSJ International Conference on Intelligent Robots and Systems,IEEE, 2006：1744-1749.

[24]　Bellerose J,Scheeres D J. Dynamics and control for surface exploration of small bodies[C]//AIAA/AAS Astrodynamics Specialist Conference and Exhibit,Honolulu,Hawaii,2008,AIAA 2008-6251：1-18.

[25]　Nagaoka K,Takano R,Izumo T,et al. Ciliary micro-hopping locomotion of an asteroid exploration robot[C]//International Symposium on Artificial Intelligence,Robotics and Automation in Space i-SAIRAS,Turin,Italy,2012.

[26]　Chen Y T,Lin H W,Holman M J,et al. Discovery of a new retrograde trans-Neptunian object：hint of a common orbital plane for low semimajor axis, high-inclination TNOs and Centaurs. The Astrophysical Journal Letters,2016,827(2)：L24.

[27]　Chesley S R,Ostro S J,Vokrouhlicky D,et al. Direct detection of the Yarkovsky effect by radar ranging to asteroid 6489 Golevka[J]. Science,2003,302(5651)：1739-1742.

[28]　Taylor P A,Margot J L,Vokrouhlicky D,et al. Spin rate of asteroid (54509) 2000 PH5 increasing due to the YORP effect[J]. Science,2007,316,274-277.

[29] Golubov O, Scheeres D J, Krugly Y N. A three-dimensional model of tangential YORP[J]. The Astrophysical Journal, 2014, 794: 22.

[30] Walsh K J, Richardson D C, Michel P. Rotational breakup as the origin of small binary asteroids[J]. Nature, 2008, 454: 188-191.

[31] Braun C V. The gravitational potential of two arbitrary, rotating bodies with applications to the Earth-Moon system[D]. Texas: University of Texas at Austin, 1991.

[32] Maciejewski A J. Reduction, relative equilibria and potential in the two rigid bodies problem[J]. Celestial Mechanics & Dynamical Astronomy, 1995, 63: 1-28.

[33] Geissler P, Petit J M, Durda D D, et al. Erosion and ejecta reaccretion of 243 Ida and its Moon[J]. Icarus, 1996, 120(1): 140-157.

[34] Scheeres D J. Orbital motion in strongly perturbed environments: Applications to asteroid, comet and planetary satellite orbiters[M]. London: Springer-Praxis, 2012.

[35] Fahnestock E G, Scheeres D J, McClamrock N H, et al. Simulation and analysis of binary asteroid dynamics using mutual potential and potential derivatives formulation [C]//AAS/AIAA Astrodynamics Specialist Conference, Lake Tahoe, CA, United States, 2006, 123: 1641-1666.

[36] Szebehely V. Theory of orbits: The restricted problem of three bodies[M]. New York: Academic Press, 1967.

[37] Kushvah B S. Linear stability of equilibrium points in the generalized photogravitational Chermnykh's problem[J]. Astrophysics and Space Science, 2008, 318: 41-50.

[38] Wang X Y, Jiang Y, Gong S P. Analysis of the potential field and equilibrium points of irregular-shaped minor celestial bodies[J]. Astrophysics and Space Science, 2014, 353: 105-121.

[39] Scheeres D J. Orbital mechanics about small bodies[J]. Acta Astronautica, 2012, 72: 1-14.

[40] Wang X Y, Li J F, Gong S P. Bifurcation of equilibrium points in the potential field of asteroid 101955 Bennu[J]. Monthly Notices of the Royal Astronomical Society, 2016, 455: 3724-3734.

[41] Jiang Y, Baoyin H, Li J F, et al. Orbits and manifolds near the equilibrium points around a rotating asteroid[J]. Astrophysics and Space Science, 2014, 349: 83-106.

[42] Prieto-Llanos T, Gómez-Tierno M A. Stationkeeping at Libration Points of Natural Elongated Bodies [J]. Journal of Guidance, Control, and Dynamics, 1994, 17(4): 787-794.

[43] Liu X D, Baoyin H X, Ma X R. Equilibria, periodic orbits around equilibria, and heteroclinic connections in the gravity field of a rotating homogeneous cube[J]. Astrophysics and Space Science, 2011, 333: 409-418.

[44] Koon W S, Lo M W, Marsden J E, et al. Dynamical systems, the Three-body problem and space mission design[M]. World Scientific, 2011.

[45] Gomez G, Koon W S, Lo M W, et al. Connections between periodic orbits and resonance transitions in celestial mechanics[J]. Chaos: An interdisciplinary Journal of Nonlinear Science, 2000, 10(2): 427-469.

[46] Belbruno E A, Miller J. Sun-perturbed Earth-to-Moon transfers with ballistic capture[J]. Journal of Guidance, Control, and Dynamics, 1993, 16(4): 770-775.

[47] Barden B T, Howell K C. Fundamental motions near collinear libration points and their transitions [J]. The Journal of the Astronautical Sciences, 1998, 46(4): 361-378.

[48] Yu Y, Baoyin H X. Orbital dynamics in the vicinity of asteroid 216 Kleopatra[J]. TheAstronomical Journal, 2012, 143(3): 62-70.

[49] Herrera-Sucarrat E, Palmer P L, Roberts R M. Asteroid observation and landing trajectories using invariant manifolds[J]. Journal of Guidance, Control, and Dynamics, 2014, 37(3): 907-920.

[50] 高扬. 电火箭星际航行: 技术进展、轨道设计与综合优化[J]. 力学学报, 2011, 43(6): 991-1019.

[51] Scheeres D J, Ostro S J, Hudson R S, Werner. Orbits close to asteroid 4769 Castalia[J]. Icarus, 1996,121: 67-87.

[52] Hénon M. Generating families in the restricted three-body problem[M]. Germany: Springer-Verlag Berlin Heidelberg,1997.

[53] Scheeres D J, Ostro S J, Hudson R S, DeJong E M, Suzuki S. Dynamics of orbits close to asteroid 4179 Toutatis[J]. Icarus,1998,132(1),53-79.

[54] Riaguas A, Elipe A, Lara M. Periodic orbits around a massive straight segment[J]. Celestial Mechanics and Dynamical Astronomy,1999,73: 169-178.

[55] Zeng X Y, Liu X D. Searching for time optimal periodic orbits near irregularly shaped asteroids by using an indirect method[J]. IEEE Transactions on Aerospace and Electronic Systems,2017,53(3): 1221-1229.

[56] Tsirogiannis G A, Perdios E A, Markellos V V. Improved grid search method: an efficient tool for global computation of periodic orbits[J]. Celestial Mechanics and Dynamical Astronomy,2009,103: 49-78.

[57] Yu Y, Baoyin H X. Generating families of 3D periodic orbits about asteroids[J]. Monthly Notices of the Royal Astronomical Society,2012,427: 872-881.

[58] Yu Y, Baoyin H X, Jiang Y. Constructing the natural families of periodic orbits near irregular bodies [J]. Monthly Notices of the Royal Astronomical Society,2015,453: 3269-3277.

[59] Jiang Y, Yu Y, Baoyin H X. Topological classifications and bifurcations of periodic orbits in the potential field of highly irregular-shaped celestial bodies[J]. Nonlinear Dynamics,2015,81: 119-140.

[60] Deprit A, Henrard J. Natural families of periodic orbits[J]. The Astronomical Journal,1967,72(2): 158-172.

[61] Lara M, Pelaez J. On the numerical continuation of periodic orbits: An intrinsic, 3-dimensional, differential, predictor-corrector algorithm[J]. Astronomy & Astrophysics,2002,389: 692-701.

[62] Elipe A, Lara M. A simple model for the chaotic motion around (433) Eros[J]. Journal of the Astronautical Sciences,2003,51(4): 391-404.

[63] Scheeres D J. Stability of hovering orbits around small bodies[C]//9th Spaceflight Mechanics Meeting, Advances in the Astronautical Sciences,1999,102: 855-873.

[64] Broschart S B. Close proximity spacecraft maneuvers near irregularly shaped small-bodies: hovering, translation, and descent[D]. The University of Michigan, USA,2006.

[65] Sawai S, Scheeres D J, Broschart S B. Control of hovering spacecraft using altimetry[J]. Journal of Guidance, Control, and Dynamics,2002,25(4): 786-795.

[66] Lee D, Sanyal A K, Butcher E A, et al. Finite-time control for spacecraft body-fixed hovering over an asteroid[J]. IEEE Transactions on Aerospace and Electronic Systems,2015,51(1): 506-520.

[67] Furfaro R. Hovering in asteroid dynamical environments using higher-order sliding control[J]. Journal of Guidance, Control, and Dynamics,2015,38(2): 263-279.

[68] Lee D, Vukovich G. Adaptive sliding mode control for spacecraft body-fixed hovering in the proximity of an asteroid[J]. Aerospace Science and Technology,2015,46: 471-483.

[69] Nazari M, Wauson R, Critz T, et al. Observer-based body-fixed hovering control over a tumbling asteroid[J]. Acta Astronautica,2014,102: 124-139.

[70] Wang Y, Xu S J. Gravity gradient torque of spacecraft orbiting asteroids[J]. Aircraft Engineering and Aerospace Technology,2013,85(1): 72-81.

[71] Deaconu G, Louembet C, Theron A. Designing continuously constrained spacecraft relative trajectories for proximity operations[J]. Journal of Guidance, Control, and Dynamics,2015,38(7): 1208-1217.

［72］ 李九天,罗亚中,唐国金.小行星探测多脉冲交会轨道多目标优化[J].国防科技大学学报,2015,36 (12):3910-3918.

［73］ McInnes C R. Solar sailing:Technology,dynamics and mission applications[M]. London:Springer Praxis,1999.

［74］ 曾祥远.深空探测太阳帆航天器新型轨道设计[D].北京:清华大学,2013.

［75］ 龚胜平.太阳帆航天器动力学与控制研究[D].北京:清华大学,2008.

［76］ Morrow E,Scheeres D J,Lubin D. Solar sail orbit operations at asteroids[J]. Journal of Spacecraft and Rockets,2001,38(2):279-286.

［77］ Morrow E,Scheeres D J,Lubin D. Solar sail orbit operations at asteroids:Exploring the coupled effect of an imperfectly reflecting sail and a nonspherical asteroid[C]//AIAA 2002-4991, AIAA/ AAS Astrodynamics Specialist Conference and Exhibit,Monterey,CA,USA,2002.

［78］ Williams T,Abate M. Capabilities of furlable solar sails for asteroid proximity operations[J]. Journal of Spacecraft and Rockets,2009,46(5):967-975.

［79］ Farrés A,Jorbá A. Orbital dynamics of a solar sail near L1 and L2 in the elliptic hill problem[C]// IAC-12. C1. 6. 4,63rd International Astronautical Congerss,Naples,Italy,2012.

［80］ Zeng X Y,Jiang F H,Li J F. Asteroid body-fixed hovering using nonideal solar sails[J]. Research in Astronomy and Astrophysics,2015,15(4):597-607.

［81］ Yang H W,Zeng X Y,Baoyin H X. Feasible region and stability analysis for hovering around elongated asteroids with low thrust[J]. Research in Astronomy and Astrophysics,2015,15(9): 1571-1586.

［82］ Zeng X Y,Gong S P,Li J F,Alfriend K T. Solar sail body-fixed hovering over elongated asteroids [J]. Journal of Guidance,Control,and Dynamics,2016,39(6):1223-1231.

［83］ 崔平远,乔栋.小天体附近轨道动力学与控制研究现状与展望[J].力学进展,2013,43(5):526-539.

第2章

不规则小行星引力场模型

2.1 引言

中国唐代诗人李白的《静夜思》家喻户晓：举头望明月，低头思故乡。诗中让人泛起无限思乡之情的是远在38万公里之外的月球，是地球的自然卫星。在太阳系八颗大行星中，距离太阳较近的水星和金星迄今均未发现自然卫星，质量较大的木星和土星已发现自然卫星高达60多颗[①]。人们不禁好奇，质量比地球小得多的小行星是否拥有自然卫星？人类第一次基于天文观测推测小行星存在卫星是在1977年的一次掩星事件中，随后1978年关于532 Herculina(大力神星)掩恒星SAO 120774的研究中，确认其拥有一颗小卫星。但1993年哈勃望远镜的观测并没有发现Herculina的卫星，同年，"伽利略号"飞越主小行星带时确认了Ida-Dactyl双小行星系统的存在。目前已经发现的双小行星系统在近地小行星群、主小行星带和特洛伊小行星群等均有分布，且已经确认了三小行星系统的存在，包括87 Sylvia和216 Kleopatra系统等。

当人们对于双小行星或三小行星系统开始司空见惯时，半人马小行星10199 Chariklo(女凯龙星)掩星事件又一次引起了世界的关注。2014年，天文学家经过分析掩星观测数据，确认Chariklo拥有两个小行星环带，成为太阳系内第一颗被发现有环带的小行星[1]。Chariklo运行在轨道半长轴15.789 AU、偏心率约0.172的日心椭圆轨道上，轨道周期62.74年，三维尺寸估计为334km×266km×172km。该小行星与它的两个环带如图2.1所示[②]，右上角较亮的恒星为太阳。内侧环带宽约7km，距离中心小行星390.6±3.3km，外侧环带宽约3km(图中展示稍暗一些)，轨道高度约404.8±3.3km，二者间隙约8.7±0.4km(两环带中心间距约14.2±0.2km)。

图2.1 半人马小行星10199 Chariklo与其两个小行星环带示意图

在Chariklo小行星环带被确认以前，太阳系内拥有环带的都是巨行星，包括木星、土星、天王星和海王星。因此，研究人员对小行星环带系统的存在惊奇不已，同时也感到困惑。相比于四颗巨行星，Chariklo质量很小，它所拥有的星环能够长期稳定存在吗？经过对环带的初步分析，目前研究人员倾向于Chariklo环带是稳定的结论，并认为它可能拥有牧羊卫星(Shepherd moons)，从而将碎石块和尘埃等束缚在星环内而不至消散。

---

① https://en.wikipedia.org/wiki/List_of_natural_satellites

② https://www.space.com/25225-asteroid-rings-discovery-video-images.html

对于多小行星系统以及小行星环带系统,还有大量疑问没有找到答案。例如,质量相近的双小行星系统(90 Antiope)中,一颗小行星对另一颗小行星的轨道有何影响,它们围绕公共质心的飞行能够长期保持稳定吗?小行星的不规则引力场对它的小卫星和环带演化有何影响,这些卫星或者环带的轨道分布需要满足什么规律吗?上述问题的解答需要用到小行星引力场中的轨道动力学。实际上,研究小行星不规则引力场中的轨道动力学,不仅可以为上述问题的解答提供参考或直接证据,还可以为小行星自身物理参数确定等提供依据。

目前人类航天器造访过的小行星屈指可数,大部分小行星的物理参数都是基于天文观测数据估算的。估算结果与实际小行星一般存在不小的差距,这从 25143 Itokawa[2,3] 和 4179 Toutatis[4,5] 两颗小行星探测前后的模型数据对比便可看出。小行星轨道被确定后,天文学家一般通过反照率和光变曲线等估算它的大小和密度,基于衍射数据等推导它的形状和质量。而对于有卫星的小行星,研究人员通过测定其卫星的轨道数据,便可以较为精确地反演计算出主小行星的质量。综上,小行星引力场中的轨道动力学,可以帮助分析小行星绕飞物体(卫星或环带等)的演化行为,揭示小行星系统演化的丰富动力学现象,为行星科学领域的发展注入了新的活力。

近年来,航天探测小行星成为深空探测的重要方向,飞越探测或近距离绕飞小行星等为人们展示了一个个独特的“小世界”。为了保证航天器能够安全完成绕飞等任务,人们需要首先分析小行星不规则引力场中的轨道动力学特性,在此基础上设计出满足任务要求的探测轨道。初期分析中,一般忽略航天器姿态变化对轨道的影响,将航天器视为质点,此时小行星附近航天器的动力学行为本质上简化为非中心引力场中的质点运动。在实际小行星探测轨道设计中,动力学模型中还应考虑太阳引力摄动、太阳光压摄动、小行星轨道附近大行星引力摄动等因素。

Scheeres 和 Ostro[6] 以 4769 Castalia 小行星为例,建立了小行星随体系下的质点动力学方程,求得了多条平面周期轨道和非共线平动点附近的三维局部周期轨道。特别地,文中指出 Castalia 赤道面内同步轨道和顺行轨道都是不稳定的,逆行轨道大多是稳定的且轨道高度可以非常接近小行星表面。但在距离 Castalia 质心 1km 轨道高度处存在一个逆行轨道不稳定的环带,航天器沿环带内轨道飞行会被抛离引力场或撞向小行星表面。2010 年,Tricarico 和 Sykes 仿真分析了“黎明号”(Dawn)探测器绕飞小行星 4 Vesta 时的动力学行为,发现“黎明号”若驶入 Vesta 引力场内的 1:1 共振带,依靠自身推力可能无法逃离,需要在轨道设计中避免此类情况。上述小行星引力场内的轨道动力学分析,无疑为探测任务成功实施提供了重要参考。

2.2 轨道动力学建模

2.2.1 引力作用范围与参考坐标系

研究小行星附近质点动力学,首先要依据质点与小行星之间的相对距离建立合适的数学模型,准确地反映系统的物理性质。以小行星交会任务为例,当航天器完成日心转移轨道阶段开始靠近目标小行星时(不同轨道阶段参见 1.3.1 节),简单的二体轨道动力学模型一般不再适用,需要同时考虑太阳引力、太阳光压摄动力和小行星引力的共同作用。直至航天器被小行星俘获至近距离绕飞时,小行星引力才占据主导地位,可忽略太阳引力及光压摄动的影响。小行星与太阳之间引力相互作用的强弱可通过三个距离近似估计[7],其定义为

$$R_i = L_{AS} \cdot \left(\frac{M_{ast}}{M_{sun}} \right)^j, \quad \begin{cases} i = 1, & j = 1/2 \\ i = 2, & j = 2/5 \\ i = 3, & j = 1/3 \end{cases} \tag{2.1}$$

式中 L_{AS} 为小行星与太阳间平均距离,M_{ast} 和 M_{sun} 分别为小行星和太阳的质量,计算时 L_{AS} 一般取小行星轨道半长轴作为近似。所得距离 R_1 为引力半径,对应着小行星与太阳引力相等处半径;R_2 为作用半径,对应小行星引力与太阳引力摄动相等处半径;R_3 为希尔半径,对应着太阳-小行星-航天器组成限制性三体系统希尔域闭合处的半径。以 433Eros 小行星为例,将各物理量代入上式,得到三个距离分别为 $[R_1, R_2, R_3]^T = [12.650, 354.328, 3268.031]^T$ km。

小行星 Eros 等效球体半径为 8.4km,引力半径已非常接近其表面,在此范围内太阳引力和光压摄动都远小于小行星自身引力,可忽略它们的影响,仅考虑小行星引力作用。文献[8]中列出了 23 颗小行星的三种距离半径,引力半径 R_1 的范围大致为小行星等效半径的几倍至几十倍,给出了非常严格的小行星引力起支配作用的范围。三者中希尔半径的距离范围最大,一般为小行星等效半径的几百倍,此时太阳引力和光压摄动作用不可忽略,与小行星引力共同决定着绕飞质点的动力学行为。

当航天器或绕飞物体距离小行星在希尔半径附近时,太阳-小行星-航天器组成系统对应的简化动力学模型,应类似于太阳-地球-航天器系统的限制性三体问题。但由于小行星质量较小,与太阳的质量比通常小于 10^{-10} 量级,上述三体系统一般简化为希尔方程处理。例如,Morrow 等[9]在讨论小行星附近绕飞轨道时采用了希尔方程,Williams 和 Abate[10]在研究小行星惯性悬停问题时也采用希尔方程。随着质点与小行星相对距离的减小,研究小行星近距离绕飞轨道时通常采用小行星随体系下的动力学方程。为了建立上述方程,首先定义参考坐标系。本书默认读者具备一定的航天动力学基础,包括轨道平面、轨道角动量,以及春分点等基本概念,更多概念参见 Alfriend 等出版的专著[11]和文献[12]。

(1) 日心惯性坐标系 $O_I X_I Y_I Z_I$

日心惯性坐标系原点 O_I 位于太阳质心,$O_I X_I Y_I$ 平面与黄道面重合,$O_I Z_I$ 轴垂直于黄道面并指向北黄极[12]。$O_I X_I$ 轴指向春分点方向,$O_I Y_I$ 轴与另外两轴形成右手坐标系。当行星运行轨道恰好位于黄道面内时,$O_I Z_I$ 轴与行星轨道角动量方向一致。

(2) 太阳-小行星质心旋转坐标系 $O_S X_S Y_S Z_S$

质心旋转坐标系又称会合坐标系,原点 O_S 位于太阳和小行星的公共质心处,$O_S X_S$ 轴位于太阳和小行星连线上,且以太阳指向小行星方向为正向。$O_S X_S Y_S$ 平面与太阳-小行星轨道平面重合,$O_S Z_S$ 轴垂直于轨道平面并指向轨道角动量方向,$O_S Y_S$ 轴形成右手系。

(3) 小行星轨道运动坐标系 $OXYZ$

将小行星视为刚体,其质心位置 O 保持不变。轨道运动坐标系原点取在小行星质心,OX 轴沿太阳和小行星连线,正方向与入射光方向一致。OZ 轴与小行星运行轨道面法向量一致,OY 轴与另外两轴形成右手坐标系,如图 2.2 所示。当小行星日心轨道简化为圆轨道时,OY 轴与小行星轨道速度重合。

（4）小行星质心惯性坐标系 $O_A X_A Y_A Z_A$

质心惯性坐标系原点 O_A 位于小行星质心，$O_A X_A Y_A$ 平面平行于黄道面，$O_A X_A$ 轴指向 J2000 春分点方向，三轴形成右手系。当小行星轨道倾角为零时，轨道坐标系 OZ 轴与质心惯性系 $O_A Z_A$ 重合。

（5）小行星质心固连坐标系 $oxyz$

质心固连坐标系又称随体坐标系或本体坐标系，坐标系原点 o 位于小行星质心，ox 轴、oy 轴和 oz 轴形成右手坐标系，分别与小行星的三个惯量主轴重合，如图 2.2 所示。其中，oz 轴对应最大惯量轴，ox 轴对应最小惯量轴。特别地，当小行星处于均匀自旋状态时，oz 轴与小行星的自转轴重合。

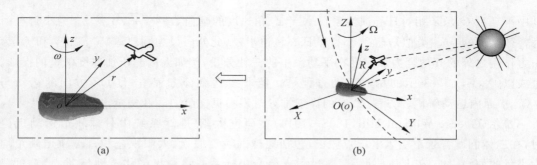

图 2.2　小行星轨道运动坐标系 $OXYZ$ 与固连坐标系 $oxyz$

2.2.2　质点运动方程

合理的简化模型可以为动力学分析或航天探测轨道设计等带来极大的方便，这需要研究人员对物理系统有充分的认识，并通过后续的探测实践检验模型的准确性。例如，航天器自地球轨道出发交会目标小行星时，太阳引力占据主导地位，其他作用力一般作为摄动力考虑。日心转移轨道阶段轨道设计中一般采用二体模型[13]，之后可以在高精度星历模型下仿真分析轨道设计精度等。在日心惯性坐标系 $O_I X_I Y_I Z_I$ 中，航天器日心转移阶段的二体轨道动力学方程可表示为

$$\begin{cases} \dfrac{\mathrm{d}\boldsymbol{r}_I}{\mathrm{d}t} = \boldsymbol{v}_I \\[2mm] \dfrac{\mathrm{d}\boldsymbol{v}_I}{\mathrm{d}t} = -\dfrac{\mu_{\mathrm{sun}}}{r_I^3}\boldsymbol{r}_I + \boldsymbol{f}_I \end{cases} \tag{2.2}$$

式中 $\boldsymbol{r}_I$、$\boldsymbol{v}_I$ 为航天器在惯性系 $O_I X_I Y_I Z_I$ 中的位置和速度矢量，$\boldsymbol{f}_I$ 表示除太阳引力之外航天器所受作用力合力的加速度矢量，包括但不限于太阳光压力、航天器推力以及其他引力摄动（如木星引力摄动）的加速度矢量。常量 μ_{sun} 为太阳引力常数，定义为 $\mu_{\mathrm{sun}} = G \cdot M_{\mathrm{sun}}$，其中 $G = 6.674 \times 10^{-11} \, \mathrm{m^3 kg^{-1} s^{-2}}$ 为万有引力常数。

当航天器靠近目标小行星至希尔半径范围时，航天器会同时受到太阳引力和小行星引力的共同作用，尤其是航天器在太阳-小行星系统引力平衡点附近运动时，二者的引力需要同时考虑。忽略任何一方的引力都会使得简化模型与实际系统存在较大偏差，甚至得到错误结论。如上节所述，由于小行星质量较小，太阳-小行星系统中引力平衡点距离小行星很近，一般不再近似处理为圆形限制性三体问题（CRTBP），而是采用进一步简化的希尔方程。

注意,希尔方程的使用意味着系统满足如下假设:小行星环绕太阳运动为圆轨道(或在一段时间内近似为圆轨道处理);航天器与小行星间距离相比于太阳-小行星距离为小量。

如图 2.2(b),在质心平动坐标系 $OXYZ$ 中,假设航天器的位置矢量为 $\boldsymbol{R}=[X,Y,Z]^{\mathrm{T}}$,则其相对小行星运动的动力学方程为

$$
\begin{cases}
\ddot{X}-2\Omega\dot{Y}=-\dfrac{\mu_{\mathrm{ast}}}{R^3}\cdot X+3\Omega^2 X+f_X \\[2mm]
\ddot{Y}+2\Omega\dot{X}=-\dfrac{\mu_{\mathrm{ast}}}{R^3}\cdot Y+f_Y \\[2mm]
\ddot{Z}=-\dfrac{\mu_{\mathrm{ast}}}{R^3}\cdot Z-\Omega^2 Z+f_Z
\end{cases}
\tag{2.3}
$$

其中平动系 $OXYZ$ 相对日心惯性系 $O_1X_1Y_1Z_1$ 角速度的幅值 $\Omega=\sqrt{\mu_{\mathrm{sun}}/r_{\mathrm{ast}}^3}$,$\mu_{\mathrm{ast}}$ 为小行星引力常数(定义与 μ_{sun} 类似),r_{ast} 为小行星日心轨道半径(此处假设为圆轨道)。f_X、f_Y 和 f_Z 为引力作用之外的其他合力加速度在平动系中的三轴分量,例如太阳光压加速度矢量的投影。上式以 $[X,Y,Z]^{\mathrm{T}}$ 表示的相对运动方程是一组非线性微分方程组,且 OZ 方向的运动与 OXY 平面内运动解耦。方程(2.3)的详细推导过程参见文献[14]和文献[15]。

希尔(George William Hill,1838—1914)在研究太阳-地球系统中月球轨道运动理论时,在三体问题背景下引入了三点假设,包括地球圆轨道假设、太阳视差和月球轨道倾角均为小量的假设[14]。在上述假设下,通过引入会合坐标系并将原点平移至地球质心,希尔获得了上述非线性方程组。其中月球轨道倾角为零假设剔除了解耦的 OZ 轴方程,针对 OXY 平面内运动希尔给出了幂级数形式的周期解,以此作为月球运动的中间轨道[12]。20 世纪 60 年代,Clohessy 和 Wiltshire 在空间交会对接问题中引入了相对运动动力学方程,假设航天器仅受地球引力,对中心引力取一次近似后得到了一组常系数微分方程组,其形式与方程(2.3)中 $\mu_{\mathrm{ast}}=0$ 时一致,称之为 Clohessy-Whiltshire 方程[16](简称 C-W 方程,亦称作希尔方程)。特别指出,C-W 方程应在二体问题中通过一次引力近似,或者在 CRTBP 中令质量比为零来获得,而不应该直接令上式中 $\mu_{\mathrm{ast}}=0$ 获取。

当航天器被小行星引力场成功俘获进入小行星绕飞轨道后,小行星不规则引力通常起主导作用,太阳引力和太阳光压力均作为摄动力。部分小行星由于质量过小而无法靠自身引力俘获航天器,航天器采用伴飞等方式开展探测,该类情况暂不考虑。对于任意自旋状态的小行星,绕飞航天器的运动可在随体系 $oxyz$ 中描述,如图 2.2(a)所示,将航天器抽象为质点,可得其动力学方程为

$$
\ddot{\boldsymbol{r}}+2\boldsymbol{\omega}\times\dot{\boldsymbol{r}}+\boldsymbol{\omega}\times(\dot{\boldsymbol{\omega}}\times\boldsymbol{r})+\dot{\boldsymbol{\omega}}\times\boldsymbol{r}=-\nabla U(\boldsymbol{r})+\boldsymbol{a}_{\mathrm{C}}+\sum_{i=1}^{N}\boldsymbol{g}_i+\boldsymbol{a}_{\mathrm{SRP}}
\tag{2.4}
$$

式中 $\boldsymbol{r}=[x,y,z]^{\mathrm{T}}$ 为质点到小行星质心的位置矢量,$\dot{\boldsymbol{r}}$ 为质点在随体系中的相对速度矢量。$\boldsymbol{\omega}$ 为小行星(瞬时)自旋角速度矢量,亦即固连坐标系相对于惯性参考系的旋转角速度矢量,$\dot{\boldsymbol{\omega}}$ 为小行星自旋角加速度矢量。$U(\boldsymbol{r})$ 为小行星不规则引力势,$\boldsymbol{a}_{\mathrm{C}}$ 为航天器控制加速度,$\boldsymbol{g}_i(i=1,2,\cdots,N)$ 表示第 i 个天体的引力摄动加速度矢量,$\boldsymbol{a}_{\mathrm{SRP}}$ 表示太阳光压摄动加速度矢量。

由于大部分小行星绕最大惯量主轴做匀速定轴转动,此时角加速度矢量 $\dot{\boldsymbol{\omega}}=\boldsymbol{0}$,小行星自旋角速度满足 $\boldsymbol{\omega}=[0,0,\omega]^{\mathrm{T}}$。当质点距离小行星很近或者在质量较大的小行星引力场中运动时,太阳引力和光压摄动力均为小量而忽略不计。在研究小行星引力场中自然运动时,

不计航天器控制加速度,方程(2.4)可进一步简化为

$$\ddot{r} + 2\boldsymbol{\omega} \times \dot{r} + \boldsymbol{\omega} \times (\boldsymbol{\omega} \times r) = -\nabla U(r) \tag{2.5}$$

上式对应一个保守动力系统,其广义能量积分可以定义为

$$H = \frac{1}{2}\dot{r} \cdot \dot{r} - \frac{1}{2}(\boldsymbol{\omega} \times r) \cdot (\boldsymbol{\omega} \times r) + U(r) \tag{2.6}$$

将其对时间求导,可得

$$\dot{H} = \dot{r} \cdot \ddot{r} - (\boldsymbol{\omega} \times r) \cdot (\boldsymbol{\omega} \times \dot{r}) + \nabla U \cdot \dot{r} \tag{2.7}$$

方程(2.5)的左右两端同时点乘$\dot{r}$,整理可得

$$\dot{r} \cdot \ddot{r} - (\boldsymbol{\omega} \times r) \cdot (\boldsymbol{\omega} \times \dot{r}) = -\nabla U \cdot \dot{r} \tag{2.8}$$

上式表明式(2.7)的值为零,即系统的广义能量H为常值。实际上,此不变量恰为上述保守系统的雅可比积分(Jacobi integral)。若将式(2.5)中离心力项表示为一个标量势函数Ψ的梯度

$$\nabla\Psi = \boldsymbol{\omega} \times (\boldsymbol{\omega} \times r), \quad \Psi = -\frac{1}{2}\parallel \boldsymbol{\omega} \times r \parallel^2 \tag{2.9}$$

则系统雅可比积分C可以定义为

$$C = H = \frac{1}{2}\dot{r} \cdot \dot{r} + V \tag{2.10}$$

其中有效势函数V由两部分组成

$$V = \Psi + U \tag{2.11}$$

式(2.10)中右端第一项对应系统动能,为非负项,即表达式"C-V"的值非负。若航天器在小行星随体系中的相对速度为零,即$\dot{r} = \boldsymbol{0}$,由式(2.10)可得关系式$C = V$。该等式给出了航天器在随体系中运动的边界,称之为"零速度曲面"(Zero-velocity surface),将航天器的运动限制在$V \leqslant C$区域内。结合式(2.9)和式(2.11),质点动力学方程(2.5)可重新表示为

$$\ddot{r} + 2\boldsymbol{\omega} \times \dot{r} = -\nabla V \tag{2.12}$$

其在随体系中的分量形式为

$$\begin{bmatrix} \ddot{x} \\ \ddot{y} \\ \ddot{z} \end{bmatrix} + 2\begin{bmatrix} 0 & -\omega & 0 \\ \omega & 0 & 0 \\ 0 & 0 & 0 \end{bmatrix}\begin{bmatrix} \dot{x} \\ \dot{y} \\ \dot{z} \end{bmatrix} = \begin{bmatrix} \omega^2 & 0 & 0 \\ 0 & \omega^2 & 0 \\ 0 & 0 & 0 \end{bmatrix}\begin{bmatrix} x \\ y \\ z \end{bmatrix} - \begin{bmatrix} U_x \\ U_y \\ U_z \end{bmatrix} \tag{2.13}$$

式中

$$[U_x, U_y, U_z]^{\mathrm{T}} = \left[\frac{\partial U}{\partial x}, \frac{\partial U}{\partial y}, \frac{\partial U}{\partial z}\right]^{\mathrm{T}} \tag{2.14}$$

方程(2.5)、(2.11)和(2.13)是研究小行星不规则引力场中轨道动力学的基本方程,式中小行星自转角速度ω一般由天文观测获得。上述方程求解时的主要难度之一在于如何描述小行星的不规则引力势$U(r)$。

2.3 不规则引力场的描述

在小行星近距离绕飞等探测任务中,不规则引力场建模是轨道设计的前提和基础。在小行星的长期演化等理论分析中,能否给出高精度的引力场模型,关系着仿真结果的精度,极大地影响着最终结论的准确性和可信度。目前常用的建模方法大致分为四类,分别为级

数展开法、多面体法、质点群法和简化模型法。下面简述各方法及其优劣,方便读者了解它们的发展脉络,同时为小行星研究人员选择合适的模型提供参考。

2.3.1 引力场建模方法概述

级数展开法(Series expansion method)包含球谐函数与椭球谐函数两类。球谐函数法在近球形引力场建模中大获成功,在处理非球形摄动时简单的函数叠加形式亦受到研究人员的青睐[17]。由于该方法表达式为各个球谐系数的线性组合,探测器在环绕陌生天体飞行时也很容易辨识出各阶系数值,致使其在航天探测中得到广泛应用。在小行星动力学问题研究之初,人们自然想到将球谐函数法推广至小行星引力场建模,但小天体形状极不规则,表面附近 Legendre 级数难以收敛,甚至出现级数发散的情形,致使该方法完全失效。图 2.3(a)给出了 Itokawa 小行星参考球在赤道面内的投影,与 Itokawa 外形有很大差距。为了改进球谐函数法的不足,人们提出了椭球谐函数法[18],用一个三轴椭球去包络中心天体,再根据椭球三个轴长参数求解谐函数的各阶系数,进而将收敛范围拓展至中心天体附近。图 2.3(a)同样给出了 Itokawa 的参考椭球,可以看到其包络范围明显优于参考球,但在表面附近依然存在大量空隙。

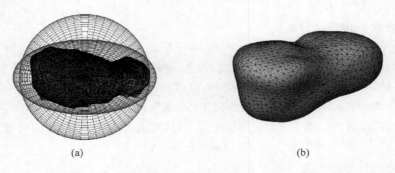

(a)   (b)

图 2.3　小行星引力场建模中级数展开法与多面体法示意图
(a) Itokawa 参考球与参考椭球的俯视图;(b) Castalia 多面体模型三维视图

为了精确描述小天体不规则引力场,1993 年 Werner 独立推导了均质多面体引力场建模方法,主要思想是利用高斯公式和格林公式将引力势中体积分最终转化为多面体棱边的线积分[19]。三年后,Werner 与 Scheeres[20] 合作改进了上述方法,通过引入立体角(Solid angle)的概念以及并矢等数学技巧,推导了具有闭合形式的引力势、引力和引力梯度矩阵的表达式,并成功应用于小行星 Castalia 引力场建模。2017 年,Werner 对多面体法做了改进,理论分析了仅使用一个正切值来表示立体角的可行性,以此来节省计算量[21]。**多面体法**(Polyhedral method)已是不规则小天体引力场建模的主要方法之一,目前研究中多以该方法所得引力场数据为精确值。多面体法的概念可以追溯到 19 世纪末,而直到近 20 年,随着计算机技术的发展,该方法在小天体引力场建模中才被真正使用,更多关于该方法的历史沿革参见文献[20]和文献[21]。

图 2.3(b)展示了 Castalia 小行星多面体模型,包括 2048 个顶点和 4096 个三角形侧面,可以清晰地看到表面的三角形网格。该方法与搭积木类似,算例中是用密度一致而体积不同的小四面体组成 Castalia 形状。实际上,在应用多面体法求解小行星引力势过程中,可以

将小行星表面离散为任意平面多边形,如四边形、六边形,甚至三角形和四边形的混合划分等。目前多面体离散数据多将小行星表面离散为三角形,一是因为各平面多边形通过细分均可化成若干三角形,二是三角形的三个顶点一定构成一个平面,三是数值求解中对三角形的统一处理降低了计算复杂度。多面体法的第一个不足之处为均匀密度假设,较真实小天体存在一定偏差。其次,方法本身存在奇异性,那些位于多面体棱边上的点在引力计算过程中会出现数值奇异,所以该方法在研究多面体表面运动时会存在困难[8]。第三,对于精细的小行星表面模型,该方法计算量很大。特别是求解远距离质点运动时,与级数展开法相比,多面体法效率很低。

有没有一种方法,既有较高的计算效率,又不失多面体法一样的精度呢?**质点群法**(Mass concentrations,简记为 Mascons)或许是答案之一。该方法核心思想比较简单和直观,利用小行星外形信息,用一定数量的质点(可理解为实心小球)填充实体所覆盖的几何空间,计算所有质点产生的引力之和,来近似求解小行星整体的引力[22]。该方法最早可追溯到 1995 年,由 Geissler 等提出,并成功应用于双小行星系统中地表物质衍化和交换机制的研究。书中以 Castalia 小行星为例,图 2.4(a)所示为均匀分布质点群在赤道面内投影示意图。通过增加质点的数量,可以进一步提高引力场近似精度。此外,可以采用非均匀质点建模,一定程度上减少系统质点的数量,同时可以描述小行星的非均质分布。图 2.4(b)给出了 Castalia 小行星的一种非均匀质点建模示意图,图中缝隙处还可以继续放入适当体积的小球以提高精度。上述两种质点群法的优劣以及与多面体法精度的对比值得深入讨论。

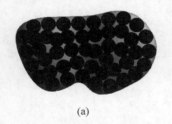 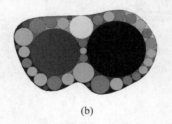

(a)   (b)

图 2.4   Castalia 小行星质点群法示意图

(a) 均匀分布质点群;(b) 非均匀质点群

书中将"**简化模型法**"(Simplified models)放在几类方法最后介绍,因为该方法中包含若干简化模型,如立方体[23]、偶极子模型[24]、细直棒[25]和哑铃体等[26]。人们提出这些简化模型的核心思想是一致的,即提取不规则小行星的典型特征建立抽象模型,通过研究简化模型来帮助人们理解或认识实际不规则目标的特性。简化模型一般具有高度抽象的外形和简洁的引力表达式,甚至能够得到一些解析结果和性质。值得注意的是,过分简化必然会带来研究对象大量原始信息的丢失,而这些被"刻意忽略"的信息很有可能对问题本质产生影响。为此,简化模型法适合于前期的定性分析,便于研究一些非线性动力学现象等。

综上,各类引力场建模方法均有其优缺点,在实际应用中要具体问题具体分析。级数展开法适用于远距离探测轨道设计等,可通过绕飞小行星辨识出引力场各阶系数,在航天探测任务中得到广泛应用。多面体方法适合于密度基本均匀分布小行星的引力场描述,能够得到具有较高精度的结果。为了探究某一类具有相似外形小行星的引力场特性,简化模型较为理想,既可以讨论共有特性,又具有易于推导的引力势表达形式。对于研究小天体自身结构演化等,质点群法较为常见,能够模拟小天体受到撞击之后的系统演化等。书中主要用到多面体法和简化模型法,下面给出这两类方法的详细数学描述。

2.3.2 多面体法

本节介绍的多面体法源于文献[20],将小行星表面离散成有限个三角形侧面。每一个三角形侧面与小行星质心构成一个四面体,所有四面体的公共顶点为小行星质心,通过积分所有四面体在小行星表面外某点 P 处的引力势,即可获得小行星引力场中 P 点的引力势。相比于级数展开法和质点群法,多面体法虽然精度较高,但也是对不规则引力场的近似求解,用有限个小四面体去近似小行星不规则的几何外形。其中隐含的一个假设是小行星具有多面体外形,忽略了复杂的表面地质特征(包括零散的表面石块、凹凸不平的连续曲面等)。对连续曲面的逼近可以通过增加三角形侧面的数量来提高精度,但会相应地增加计算量,即计算中应该在近似精度和计算量间做出权衡。

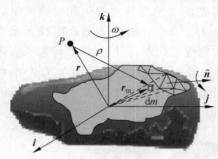

图 2.5 不规则小行星质量分布与几何外形示意图

为求解小行星不规则引力势,建立图 2.5 中笛卡儿直角坐标系,其中 i、j、k 分别为三轴单位矢量。将小行星离散为若干质量微元;每个质量微元可看作一个质点,质量记为 dm,坐标表示为 $r_m=[x_m,y_m,z_m]^T$。假设小行星表面外 P 点的坐标为 $r=[x,y,z]^T$,则 P 点至 dm 的矢径 ρ 定义为

$$\rho=r_m-r=i\Delta x+j\Delta y+k\Delta z \quad (2.15)$$

式中 $\Delta x=x_m-x,\Delta y=y_m-y,\Delta z=z_m-z$ 且 $\rho^2=\parallel\rho\parallel^2=\Delta x^2+\Delta y^2+\Delta z^2$。由此可知 $d\Delta x=dx_m-dx$ 以及

$$\nabla\rho=\left(i\frac{\partial}{\partial x}+j\frac{\partial}{\partial y}+k\frac{\partial}{\partial z}\right)\rho=-I \quad (2.16)$$

将小行星离散为有限个质量微元 dm 后,小行星在 P 点的引力势通过对整个小行星积分获得

$$U(r)=G\iiint_{M_{ast}}\frac{1}{\rho}dm=G\sigma\iiint_{V_{ast}}\frac{1}{\rho}dV_{ast} \quad (2.17)$$

上式用到了小行星密度均匀分布假设,认为小行星具有单一密度 σ,式中 V_{ast} 为小行星体积。图 2.5 中所示小行星外部引力场(即表面外侧引力场)满足拉普拉斯方程 $\nabla^2U=0$,内部满足泊松方程 $\nabla^2U=-4\pi G\sigma$。若将此小行星等效为一个半径为 R_{ast} 的球体,总质量不变仍为 M_{ast}(与式(2.1)中含义一致),则式(2.17)的积分结果为

$$U(r)=\begin{cases}\dfrac{GM_{ast}}{r}, & r>R_{ast}\\[3mm]\dfrac{GM_{ast}}{2R_{ast}^3}(3R_{ast}^2-r^2), & r\leqslant R_{ast}\end{cases} \quad (2.18)$$

在近球形大行星引力势计算中,由于 $\parallel r_m\parallel<\parallel r\parallel$,通常将式(2.17)中的 ρ^{-1} 展开成勒让德(Legendre)多项式形式,再求解积分得到引力势的球谐函数表达式

$$U(r)=\frac{GM_{ast}}{r}\cdot\left\{1+\sum_{n=1}^{\infty}\sum_{l=0}^{n}\left(\frac{r_e}{r}\right)^n P_{nl}(\sin\varphi)\cdot[C_{nl}\cdot\cos l\lambda+S_{nl}\sin l\lambda]\right\} \quad (2.19)$$

式中 $P_{nl}(\sin\varphi)$ 是 $\sin\varphi$ 的缔合勒让德多项式，当 $l=0$ 时退化为一般勒让德多项式。参考球半径 r_e 表示级数的收敛范围，公式（2.19）仅在布里渊球（Brillouin sphere，又称参考球）之外有效。C_{nl} 和 S_{nl} 为各阶非球形修正项系数，它们数值的大小反映了形状的不规则性和内部质量分布的不均匀性。r、φ、λ 对应质点 P 位置矢量 $\boldsymbol{r}$ 在球坐标系中的三个分量，满足关系式 $\boldsymbol{r}=[r\cos\varphi\cos\lambda, r\cos\varphi\sin\lambda, r\sin\varphi]^{\mathrm{T}}$。

在引力场求解时，形状不规则的小行星附近很大一部分区域均位于参考球内部。当探测器位于参考球内部时，公式（2.19）中引力势无法收敛，使得分析航天器在小行星表面附近运动面临新的挑战。多面体法能够克服上述困难，保证在小行星表面处引力势依然收敛。注意到单位矢量 $\hat{\boldsymbol{\rho}}=\boldsymbol{\rho}/\rho$ 对 $[x_{\mathrm{m}}, y_{\mathrm{m}}, z_{\mathrm{m}}]^{\mathrm{T}}$ 的散度满足 $\mathrm{div}\,\hat{\boldsymbol{\rho}}=2\rho^{-1}$，应用高斯散度定理（Divergence theorem）对式（2.17）中有关 ρ^{-1} 的体积分进行如下处理

$$U(\boldsymbol{r})=G\sigma\iiint\limits_{V_{\mathrm{ast}}}\frac{1}{\rho}\mathrm{d}V_{\mathrm{ast}}=\frac{1}{2}G\sigma\iiint\limits_{V_{\mathrm{ast}}}(\mathrm{div}\hat{\boldsymbol{\rho}})\mathrm{d}V_{\mathrm{ast}}=\frac{1}{2}G\sigma\iint\limits_{S}\hat{\boldsymbol{n}}\cdot\hat{\boldsymbol{\rho}}\mathrm{d}S \tag{2.20}$$

式中 $\hat{\boldsymbol{n}}$ 为被积侧面 $\mathrm{d}S$ 外法线方向单位矢量。小行星表面被离散为若干三角形侧面，上式可进一步表示为关于所有侧面积分的总和：

$$U(\boldsymbol{r})=\frac{1}{2}G\sigma\iint\limits_{S}\hat{\boldsymbol{n}}\cdot\hat{\boldsymbol{\rho}}\mathrm{d}S=\frac{1}{2}G\sigma\sum_{f\in\mathrm{facets}}\iint\limits_{f}\hat{\boldsymbol{n}}_f\cdot\hat{\boldsymbol{\rho}}\mathrm{d}S$$

$$=\frac{1}{2}G\sigma\sum_{f\in\mathrm{facets}}\iint\limits_{f}\hat{\boldsymbol{n}}_f\cdot\left(\frac{\boldsymbol{\rho}}{\rho}\right)\mathrm{d}S=\frac{1}{2}G\sigma\sum_{f\in\mathrm{facets}}(\hat{\boldsymbol{n}}_f\cdot\boldsymbol{\rho}_f)\iint\limits_{f}\frac{1}{\rho}\mathrm{d}S \tag{2.21}$$

公式（2.21）中下标 f 表示被积平面，$\hat{\boldsymbol{n}}_f$ 为每一个侧面外法向单位矢量。此处对小行星表面的积分转化为对所有侧面的积分容易理解，而之所以能够将 $\hat{\boldsymbol{n}}_f\cdot\boldsymbol{\rho}$ 从积分号中提出，是因为如图 2.6 中坐标系的选取使得 $\hat{\boldsymbol{n}}_f\cdot\boldsymbol{\rho}$ 为定值 Δz。图中直角坐标系原点位于质点 P 处，$\bar{\boldsymbol{k}}$ 轴与被积侧面 ABC 外法向量 $\hat{\boldsymbol{n}}_f$ 一致，$\bar{\boldsymbol{i}}$ 和 $\bar{\boldsymbol{j}}$ 两矢量张成平面过 P 点且与 $\bar{\boldsymbol{k}}$ 轴垂直。在此坐标系中，点 P 到三角形侧面 ABC 内任意点的向径与 $\hat{\boldsymbol{n}}_f$ 的内积均为 Δz。假设 P 点到 Q 点向径为 $\boldsymbol{\rho}_f$，则有 $\hat{\boldsymbol{n}}_f\cdot\boldsymbol{\rho}=\hat{\boldsymbol{n}}_f\cdot\boldsymbol{\rho}_f=\Delta z$，知

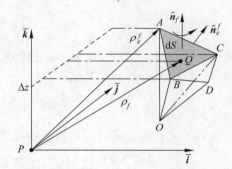

图 2.6　多面体法中一个三角形侧面与质心组成的四面体及其直角坐标系

式（2.21）成立。实际计算过程中，多面体数据中三角形侧面的三个顶点位置矢量为已知，因此通常选取 P 点至任意顶点的矢径为 $\boldsymbol{\rho}_f$。

至此，小行星引力势求解的三维体积分公式（2.17）被成功转化为关于所有三角形侧面的面积分公式（2.21）。应用格林公式（Green's theorem），通过加减项技巧可将式（2.21）中的面积分转化为关于三角形棱边的线积分，形式如下：

$$\iint\limits_{f}\frac{1}{\rho}\mathrm{d}S=\iint\limits_{f}\left(\frac{1}{\rho}+\frac{\Delta z^2}{\rho^3}\right)\mathrm{d}S-\iint\limits_{f}\left(\frac{\Delta z^2}{\rho^3}\right)\mathrm{d}S$$

$$=\int_{\mathrm{B}}\frac{1}{\rho}(\Delta x\mathrm{d}\Delta y-\Delta y\mathrm{d}\Delta x)-\hat{\boldsymbol{n}}_f\cdot\boldsymbol{\rho}_f\cdot\boldsymbol{\theta}_f \tag{2.22}$$

式中 B 表示被积平面的边界，即三角形的三条边，顺序沿 $\hat{\boldsymbol{n}}_f$ 按逆时针旋转得到。θ_f 为新引入的一个标量，即 2.3.1 节中提到的立体角，表示被积侧面 dS 在以 P 点为圆心的单位球面上张成的立体角，其数学表达式为

$$\theta_f = \iint_f \frac{\Delta z}{\rho^3} \mathrm{d}S \tag{2.23}$$

式中向径 ρ 和侧面微元 dS 均为正，故 θ_f 的符号与 Δz 相同。

公式(2.22)中侧面边界的线积分可以进一步转化为关于每一条棱边积分求和的形式

$$\int_B \frac{1}{\rho}(\Delta x \mathrm{d}y - \Delta y \mathrm{d}x) = \sum_{e \in f_e} \int_e \frac{1}{\rho}(\Delta x \mathrm{d}y - \Delta y \mathrm{d}x) = \sum_{e \in f_e} \int_e \frac{1}{\rho} \hat{\boldsymbol{n}}_e^f \cdot \boldsymbol{\rho}_e^f \mathrm{d}s \tag{2.24}$$

式中 f_e 表示侧面 f 的所有棱边，ds 为棱边的长度微元。$\boldsymbol{\rho}_e^f$ 为质点 P 至棱边 e 上任意一点的矢径，棱边上的点一般取为棱上某个顶点；$\hat{\boldsymbol{n}}_e^f$ 为该棱边的外法向单位矢量，与所在平面的法向量 $\hat{\boldsymbol{n}}_f$ 垂直，如图 2.6 所示。

对于给定的棱边，求解式(2.24)积分时，不妨建立如下参考坐标系：以棱边所在侧面的外法向量 $\hat{\boldsymbol{n}}_f$ 为 oz 轴，oy 轴方向与棱边外法向 $\hat{\boldsymbol{n}}_e^f$ 一致，ox 轴形成右手系。参考图 2.6，可知 ox 轴沿顶点 A 指向顶点 C，在此坐标系中 $\boldsymbol{\rho}_e^f \cdot \hat{\boldsymbol{n}}_e^f$ 为一定值，可以提到积分号外，得到化简后的表达式如下：

$$\begin{cases} \sum_{e \in f_e} \int_e \frac{1}{\rho} \hat{\boldsymbol{n}}_e^f \cdot \boldsymbol{\rho}_e^f \mathrm{d}s = \sum_{e \in f_e} \hat{\boldsymbol{n}}_e^f \cdot \boldsymbol{\rho}_e^f \int_e \frac{1}{\rho} \mathrm{d}s = \sum_{e \in f_e} \hat{\boldsymbol{n}}_e^f \cdot \boldsymbol{\rho}_e^f \cdot L_e^f \\ L_e^f = \int_e \frac{1}{\rho} \mathrm{d}s = \ln \frac{a+b+e}{a+b-e} \end{cases} \tag{2.25}$$

式中 L_e^f 为棱边线积分，其中 a,b 分别为 P 点至棱边两个端点的距离，e 为棱长。将式(2.24)和式(2.25)代入式(2.22)，得到

$$\iint_f \frac{1}{\rho} \mathrm{d}S = \sum_{e \in f_e} \hat{\boldsymbol{n}}_e^f \cdot \boldsymbol{\rho}_e^f \cdot L_e^f - \hat{\boldsymbol{n}}_f \cdot \boldsymbol{\rho}_f \cdot \theta_f \tag{2.26}$$

将上式代入公式(2.21)得到小行星引力势的表达式

$$\begin{aligned} U(\boldsymbol{r}) &= \frac{1}{2} G\sigma \sum_{f \in \text{facets}} (\boldsymbol{\rho}_f \cdot \hat{\boldsymbol{n}}_f) \left(\sum_{e \in f_e} \hat{\boldsymbol{n}}_e^f \cdot \boldsymbol{\rho}_e^f \cdot L_e^f - \hat{\boldsymbol{n}}_f \cdot \boldsymbol{\rho}_f \cdot \theta_f \right) \\ &= \frac{1}{2} G\sigma \sum_{f \in \text{facets}} \left(\sum_{e \in f_e} \boldsymbol{\rho}_f \cdot \hat{\boldsymbol{n}}^f \hat{\boldsymbol{n}}_e^f \cdot \boldsymbol{\rho}_e^f \cdot L_e^f \right) - \frac{1}{2} G\sigma \sum_{f \in \text{facets}} \boldsymbol{\rho}_f \cdot \hat{\boldsymbol{n}}_f \hat{\boldsymbol{n}}_f \cdot \boldsymbol{\rho}_f \cdot \theta_f \end{aligned} \tag{2.27}$$

进一步合并上式中相邻侧面公共棱边的计算，例如图 2.6 中的 BC 边同属于 ABC 和 BCD 两个三角形侧面。当公共棱边 e 同属于 f_1 和 f_2 两个侧面时，引入并矢 $\boldsymbol{E}_e = \hat{\boldsymbol{n}}_{f_1} \hat{\boldsymbol{n}}_e^{f_1} + \hat{\boldsymbol{n}}_{f_2} \hat{\boldsymbol{n}}_e^{f_2}$ 和 $\boldsymbol{F}_f = \hat{\boldsymbol{n}}_f \hat{\boldsymbol{n}}_f$，将公共棱边的线积分 $L_e^{f_1}$ 和 $L_e^{f_2}$ 统一记为 $L_e (L_e = L_e^{f_1} = L_e^{f_2})$，式(2.27)可简化为

$$U(\boldsymbol{r}) = \frac{1}{2} G\sigma \sum_{e \in \text{edges}} L_e \cdot \boldsymbol{\rho}_e \cdot \boldsymbol{E}_e \cdot \boldsymbol{\rho}_e - \frac{1}{2} G\sigma \sum_{f \in \text{facets}} \boldsymbol{\rho}_f \cdot \boldsymbol{F}_f \cdot \boldsymbol{\rho}_f \cdot \theta_f \tag{2.28}$$

式中右侧第一项是对多面体所有棱边求和，第二项表示对所有侧面求和。对上式求梯度可得小行星引力加速度矢量，对加速度矢量再求梯度可得引力梯度矩阵，表达式分别为

$$\nabla U = -G\sigma \sum_{e \in \text{edges}} L_e \cdot \boldsymbol{E}_e \cdot \boldsymbol{\rho}_e + G\sigma \sum_{f \in \text{facets}} \boldsymbol{F}_f \cdot \boldsymbol{\rho}_f \cdot \theta_f \tag{2.29}$$

和

$$\nabla\nabla U = G\sigma \sum_{e \in \text{edges}} L_e \cdot E_e - G\sigma \sum_{f \in \text{facets}} F_f \cdot \theta_f \tag{2.30}$$

至此,多面体法所求小行星引力势(2.28)、引力加速度矢量(2.29)和引力梯度矩阵(2.30)的表达式均已得到。上述闭合形式的表达式意味着在给定小行星多面体数据和密度情况下,所得计算结果为精确值。特别地,公式(2.28)的拉普拉斯方程具有如下简洁形式:

$$\nabla^2 U = \nabla \cdot \nabla U = -G\sigma \sum_{f \in \text{facets}} \theta_f \tag{2.31}$$

当质点位于小行星外部时,$\nabla^2 U = 0$;当质点位于小行星内部时,$\nabla^2 U = -4\pi G\sigma$,即多面体引力势满足拉普拉斯方程和泊松方程。公式(2.23)为立体角 θ_f 的定义式,对于三角形侧面组成的多面体模型,其具体计算公式为

$$\theta_f = \iint_f \frac{\Delta z}{\rho^3} \mathrm{d}S = 2\arctan \frac{\hat{\rho}_1^f \cdot (\hat{\rho}_2^f \times \hat{\rho}_3^f)}{1 + \hat{\rho}_1^f \cdot \hat{\rho}_2^f + \hat{\rho}_2^f \cdot \hat{\rho}_3^f + \hat{\rho}_3^f \cdot \hat{\rho}_1^f} \tag{2.32}$$

其中 $\hat{\rho}_i^f (i=1,2,3)$ 为三角形侧面 f 三个顶点至小行星质心向径的单位矢量。此类简单多面体满足欧拉公式 $V + F - E = 2$,式中 V 为多面体顶点数,F 为所有侧面数量,E 为棱数。若将小行星表面离散为三角形侧面后有 V 个顶点,则多面体数据中应包含 $F = 2V - 4$ 个三角形侧面和 $E = 3V - 6$ 条棱边,上述数据可以在求解多面体引力势时作为初步校验,应用多面体法求解小行星不规则引力势的仿真实现参见文献[27]。

2.3.3 简化模型法

在多面体法和质点群法提出之前,简化模型是人们研究和理解不规则小行星引力场中动力学行为的重要参考。本书把具有不规则引力势的各类抽象模型统一归入简化模型法,除2.3.1节提到的四类简化模型外,还包括圆环、圆饼、双直棒(Double material segment)[28]、五质点模型、三角形盘与正方形盘、极子棒模型等。本节从极子棒模型入手,重点介绍极子棒、偶极子和细直棒三类简化模型。

极子棒模型(Dipole segment model)基于哑铃形小行星和密接双星的特征形状抽象而来,是由一根细直棒和两个质点组成的简化模型,两质点恰好位于细直棒的两个端点,如图2.7所示。假设细直棒质量为 M_2,两质点的质量分别为 m_1 和 $m_2(m_1 \geqslant m_2)$,二者质量之和为 $M_1 = m_1 + m_2$,则系统总质量满足 $M = M_1 + M_2$。建立极子棒模型随体坐标系 $oxyz$①,原点 o 位于系统质心,ox 轴

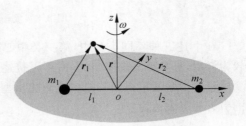

图 2.7　极子棒模型与其随体系 $oxyz$

与极子棒重合沿质点 m_1 指向质点 m_2 方向。假设极子棒匀速定轴转动,oz 轴取为自转轴,其自转角速度可定义为 $\omega = \omega\hat{z}$,式中 $\hat{z}$ 为 oz 轴方向单位矢量;oy 轴与另外两轴形成右手坐标系。在上述假设下,随体系 oxy 平面与小行星赤道面重合。

假定模型中细直棒密度均匀分布为 σ,直棒长度为一定值 l,由两部分组成,包括 om_1 的

---

① 图2.7中极子棒模型随体系与图2.2中小行星固连坐标系本质上一样,均以 $oxyz$ 表示。书中不再使用不同字母区分此类坐标系,而是给出文字说明。

长度 l_1 和 om_2 的长度 l_2，即 $l = l_1 + l_2$。引入两个质量比参数

$$\mu_1 = \frac{m_2}{M_1}, \quad \mu_2 = \frac{M_2}{M} \tag{2.33}$$

由各质量定义知两参数可行域分别为 $\mu_1 \in [0, 0.5], \mu_2 \in [0, 1]$。两质量比参数不同取值决定了极子棒模型五种不同的拓扑类型，如图 2.8 所示：

（1）当 μ_1 和 μ_2 同时为零时，极子棒退化为一个质量为 M 的质点，此时其引力场内质点运动满足开普勒定律；

（2）当 $\mu_2 = 0$ 但 $\mu_1 \neq 0$ 时，极子棒模型退化为偶极子模型。下节将对偶极子模型进行详细介绍；

（3）当 $\mu_1 = 0$ 且 $\mu_2 \in (0,1)$ 时，系统为极子棒模型的一类退化形式，即细直棒只有一端有一个质点 m_1；

（4）当 $\mu_1 \neq 0$ 且 $\mu_2 \in (0,1)$ 时，系统为极子棒模型的一般形式，由中间的细直棒和两端的质点共同组成；

（5）当 $\mu_2 = 1$ 时，由质量比定义知 $M_2 = M$，即系统仅由细直棒组成，两端部质点的质量为零，此时极子棒模型退化为细直棒模型。

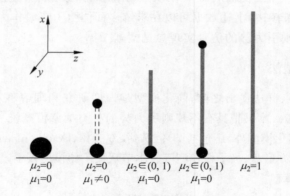

图 2.8　极子棒模型的五种拓扑类型

在上述五种不同类型中，第一类中心引力场（或质点引力场）中的开普勒动力学研究已较为详尽，可参见文献[14]，本书不再赘述。下面将给出极子棒模型一般形式引力势，通过改变质量比参数便可得到其他三类简化模型的引力势。在极子棒模型引力场内 $\boldsymbol{r}$ 处，式（2.17）的引力势可表达为

$$U(\boldsymbol{r}) = -\frac{Gm_1}{r_1} - \frac{Gm_2}{r_2} - G\int_l \frac{\mathrm{d}M_2}{r} \tag{2.34}$$

式中右端前两项为两个端部质点的引力势，第三项为中间细直棒产生的引力势。其中，r_1 和 r_2 分别为极子棒两端部质点至 $\boldsymbol{r}$ 处位置矢量的幅值，如图 2.7 所示，其具体定义为

$$\begin{cases} \boldsymbol{r}_1 = [x + l_1, & y, & z]^{\mathrm{T}} \\ \boldsymbol{r}_2 = [x - l_2, & y, & z]^{\mathrm{T}} \end{cases} \tag{2.35}$$

参考式（2.25）中线积分 L_e^l 的公式，由细直棒均匀密度假设，可将式（2.34）中细直棒引力势进一步展开为

$$\int_l \frac{\mathrm{d}M_2}{r} = \sigma \int_l \frac{\mathrm{d}l}{r} = \frac{M_2}{l} \ln\left(\frac{r_1 + r_2 + l}{r_1 + r_2 - l}\right) \tag{2.36}$$

将上式代入公式(2.34),可得极子棒引力势为

$$U(\boldsymbol{r}) = -\frac{Gm_1}{r_1} - \frac{Gm_2}{r_2} - \frac{GM_2}{l}\ln\left(\frac{r_1 + r_2 + l}{r_1 + r_2 - l}\right) \tag{2.37}$$

上式中各质量由式(2.33)中质量比参数表示,可重新整理为

$$U(\boldsymbol{r}) = -GM\left[\frac{(1-\mu_1)(1-\mu_2)}{r_1} + \frac{\mu_1(1-\mu_2)}{r_2} + \frac{\mu_2}{l}\ln\left(\frac{r_1 + r_2 + l}{r_1 + r_2 - l}\right)\right] \tag{2.38}$$

由上式可知,极子棒模型引力场中某点 $\boldsymbol{r}$ 处的引力势与系统总质量 M、各组成部分间质量比参数 μ_1 和 μ_2、中间细直棒长度 l 等均相关。参数 $\mu_2 = 0$ 但 $\mu_1 \neq 0$ 时极子棒模型退化为经典偶极子模型,其引力势为

$$U(\boldsymbol{r}) = -GM\left[\frac{1-\mu_1}{r_1} + \frac{\mu_1}{r_2}\right] \tag{2.39}$$

当 $\mu_2 = 1$ 时极子棒退化为传统细直棒模型,其最早可追溯至 1959 年苏联斯特恩伯格天文研究所 Duboshin 发表的文章[25]。文中研究了细直棒和质点组成系统的动力学特性,分别给出了细直棒质心沿圆轨道和直线轨迹运动情况下的四组特解。1988 年,美国得州奥斯汀大学 Halamek[29] 在其博士论文中研究了细直棒引力场中的动力学特性。1999 年,Riaguas 等人[30] 采用庞加莱截面法求解了细直棒(Massive straight segment)附近周期轨道,并分析了轨道的稳定性。2011 年,Najid 等[31] 进一步分析了密度沿坐标按抛物线规律非均匀分布的细直棒动力学特性。本书主要介绍密度均匀分布细直棒,引力势为

$$U(\boldsymbol{r}) = -\frac{GM}{l}\ln\left(\frac{r_1 + r_2 + l}{r_1 + r_2 - l}\right) \tag{2.40}$$

上述极子棒、偶极子以及传统细直棒模型关于平面 oxy 和平面 oxz 都具有对称性。该性质在求解此类简化模型附近环绕轨道时能够减少计算量,但也意味着它们不能反映出小行星关于这两个平面的非对称分布。更多关于极子棒模型动力学讨论参见 4.3 节。

2.4　Chermnykh 偶极子模型

偶极子模型(The mass dipole)最早由苏联学者 Chermnykh[24] 于 1987 年提出,故又称"Chermnykh Problem",是一个由双质点组成的旋转系统,其中两质点由一根长度固定的无质量细杆相连。Chermnykh 最初研究了平面偶极子模型中三角平动点及其稳定性问题,之后 Kokoriev[32] 和 Kirpichnikov[33] 应用偶极子近似一个哑铃体,研究了该哑铃体和一个球体组成旋转系统的平衡点及其稳定性问题。波兰 Goździewski 和 Maciejewski[34] 进一步讨论了上述问题的可能应用及共振情形等,并将其推广至一个球体和一个椭球体组成的动力学系统[35]。

1994 年,Prieto-Llanos 和 Gómez-Tierno[36] 将偶极子模型拓展至三维,较为详尽地研究了系统的平衡点分布及稳定性,并应用于 Mars-Phobos 系统。之后陆续有研究对偶极子模型进行改进,如系统某一质点具有光压力时的"光引力偶极子模型"(Generalized photo-gravitational Chermnykh's problem)[37]、某个质点替换为椭球体[38,39] 等。在文献[36]的基础上,Hirabayashi 等[40] 进一步研究了偶极子模型内部共线平动点的稳定性问题,并据此尝试分析快速自旋小行星 2000 EB14 内部平衡点的稳定性。上述研究虽未给出偶极子模型与小天体引力场之间的直接联系,但为建立二者之间的近似关系提供了参考。

实际上,看似简单的偶极子模型拓展了天体力学中两个经典模型:双不动中心问题(Two fixed-center problem,简记为 2FCP)和圆形限制性三体问题 CRTBP。2FCP 问题研究质点在两个位置固定不变引力中心作用下的运动情况,比二体问题复杂一些,是限制性三体问题中一类特殊的可积情形。早在 18 世纪欧拉将 2FCP 模型作为研究三体问题的过渡模型,得到了平面运动方程及其椭圆积分解[41]。直至约 200 年后的 1949 年,明尼苏达大学 Erikson 等[42]给出了 2FCP 问题三维情况下的第三个积分。至此,双不动中心问题的理论分析告一段落,开始转向在实际问题中的应用研究,包括地球卫星轨道运动理论分析、两个固定离子场中电子的运动等。

当 2FCP 中两个固定质点在共面圆轨道上绕公共质心旋转时,第三个无限小质量质点(不影响两固定点运动情况下)在它们共同引力作用下运动,研究第三个质点运动规律的问题,称之为圆形限制性三体问题。太阳-大行星组成系统中大行星轨道都存在一定偏心率,但 CRTBP 模型为定性分析航天器或者小行星在上述系统中的动力学行为提供了很好的理论参考,为特洛伊小行星群的稳定存在提供了理论依据。更多关于限制性三体问题的讨论可参见 Szebehely 专著[43]。

作为上述经典模型的拓展,偶极子模型中的两个质点不需要像 CRTBP 模型一样满足开普勒定律。当偶极子两质点间作用力大于或小于二者间引力时,模型中无质量细杆承受额外的拉力或压力,使得两质点保持在原来位置继续运行。本节重点讨论无限小质量的质点在偶极子引力场中的动力学方程和引力平衡点分布问题。

2.4.1　动力学方程

偶极子模型引力势由式(2.39)给出,此时 $\mu_2 = 0$,系统只剩下两质点间质量比 μ_1,系统质量满足 $M = M_1 = m_1 + m_2$。为书写方便,下文用 μ 代替 μ_1。当无限小质量的质点在偶极子引力作用下运动时,几何关系参见图 2.7,将中间细直棒替换为无质量细杆。将式(2.39)代入式(2.5),可得质点运动的动力学方程。为提高计算效率和讨论方便,动力学方程一般采用无量纲形式,归一化单位分别为

$$\begin{cases} \text{TU} = \omega^{-1} \\ \text{DU} = d \\ \text{MU} = m_1 + m_2 \end{cases} \tag{2.41}$$

式(2.41)中 TU 为归一化时间单位,在新的量纲下偶极子自旋一周的时间为 2πTU。DU 为归一化距离单位,d 为偶极子模型常用符号,表示两质点间距离。联系极子棒模型,可知 $d = l$,此时系统速度和加速度单位分别为 ωd 和 $\omega^2 d$。由偶极子定义,质量比 μ 的取值范围为 $(0, 0.5)$,m_1 和 m_2 在 ox 轴上的位置可表示为 $[-\mu, 0, 0]^T$ 和 $[1-\mu, 0, 0]^T$,进而可得随体系中 $r = [x, y, z]^T$ 处质点到 m_1 和 m_2 的位置矢量

$$\begin{cases} \boldsymbol{r}_1 = [x+\mu, y, z]^T \\ \boldsymbol{r}_2 = [x+\mu-1, y, z]^T \end{cases} \tag{2.42}$$

在上述参数定义和量纲选择下,系统的有效势可表示为

$$V = -\frac{x^2+y^2}{2} - \kappa \cdot \left(\frac{1-\mu}{r_1} + \frac{\mu}{r_2} \right) \tag{2.43}$$

上式比限制性三体问题有效势多了一个无量纲的参数 κ,其定义为

$$\kappa = \frac{GM/d^2}{\omega^2 d} = \frac{GM}{\omega^2 d^3} \tag{2.44}$$

表征着偶极子自身引力与离心力的比值。参照质量比 μ 的定义,它常被称作受力比(Force ratio)。参数 κ 的出现是由于偶极子模型中无质量细杆引起的,使得质点 m_1 和 m_2 不再受开普勒定律的约束。模型中细杆能够承受两质点间剩余的压力或拉力,而其自身又没有质量,为此文献[44]中使用"Phontom rod"来形容这根神奇的细杆!

当参数 $\kappa = 1$ 时,方程(2.12)与 CRTBP 问题动力学方程完全一致。为了求解系统引力平衡点,将式(2.12)展开成分量形式

$$\begin{cases} \ddot{x} - 2\dot{y} = -\dfrac{\partial V}{\partial x} = -V_x \\[2mm] \ddot{y} + 2\dot{x} = -\dfrac{\partial V}{\partial y} = -V_y \\[2mm] \ddot{z} = -\dfrac{\partial V}{\partial z} = -V_z \end{cases} \tag{2.45}$$

式中右端项分别为

$$\begin{cases} V_x = -x + \kappa \cdot \left[\dfrac{(1-\mu)(x+\mu)}{r_1^3} + \dfrac{\mu(x+\mu-1)}{r_2^3} \right] \\[3mm] V_y = -y + \kappa y \cdot \left[\dfrac{1-\mu}{r_1^3} + \dfrac{\mu}{r_2^3} \right] \\[3mm] V_z = \kappa z \cdot \left[\dfrac{1-\mu}{r_1^3} + \dfrac{\mu}{r_2^3} \right] \end{cases} \tag{2.46}$$

2.4.2 引力平衡点

在随体系 $oxyz$ 中,引力平衡点处的速度和加速度均为零,对应式(2.45)中左端项为零,即求解 $V_x = V_y = V_z = 0$。对于 CRTBP 而言,系统存在 5 个引力平衡点(又称平动点),包括 3 个共线平动点和 2 个三角平动点,亦称为拉格朗日点。偶极子模型一般情况下与 CRTBP 类似,也具有 5 个平动点。oz 轴方程为简谐振动方程,与 oxy 平面内运动解耦,故所有平衡点位于偶极子赤道面内。三个共线平动点位于 ox 轴上,满足 $y = 0$。为区别于传统拉格朗日点,文中以 $E_i (i = 1, 2, \cdots, 5)$ 表示偶极子模型的平动点。三个共线平动点由 $V_x = 0$ 且 $y = z = 0$ 求解,所得方程为关于 x 的 5 次方程

$$x_{E_i}^5 + c_4 x_{E_i}^4 + c_3 x_{E_i}^3 + c_2 x_{E_i}^2 + c_1 x_{E_i} + c_0 = 0 \tag{2.47}$$

式中各系数定义为

$$\begin{cases} c_4 = 4\mu - 2 \\ c_3 = 6\mu^2 - 6\mu + 1 \\ c_2 = 4\mu^3 - 6\mu^2 + [2 + \kappa(s_1 - s_2) - \kappa s_1]\mu \\ c_1 = \mu^4 - 2\mu^3 + [1 + 2\kappa(s_1 - s_2)]\mu^2 - 4\kappa s_1 \mu + 2\kappa s_1 \\ c_0 = \kappa[(s_1 - s_2)\mu^3 - 3s_1\mu^2 + 3s_1\mu - s_1] \end{cases} \tag{2.48}$$

上式引入了两个符号函数

$$\begin{cases} s_1 = \text{sign}(x + \mu) \\[2mm] s_2 = \text{sign}(x + \mu - 1) \end{cases} \tag{2.49}$$

假设三个共线平动点坐标分别为$[x_{E_i},0,0]^T(i=1,2,3)$，它们的 x 坐标恰好为方程(2.47)的三个实根(另两个为虚根)。三个平动点坐标范围分别为

$$x_{E_1} \in (-\mu, 1-\mu); \quad x_{E_2} \in (1-\mu, +\infty); \quad x_{E_3} \in (-\infty, -\mu) \quad (2.50)$$

另外两个三角平动点与 m_1 和 m_2 构成等腰三角形，对应坐标为

$$\begin{cases} E_4 = \left[\dfrac{1}{2}-\mu, \quad \sqrt{\kappa^{2/3}-\dfrac{1}{4}}, \quad 0\right]^T \\ E_5 = \left[\dfrac{1}{2}-\mu, \quad -\sqrt{\kappa^{2/3}-\dfrac{1}{4}}, \quad 0\right]^T \end{cases} \quad (2.51)$$

由式(2.47)~式(2.51)可知，决定偶极子模型平动点分布的参数共有两个，分别为质量比 μ 和受力比 κ。图 2.9 给出了两组不同$[\kappa,\mu]^T$情况下偶极子的平衡点和零速度线分布情况，图 2.9(a)对应 $\kappa=3.0$ 和 $\mu=0.3$，系统存在 5 个平衡点，偶极子的无质量细杆以虚线表示。由文献[36]知，当系统参数 $\kappa \leqslant 0.125$ 时，偶极子的三角平动点 E_4 和 E_5 将消失，如图 2.9(b)所示，对应参数为 $\kappa=0.12$ 和 $\mu=0.3$，系统仅剩三个共线平动点。

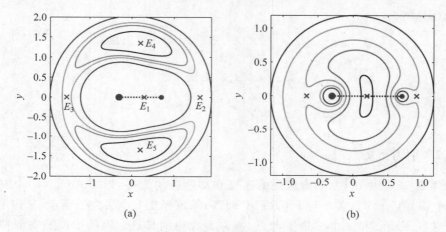

图 2.9　偶极子模型平衡点分布与赤道面内零速度曲线
(a) $\kappa=3.0$ 和 $\mu=0.3$ 时引力平衡点；(b) $\kappa=0.12$ 和 $\mu=0.3$ 时引力平衡点

特别地，当 $\kappa=1.0$ 时方程(2.45)和方程(2.46)退化为与 CRTBP 相同形式的动力学方程，此时无质量细杆不受力，偶极子两质点间引力恰好与系统自转离心力相平衡。若两质点质量相同，即 $\mu=0.5$，可得系统 5 个平动点位置分别为 $E_1=[0,0,0]^T$，$E_2=[1.1984,0,0]^T$，$E_3=[-1.1984,0,0]^T$，$E_4=[0,0.8660,0]^T$，$E_5=[0,-0.8660,0]^T$。此时偶极子引力场关于 oxy 平面、oxz 平面和 oyz 平面均对称。

公式(2.10)的雅可比积分为偶极子引力场空间拓扑结构提供了一种基于广义能量的划分，较为直观地给出了绕飞质点的可能运动区域。为了给出一般情形下的可达区域，仿真中取 $\kappa=1.0$ 和 $\mu=0.1$，即打破偶极子关于 oyz 平面的对称性，图 2.10 给出了四种不同雅可比积分时赤道面内的可达区域。图中几个临界值 $C_{Ei}(i=1,2,\cdots,5)$ 为各平衡点处速度为零时的雅可比积分值，如 C_{E_1} 为偶极子内部平衡点 E_1 处绕飞质点速度为零时的雅可比积分值。在归一化量纲下，图中各临界值分别为 $C_{E_1}=-1.798$，$C_{E_2}=-1.733$，$C_{E_3}=-1.550$，$C_{E_4}=C_{E_5}=-1.455$。

图 2.10 中阴影区域为绕飞质点的不可达区域，阴影区域的边界为赤道面内对应雅可比

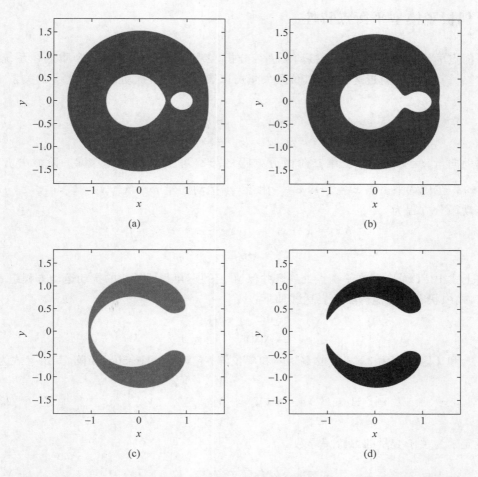

图 2.10　参数 $\kappa=1.0$ 和 $\mu=0.1$ 时偶极子赤道面内可达运动区域(阴影区为不可达区域)

(a) $C<C_{E_1}$; (b) $C_{E_1}<C<C_{E_2}$; (c) $C_{E_2}<C<C_{E_3}$; (d) $C_{E_3}<C<C_{E_4}$

积分临界值时的零速度线,其特点可简单归纳如下:

(a) $C<C_{E_1}$ 时,质点运动的可达区域被零速度线切分为三个区域,且三个区域互不连通。若质点初始时刻在偶极子某一端点 m_1 或 m_2 附近运动,则它将一直被限制在该端点附近运动,无法冲破能量壁垒达到外层广阔的可行运动区域。

(b) $C_{E_1}<C<C_{E_2}$ 时,随着质点初始能量的增大,偶极子附近起初被隔离的两个区域相互连通,质点可以在偶极子附近任意运动,但依然无法飞抵外层可行运动区域。

(c) $C_{E_2}<C<C_{E_3}$ 时,偶极子 m_2 右侧平衡点 E_2 处能量壁垒被打开,偶极子临近区域与外层可达区域连通,此时外层远距离处的质点可以通过 m_2 一侧的通道飞抵 m_1 附近。

(d) $C_{E_3}<C<C_{E_4}$ 时,图 2.10 中不可达区域关于 ox 轴对称的两叶进一步收缩,除三角平动点 E_4 和 E_5 附近的小部分区域外,其他空间均为可行运动区域。当绕飞质点初始速度进一步增大(即轨道初始能量增加)至 $C>C_{E_4}$ 时,偶极子整个赤道面内均为可达区域,这为偶极子附近形成大范围周期轨道提供了可能。

2.5　偶极子模型平衡点特性

平衡点的线性稳定性可通过摄动法进行分析,参见文献[43]。当一个质点在系统某个平衡点$[x_E, y_E, z_E]^T$附近运动时,其位置矢量可以表示为关于扰动量$[\xi, \eta, \zeta]^T$的关系式

$$\begin{cases} x = x_E + \xi \\ y = y_E + \eta \\ z = z_E + \zeta \end{cases} \tag{2.52}$$

定义辅助向量$\boldsymbol{x} = [\boldsymbol{r}, \boldsymbol{v}]^T$,三维二阶微分方程(2.12)可重新表达为六维一阶微分方程组$\dot{\boldsymbol{x}} = F(\boldsymbol{x})$。在任意平衡点$\boldsymbol{x}_E = [\boldsymbol{r}_E, \boldsymbol{v}_E]^T$附近,小扰动矢量$\delta\boldsymbol{x} = \boldsymbol{x} - \boldsymbol{x}_E = [\xi, \eta, \zeta, \dot{\xi}, \dot{\eta}, \dot{\zeta}]^T$对应运动微分方程为

$$\begin{cases} \delta\dot{\boldsymbol{x}} = \dot{\boldsymbol{x}} - \dot{\boldsymbol{x}}_E = F(\boldsymbol{x}_E + \delta\boldsymbol{x}) - F(\boldsymbol{x}_E) \\ F(\boldsymbol{x}) = [\boldsymbol{v}, -\nabla V - 2\boldsymbol{\omega} \times \boldsymbol{v}]^T \end{cases} \tag{2.53}$$

将上式中$F(\boldsymbol{x}_E + \delta\boldsymbol{x})$在平衡点处展开并保留一阶项,可得线性化的扰动运动方程组$\delta\dot{\boldsymbol{x}} = \boldsymbol{\Phi} \cdot \delta\boldsymbol{x}$,式中状态转移矩阵$\boldsymbol{\Phi}$的表达式如下:

$$\boldsymbol{\Phi} = \begin{bmatrix} \boldsymbol{0}_{3\times3} & \boldsymbol{I}_{3\times3} \\ -\nabla\nabla V & -2\boldsymbol{\Lambda} \end{bmatrix}_{6\times6} \tag{2.54}$$

其中$\boldsymbol{0}_{3\times3}$和$\boldsymbol{I}_{3\times3}$分别为$3\times3$阶的零矩阵和单位阵。$\nabla\nabla V$为 Hessian 矩阵,其定义式为

$$\text{Hess}(V) := \nabla\nabla V = \begin{bmatrix} V_{xx} & V_{xy} & V_{xz} \\ V_{xy} & V_{yy} & V_{yz} \\ V_{xz} & V_{yz} & V_{zz} \end{bmatrix} \tag{2.55}$$

式中各元素为关于变量的二阶偏导数

$$V_{pq} = \left.\frac{\partial^2 V}{\partial p \partial q}\right|_E, \quad p = x, y, z \quad q = x, y, z \tag{2.56}$$

传递矩阵定义式(2.54)中的$\boldsymbol{\Lambda}$为反对称矩阵

$$\boldsymbol{\Lambda} = \begin{bmatrix} 0 & -1 & 0 \\ 1 & 0 & 0 \\ 0 & 0 & 0 \end{bmatrix} \tag{2.57}$$

由式(2.54)、式(2.53)线性化后的扰动方程组又可表示为

$$\begin{cases} \ddot{\xi} - 2\dot{\eta} = -V_{xx}\xi - V_{xy}\eta - V_{xz}\zeta \\ \ddot{\eta} + 2\dot{\xi} = -V_{xy}\xi - V_{yy}\eta - V_{yz}\zeta \\ \ddot{\zeta} = -V_{xz}\xi - V_{yz}\eta - V_{zz}\zeta \end{cases} \tag{2.58}$$

平衡点的稳定性由其对应传递矩阵$\boldsymbol{\Phi}$的特征值决定。书中用$\lambda_j (j = 1, 2, \cdots, 6)$表示传递矩阵$\boldsymbol{\Phi}$的特征值,每个平衡点对应一个传递矩阵。平衡点线性稳定当且仅当所有特征根为负值(虚根时实部为负值),平衡点不稳定当且仅当$\lambda_j (j = 1, 2, \cdots, 6)$中任一特征根为正值。

由动力学方程(2.45)知,偶极子模型引力场中沿oz轴方向的运动与oxy平面内运动是

解耦的。据此可将式(2.54)中传递矩阵的特征根方程分为平面内和 oz 方向两个独立的方程

$$\begin{cases} \lambda_j^4 + (V_{xx} + V_{yy} + 4)\lambda_j^2 + (V_{xx}V_{yy} - V_{xy}^2) = 0, & j = 1,2,3,4 \\ \lambda_j^2 + V_{zz} = 0, & j = 5,6 \end{cases} \tag{2.59}$$

式中 V_{zz} 为正,因此每个平衡点至少有一对纯虚根。其他两对特征根由平面内运动决定,共包括三种类型:一对相反实根 $\pm\alpha(\alpha \in \mathbb{R}^+)$,一对相反纯虚根 $\pm i\beta(i^2 = -1; \beta \in \mathbb{R}^+)$,或者一对相反共轭复根 $\pm\gamma \pm i\tau(i^2 = -1; \gamma, \tau \in \mathbb{R}^+)$,$\mathbb{R}^+$ 表示正实数。以上三类特征根的不同组合形式决定了平衡点的拓扑结构。

2.5.1 平衡点拓扑分类

在上述分析基础上,通过大量数值仿真发现,偶极子模型平衡点对应的 6 个特征根共存在三种不同组合形式[45]。在每一个平衡点处,线性化系统(2.58)与原非线性系统(2.45)在 x_E 处相切,且线性化系统的不变子空间与原非线性系统的不变流形也相切(中心流形定理)。偶极子模型平衡点附近不变流形共计六维,包括可能的渐近稳定流形 W^s、渐近不稳定流形 W^u 和中心流形 W^c。偶极子模型平衡点依据特征根的不同共分为以下三类拓扑结构:

第一类:特征根包括一对相反实根 $\pm\alpha$ 和两对纯虚根 $\pm i\beta_j(j=1,2)$,对应一个实鞍点。五个平衡点中的 E_2 和 E_3 属于此类情形,且仿真中未发现 $\beta_1 = \beta_2$ 的情况,即在 E_2 和 E_3 两平衡点处不存在共振流形。在绝大多数情况下[40],偶极子内部平衡点 E_1 也属于此类情形。由于一对相反实根的存在,此类平衡点不稳定。平衡点附近存在二维不稳定流形 W^u 和四维中心流形 W^c,扰动解满足

$$J = A_J e^{at} + B_J e^{-at} + \sum_{q=1}^{2} (C_{Jq}\cos\beta_q t + S_{Jq}\sin\beta_q t) \tag{2.60}$$

式中变量 J 表示平衡点附近扰动运动 $[\xi, \eta, \zeta]^T$ 各分量,A_J,B_J,C_{Jq},S_{Jq} 分别为各特征值对应运动的系数。如果选择合适的初始值 $\delta x(t_0)$ 使得上式中系数 $A_J = B_J = 0(J = \xi, \eta, \zeta)$,质点可沿四维中心流形运动形成 Lissajous 轨道或者 Halo 轨道。运动式(2.60)的展开形式如式(2.61)所示,为简便起见,后续讨论均采用(2.60)表达形式。

$$\begin{cases} \xi = A_\xi e^{at} + B_\xi e^{-at} + C_{\xi 1}\cos\beta_1 t + S_{\xi 1}\sin\beta_1 t + C_{\xi 2}\cos\beta_2 t + S_{\xi 2}\sin\beta_2 t \\ \eta = A_\eta e^{at} + B_\eta e^{-at} + C_{\eta 1}\cos\beta_1 t + S_{\eta 1}\sin\beta_1 t + C_{\eta 2}\cos\beta_2 t + S_{\eta 2}\sin\beta_2 t \\ \zeta = A_\zeta e^{at} + B_\zeta e^{-at} + C_{\zeta 1}\cos\beta_1 t + S_{\zeta 1}\sin\beta_1 t + C_{\zeta 2}\cos\beta_2 t + S_{\zeta 2}\sin\beta_2 t \end{cases} \tag{2.61}$$

第二类:平衡点 6 个特征根为三对纯虚根 $\pm i\beta_j(j=1,2,3)$,存在六维中心流形 W^c,对应一般中心点,平衡点线性稳定。由文献[36]中研究,偶极子模型的两个三角平动点 E_4 和 E_5 在某些参数下条件稳定,对应此类情形,例如 $\kappa = 10$ 和 $\mu = 0.1$ 时。后来 Harabayashi 等[40]发现偶极子的内部平衡点 E_1 在 $\kappa \leqslant 0.125$ 时也存在条件稳定的情形,例如 $\kappa = 0.12$ 和 $\mu = 0.1$。更多关于平衡点 E_1、E_4 和 E_5 稳定性的讨论可参见文献[36]和文献[40]。

当系统平衡点线性稳定且具有三对纯虚根时,平衡点附近扰动运动为拟周期轨道,三轴分量 $J(J = \xi, \eta, \zeta)$ 满足运动方程

$$J = \sum_{q=1}^{3} (C_{Jq}\cos\beta_q t + S_{Jq}\sin\beta_q t) \tag{2.62}$$

上式中的拟周期运动可以分解为三组周期轨道,对应各组周期轨道的运动周期为 $T_q = 2\pi/\beta_q$。

第三类:公式(2.59)中平面内运动特征根为一对相反共轭复根 $\pm\gamma\pm i\tau$,另外一对为纯虚根 $\pm i\beta$,对应平衡点为一个不稳定的复鞍点。此时,平衡点周围存在二维中心流形 W^c、二维渐近不稳定流形 W^u 和二维渐近稳定流形 W^s。随着偶极子参数的变化,当平衡点 E_4 和 E_5 不稳定时,它们便属于此类情形,例如 $\kappa=1.0$ 和 $\mu=0.5$ 时。此时平衡点附近扰动解为

$$J = C_J\cos\beta t + S_J\sin\beta t + e^{\gamma t}(E_J\cos\tau t + F_J\sin\tau) + e^{-\gamma t}(G_J\cos\tau t + H_J\sin\tau) \tag{2.63}$$

上式中当中心流形和不稳定流形对应系数均为零时,即 $C_J = S_J = E_J = F_J = 0$,扰动运动将沿着稳定流形以螺旋轨迹趋向平衡点。相反,当 $C_J = S_J = G_J = H_J = 0$ 时,扰动运动将沿不稳定流形远离平衡点。在三角平动点的切空间内存在一组扰动周期解,对应系数 $E_J = F_J = G_J = H_J = 0$,轨道周期为 $T = 2\pi/\beta$。

综上,偶极子模型的五个引力平衡点稳定性可总结如下:共线平动点 E_2 和 E_3 均不稳定,对应传递矩阵的 6 个特征根包括一对相反实根 $\pm\alpha$ 和两对纯虚根 $\pm i\beta_j$($j=1,2$),属于第一类。偶极子两质点中间的平衡点 E_1 为条件稳定,当 E_1 不稳定时(例如 $\kappa=1.0$ 和 $\mu=0.1$),其特征根形式与其他共线平动点一致,属于第一类。当 E_1 线性稳定时(例如 $\kappa=0.12$ 和 $\mu=0.1$),对应传递矩阵的特征根为三对纯虚根,属于第二类。关于偶极子对称分布的三角平动点 E_4 和 E_5 也为条件稳定,当它们线性稳定时,对应三对纯虚根,属于第二类。当它们不稳定时,6 个特征根包括一对纯虚根 $\pm i\beta$ 和一对共轭复根 $\pm\gamma\pm i\tau$,属于第三类。

2.5.2　平衡点附近扰动解

扰动解的研究有助于了解平衡点附近运动特性,为分析小行星平衡点附近运动特性或航天探测轨道设计提供理论参考。鉴于两个三角平动点拓扑类型一致,本节将以 E_4 为例,分析它们附近的扰动解特性。两共线平动点 E_2 和 E_3 拓扑类型一致,书中将以 E_3 为例展开论述,这同时也给出了 E_1 不稳定时的运动特性。作为共线平动点的特殊情况,下文首先讨论 E_1 线性稳定时扰动解特性[46]。

(1)平衡点 E_1 附近周期轨道

偶极子模型自提出以来,大多用于近似哑铃体或者细长小行星等,那么 E_1 显然是一个内部平衡点,由此可知其附近的平面 Lyapunov 轨道在研究小行星平衡点扰动解时并无实际意义。然而,E_1 附近的垂直轨道能够给出一类环绕哑铃体颈部的周期解。下文以 $\kappa=0.12$ 和 $\mu=0.3$ 时的偶极子为例,分析 E_1 附近垂直周期轨道。

平衡点 E_1 线性稳定情况下扰动解一般形式由公式(2.62)给出,其中包含 18 个系数 C_{Jq} 和 S_{Jq}($J=\xi,\eta,\zeta$;$q=1,2,3$)。由于扰动运动方程(2.58)和 oz 方向简谐振动的限制,上述系数并非全部独立。为了求得它们之间的关系,对于共线平动点 $[x_i,0,0]^T$($i=1,2,3$)而言,公式(2.55)的 Hessian 矩阵可进一步简化为

$$\nabla\nabla V = \begin{bmatrix} -1-2N_0 & 0 & 0 \\ 0 & -1+N_0 & 0 \\ 0 & 0 & N_0 \end{bmatrix}, \quad N_0 = \kappa\left(\frac{1-\mu}{r_1^3} + \frac{\mu}{r_2^3}\right) \tag{2.64}$$

式中 $r_1 = |x_i+\mu|$,$r_2 = |x_i+\mu-1|$。此时方程(2.59)的 6 个特征根分别为

$$\begin{cases} \lambda_{1,2} = \pm i\beta_1, & \beta_1 = \sqrt{(N_0 - 2 - \sqrt{9N_0^2 - 8N_0})/2} \\ \lambda_{3,4} = \pm i\beta_2, & \beta_2 = \sqrt{(N_0 - 2 + \sqrt{9N_0^2 - 8N_0})/2} \\ \lambda_{5,6} = \pm i\beta_3, & \beta_3 = \sqrt{-N_0} \end{cases} \tag{2.65}$$

根据上式可得公式(2.62)的具体表达式为

$$\begin{cases} \xi = C_{\xi 1}\cos\beta_1 t + S_{\xi 1}\sin\beta_1 t + C_{\xi 2}\cos\beta_2 t + S_{\xi 2}\sin\beta_2 t \\ \eta = C_{\eta 1}\cos\beta_1 t + S_{\eta 1}\sin\beta_1 t + C_{\eta 2}\cos\beta_2 t + S_{\eta 2}\sin\beta_2 t \\ \zeta = C_{\zeta 1}\cos\beta_3 t + S_{\zeta 1}\sin\beta_3 t \end{cases} \tag{2.66}$$

扰动解表达式中 ξ 和 η 两分量间系数满足如下关系式：

$$\begin{cases} C_{\eta 1} = b_1 \cdot S_{\xi 1} \\ S_{\eta 1} = -b_1 \cdot C_{\xi 1} \\ C_{\eta 2} = b_2 \cdot S_{\xi 2} \\ S_{\eta 2} = -b_2 \cdot C_{\xi 2} \end{cases}, \quad b_1 = \frac{\beta_1^2 + 2N_0 + 1}{2\beta_1}, \quad b_2 = \frac{\beta_2^2 + 2N_0 + 1}{2\beta_2} \tag{2.67}$$

上式中的常值系数由初始时刻扰动状态量决定，即由 $t_0 = 0$ 时系统扰动量初值 $\delta \boldsymbol{x}(t_0) = [\xi_0, \eta_0, \zeta_0, \dot{\xi}_0, \dot{\eta}_0, \dot{\zeta}_0]^\mathrm{T}$ 决定。

当偶极子参数 $\kappa = 0.12$ 和 $\mu = 0.3$ 时，平衡点 E_1 对应特征值中的 β 值分别为 $\beta_1 = 0.96307$，$\beta_2 = 0.32561$ 和 $\beta_3 = 0.98309$。此时，式(2.64)中包括 N_0 在内的各量均可求得，式(2.67)中系数 b_1 和 b_2 也均可求解。仿真中式(2.66)中系数不妨取

$$\begin{cases} C_{\xi 2} = 0.02, \quad S_{\zeta 2} = 5S_{\xi 2} \\ S_{\xi 2} = [4,5,6,7,8]^\mathrm{T} \times 10^{-2} \end{cases}$$

则系数 $C_{\eta 2}$ 和 $S_{\eta 2}$ 可由式(2.67)得到，其余系数全部取为零。图 2.11 给出了该组系数对应的局部周期轨道，为环绕平衡点 E_1 的垂直周期解。随着系数 $S_{\xi 2}$ 由 0.04 不断增大到 0.08，轨道平均半径也在不断增大。

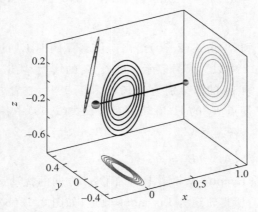

图 2.11　偶极子模型 $\kappa = 0.12$ 和 $\mu = 0.3$ 时，随体系中平衡点 E_1 附近局部周期轨道及其在三个坐标平面内的投影(无量纲)

(2) 平衡点 E_3 附近周期轨道

在日地圆形限制性三体问题中，平动点 L_3 位于太阳-地球连线上靠近太阳一侧，同时又不稳定，至今关于该平衡点的研究都很少。相比较而言，偶极子引力场中共线平动点 E_3

则要更实用一些,它距离偶极子较近,在分析哑铃体或细长小行星同一侧的局部动力学特性时具有重要参考价值。平衡点 E_3 对应的 Hessian 矩阵同样满足式(2.64),鉴于其属于第一类拓扑结构,参考式(2.65)其 6 个特征值可记为

$$
\begin{cases}
\lambda_{1,2} = \pm \alpha, & \alpha = \sqrt{(N_0 - 2 + \sqrt{9N_0^2 - 8N_0})/2} \\
\lambda_{3,4} = \pm i\beta_1, & \beta_1 = \sqrt{(N_0 - 2 - \sqrt{9N_0^2 - 8N_0})/2} \\
\lambda_{5,6} = \pm i\beta_2, & \beta_2 = \sqrt{-N_0}
\end{cases}
\tag{2.68}
$$

式中 N_0 与式(2.64)相同。由于正实根 α 的存在,E_3 不稳定且存在指数发散项。将上述特征根代入公式(2.61),可得扰动解为

$$
\begin{cases}
\xi = A_\xi e^{\alpha t} + B_\xi e^{-\alpha t} + C_{\xi 1} \cos\beta_1 t + S_{\xi 1} \sin\beta_1 t \\
\eta = d_1 A_\xi e^{\alpha t} - d_1 B_\xi e^{-\alpha t} + d_2 S_{\xi 1} \cos\beta_1 t - d_2 C_{\xi 1} \sin\beta_1 t \\
\zeta = C_{\zeta 1} \cos\beta_2 t + S_{\zeta 1} \sin\beta_2 t
\end{cases}
\tag{2.69}
$$

式中新引入的两个常值系数定义为

$$
\begin{cases}
d_1 = \dfrac{\alpha^2 - 2N_0 - 1}{2\alpha} \\
d_2 = \dfrac{\beta_1^2 + 2N_0 + 1}{2\beta_1}
\end{cases}
\tag{2.70}
$$

如果扰动初始状态量 $\delta \boldsymbol{x}(t_0)$ 的选取使得 $A_\xi = B_\xi = C_{\zeta 1} = S_{\zeta 1} = 0$,在 $C_{\xi 1}$ 和 $S_{\xi 1}$ 不为零的条件下,系统扰动运动解为平面 Lyapunov 轨道。进一步,若系数 $C_{\zeta 1}$ 和 $S_{\zeta 1}$ 也不为零,扰动解对应二维环面上的一类 Lissajous 轨道。特别地,当式(2.68)中 β_1 和 β_2 成简单整数比关系时,上述 Lissajous 轨道将退化为一类 Halo 轨道。书中以 $\kappa = 3.0$ 和 $\mu = 0.3$ 时的偶极子为例,图 2.12(a)给出了平衡点 E_3 附近一族平面 Lyapunov 轨道,式(2.69)中部分系数取值如下:

$$
\begin{cases}
C_{\xi 1} = 0.2, & S_{\xi 1} = [0.1, 0.15, 0.2, 0.25, 0.3]^T \\
A_\xi = B_\xi = 0, & C_{\zeta 1} = S_{\zeta 1} = 0
\end{cases}
$$

沿 η 方向的常值系数 d_1 和 d_2 由式(2.70)给出。仿真算例中 E_3 的坐标在无量纲单位下为 $[-1.5415, 0, 0]^T$,图 2.12 中以"×"号表示。随着 $S_{\xi 1}$ 的增大,轨道平均半径不断增大。

在该仿真算例中,β_1 和 β_2 的值分别为 1.1347 和 1.0850,二者之间不存在简单整数比关系,故此时不存在环绕平衡点 E_3 的 Halo 轨道。假设式(2.69)中各系数取如下值:

$$
\begin{cases}
C_{\xi 1} = 0.2, & S_{\xi 1} = 0.1, & S_{\zeta 1} = 0.2 \\
A_\xi = B_\xi = 0, & C_{\zeta 1} = 0
\end{cases}
$$

即在图 2.12(a)最内侧的 Lyapunov 轨道上增加了 oz 方向的扰动运动,对应常值系数 $d_1 = -2.1258$ 和 $d_2 = 2.0463$,所得轨道为 Lissajous 轨道,如图 2.12(b)所示。

图 2.12(c)给出了连接 Lyapunov 轨道的一组稳定流形,对应系数取值为

$$
\begin{cases}
C_{\xi 1} = 0.2, & S_{\xi 1} = 0.1, \\
B_\xi = [0.2, 0.3, 0.4, 0.5, 0.6]^T \\
A_\xi = 0, & C_{\zeta 1} = S_{\zeta 1} = 0
\end{cases}
$$

图中所示稳定流形从左至右对应系数 B_ξ 由 0.2 逐渐增大到 0.6,质点沿稳定流形可最终到

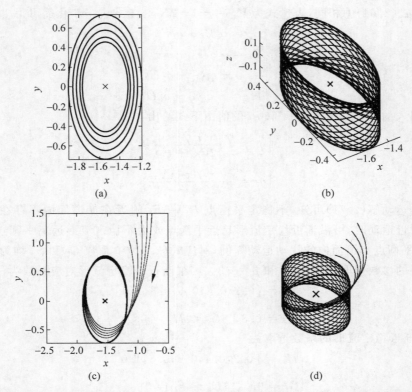

图 2.12 偶极子模型 $\kappa = 3.0$ 和 $\mu = 0.3$ 时，随体系中平衡点 E_3 附近局部轨道（无量纲）

(a) 平面 Lyapunov 轨道；(b) 二维 Lissajous 轨道；(c) 平面 Lyapunov 轨道与稳定流形；(d) Lissajous 轨道与稳定流形

达平面周期轨道。如果上述稳定流形与图 2.12(b) 中 Lissajous 轨道结合，其轨道形状如图 2.12(d) 所示。

（3）平衡点 E_4 附近周期轨道

三角平动点 E_4 不稳定时的扰动解对应第三类拓扑结构中的局部轨道形态。公式（2.63）的具体形式为

$$\begin{cases} \xi = \mathrm{e}^{\gamma t} \cdot (E_\xi \cos\tau t + F_\xi \sin\tau t) + \mathrm{e}^{-\gamma t} \cdot (G_\xi \cos\tau t + H_\xi \sin\tau t) \\ \eta = \mathrm{e}^{\gamma t} \cdot (E_\eta \cos\tau t + F_\eta \sin\tau t) + \mathrm{e}^{-\gamma t} \cdot (G_\eta \cos\tau t + H_\eta \sin\tau t) \\ \zeta = C_\zeta \cos\beta t + S_\zeta \sin\beta t \end{cases} \tag{2.71}$$

对应传递矩阵特征根为 $\pm\gamma\pm\mathrm{i}\tau$ 和 $\pm\mathrm{i}\beta$。二维光滑中心流形沿 ζ 方向，对应系数 $E_J = F_J = G_J = H_J = 0 (J = \xi, \eta)$。二维渐近稳定流形对应式（2.71）中的 $\mathrm{e}^{-\gamma t}$ 项，而不稳定渐近流形对应 $\mathrm{e}^{\gamma t}$ 项。

上式中 ξ 和 η 两扰动运动的系数间不再有式（2.67）或式（2.69）中的简单关系。将式（2.71）代入式（2.58），忽略解耦的扰动量 ζ，可得如下约束方程：

$$\begin{cases} (\gamma^2 - \tau^2 + V_{xx})E_\xi + 2\gamma\tau F_\xi - 2\gamma E_\eta - 2\tau F_\eta = 0 \\ (\gamma^2 - \tau^2 + V_{xx})F_\xi - 2\gamma\tau E_\xi + 2\tau E_\eta - 2\gamma F_\eta = 0 \\ (\gamma^2 - \tau^2 + V_{xx})G_\xi - 2\gamma\tau H_\xi + 2\gamma G_\eta - 2\tau H_\eta = 0 \\ (\gamma^2 - \tau^2 + V_{xx})H_\xi + 2\gamma\tau G_\xi + 2\tau G_\eta + 2\gamma H_\eta = 0 \end{cases} \tag{2.72}$$

式中 V_{xx} 与式(2.64)中相同,表达式为 $V_{xx}=-1-2N_0$。上式进一步化简可得

$$\begin{cases} E_\eta = q_1 E_\xi + q_2 F_\xi \\ F_\eta = -q_2 E_\xi + q_1 F_\xi \\ G_\eta = -q_1 G_\xi + q_2 H_\xi \\ H_\eta = -q_2 G_\xi - q_1 H_\xi \end{cases} \tag{2.73}$$

上式中新引入的两个常值系数 q_1 和 q_2 的值由下式给出:

$$\begin{cases} q_1 = \dfrac{\gamma^3 + \tau^2\gamma + V_{xx}\gamma}{2(\gamma^2 + \tau^2)} \\ q_2 = \dfrac{\tau^3 + \gamma^2\tau - V_{xx}\tau}{2(\gamma^2 + \tau^2)} \end{cases} \tag{2.74}$$

由扰动运动解(2.71)可知,不稳定平衡点 E_4 和 E_5 附近在赤道面内不存在周期轨道。质点在其附近运动时,可沿渐近稳定流形趋近平衡点或沿不稳定流形远离平衡点。图 2.13 给出了 E_4 平衡点赤道面内的扰动运动算例,对应式(2.71)中系数 C_ξ 和 S_ξ 均为零,仿真中偶极子模型的参数仍取为 $\kappa=3.0$ 和 $\mu=0.3$。二维渐近不稳定流形对应系数为

$$\begin{cases} E_\xi = [0.2, 0.4, 0.6, 0.8, 1.0]^T \\ F_\xi = 0.3, \quad G_\xi = H_\xi = 0 \end{cases}$$

同时,二维渐近稳定流形的系数选取为

$$\begin{cases} H_\xi = [0.2, 0.4, 0.6, 0.8, 1.0]^T \\ G_\xi = 0.3, \quad E_\xi = F_\xi = 0 \end{cases}$$

式(2.71)中 oy 轴方向扰动量 η 对应各系数由式(2.73)和式(2.74)给出。

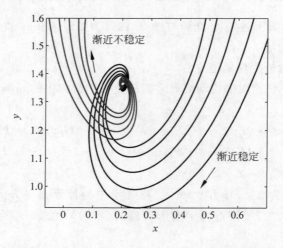

图 2.13 偶极子模型 $\kappa=3.0$ 和 $\mu=0.3$ 时,随体系中平衡点 E_4 附近
赤道面内稳定与不稳定流形(无量纲)

特别说明一点,上述扰动解只是给出了平衡点附近局部运动的一阶近似,可供平衡点附近运动特性初步分析。在进一步计算平衡点附近周期轨道或相关转移轨道时,可将上述结果作为初值,在实际动力学模型中迭代求解精确结果。

2.6　小结

本章介绍了包括小行星质心固连坐标系在内的几种常见参考坐标系,分别给出了日心惯性系、质心平动坐标系和质心固连坐标系下质点运动的动力学方程。概述了不规则小行星引力场建模方法,包括级数展开法、质点群法、多面体法和简化模型法。详细介绍了多面体法数学推导过程,并给出了简化模型法中极子棒模型引力势及其退化模型——偶极子模型和细直棒模型。

偶极子模型是本书重点讨论的简化模型之一。本章建立了偶极子模型引力场内的质点动力学方程,求解了引力平衡点并仿真给出了三角平动点消失的情形。应用摄动法讨论了系统平衡点的稳定性,并据此归纳出平衡点的三类拓扑结构。基于平衡点附近线性化的扰动运动方程,给出了不同拓扑结构下平衡点附近的扰动解,包括平面 Lyapunov 轨道、二维环面上的 Lissajous 轨道和渐近流形等。

参考文献

[1]　Braga-Ribas F,Sicardy B,Ortiz J L,et al. A ring system detected around the Centaur (10199) Chariklo[J]. Nature,2014,508(7494):72-75.

[2]　Scheeres D J,Broschart S,Ostro S J,et al. The dynamical environment about asteroid 25143 Itokawa:Target of the Hayabusa mission[C]//AIAA/AAS Astrodynamics Specialist Conference and Exhibit,Providence,Rhode Island,AIAA 2004-4864,2004.

[3]　Yoshikawa M,Ikeda H,Yano H, et al. Astrodynamics science about Itokawa,gravity and ephemeris[C]//AIAA/AAS Astrodynamics Specialist Conference and Exhibit,Keystone,Colorado,AIAA 2006-6658,2006.

[4]　Ostro S J,Hudson R S,Rosema K D,et al. Asteroid 4179 Toutatis:1996 radar observations[J]. Icarus,1999,137:122-139.

[5]　Huang J C,Ji J H,Ye P J,et al. The ginger-shaped asteroid 4179 Toutatis:New observations from a successful flyby of Chang'e-2[J]. Scientific Reports,2013,3,3411:1-6.

[6]　Scheeres D J,Ostro A J,Hudson R S,et al. Orbits close to asteroid 4769Castalia[J]. Icarus,1996,121:67-87.

[7]　李俊峰,宝音贺西,蒋方华.深空探测动力学与控制[M].北京:清华大学出版社,2014.

[8]　于洋.小天体引力场中的轨道动力学研究[D].北京:清华大学,2014.

[9]　Morrow E,Scheeres D J,Lubin D. Solar sail orbit operations at asteroids[J]. Journal of Spacecraft and Rockets,2001,38(2):279-286.

[10]　Williams T,Abate M. Capabilities of furlable solar sails for asteroid proximity operations[J]. Journal of Spacecraft and Rockets,2009,46(5):967-975.

[11]　Alfriend K T,Vadali S R,Gurfil P,et al. Spacecraft formation flying:Dynamics,control and navigation[M]. Elsevier:Butterworth-Hernemann,2010.

[12]　郗晓宁,王威,等. 近地航天器轨道基础[M].长沙:国防科技大学出版社,2002.

[13]　Zeng X Y,Gong S P,Li J F. Fast solar sail rendezvous mission to near Earth asteroids[J]. Acta Astronautica,2014,105:40-56.

[14]　刘林,侯锡云.深空探测器轨道力学[M].北京:电子工业出版社,2012.

[15] Scheeres D J. The restricted Hill four-body problem with applications to the Earth-Moon-Sun system [J]. Celestial Mechanics & Dynamical Astronomy,1998,70: 75-98.

[16] 罗亚中. 空间最优交会路径规划策略研究[D]. 长沙: 国防科学技术大学,2007.

[17] Hobson E W. The theory of spherical and ellipsoidal harmonics[M]. Vermont: Chelsea Publishing Company,1955.

[18] Garmier R,Barriot J P. Ellipsoidal harmonic expansions of the gravitational potential: Theory and application[J]. Celestial Mechanics & Dynamical Astronomy,2001,79: 235-275.

[19] Werner R A. The gravitational potential of a homogeneous polyhedron or don't cut corners[J]. Celestial Mechanics & Dynamical Astronomy,1994,59(3): 253-278.

[20] Werner R A,Scheeres D J. Exterior gravitation of a polyhedron derived and compared with harmonic and mascon gravitation representations of asteroid 4769 Castalia [J]. Celestial Mechanics & Dynamical Astronomy,1997,65: 313-344.

[21] Werner R A. The solid angle hidden in polyhedron gravitation formulations[J]. Journal of Geodesy, 2017,91: 307-328.

[22] Geissler P,Petit J M,Durda D D,et al. Erosion and ejecta reaccretion of 243 Ida and its Moon[J]. Icarus,1996,120: 140-157.

[23] Liu X D,Baoyin H X,Ma X R. Equilibria, periodic orbits around equilibria, and heteroclinic connections in the gravity field of a rotating homogeneous cube[J]. Astrophysics and Space Science, 2011,333: 409-418。

[24] Chermnykh S V. On the stability of libration points in a certain gravitational field[J]. Vest. Leningrad Univ. ,1987,2(8): 73-77.

[25] Duboshin G N. On one particular case of the problem of the translational-rotational motion of two bodies[J]. Soviet Astron. 1959,3: 154-165.

[26] Li X Y,Qiao D,Cui P Y. The equilibria and periodic orbits around a dumbbell-shaped body[J]. Astrophysics and Space Science,2013,348: 417-426.

[27] Mirtich B. Fast and accurate computation of polyhedral mass properties[J]. Journal of Graphics Tools,1996,1(2): 31-50.

[28] Bartczak P,Breiter S. Double material segment as the model of irregular bodies[J]. Celestial Mechanics & Dynamical Astronomy,2003,86(4): 131-141.

[29] Halamek P. Motion in the potential of a thin bar[D]. University of Texas at Austin,USA,1988.

[30] Riaguas A,Elipe A,Lara M. Periodic orbits around a massive straight segment[J]. Celestial Mechanics & Dynamical Astronomy,1999,73(1/4): 169-178.

[31] Najid N,Elourabi El H,Zegoumou M. Potential generated by a massive inhomogeneous straight segment[J]. Research in Astronomy and Astrophysics,2011,11(3): 345-352.

[32] Kokoriev A A,Kirpichnikov S N. On the stability of stationary triangular Lagrangian motions in the system of two attracting bodies: an axisymmetrical,peer-like and spherically symmetric[J]. Vest. Leningrad Univ. ,1988,1(1): 75-84.

[33] Kirpichnikov S N,Kokoriev A A. On the stability of stationary collinear Lagrangian motions in the system of two attracting bodies: an axisymmetrical,peer-like and spherically symmetric[J]. Vest. Leningrad Univ. ,1988,3(1): 72-84.

[34] Goździewski K,Maciejewski A J. Nonlinear stability of the Lagrangian libration points in the Chermnykh problem[J]. Celestial Mechanics & Dynamical Astronomy,1998,70(1): 41-58.

[35] Goździewski K,Maciejewski A J. Unrestricted planar problem of a symmetric body and a point mass: Triangular libration points and their stability [J]. Celestial Mechanics & Dynamical Astronomy,1999,75(4): 251-285.

［36］ Prieto-Llanos T,Gómez-Tierno M A. Stationkeeping at Libration Points of Natural Elongated Bodies
［J］. Journal of Guidance,Control,and Dynamics,1994,17(4)：787-794.

［37］ Kushvah B S. Linear stability of equilibrium points in the generalized photogravitational Chermnykh's
problem［J］. Astrophysics and Space Science,2008,318：41-50.

［38］ Zeng X Y,Baoyin H X,Li J F. Updated rotating mass dipole with oblateness of one primary（Ⅰ）：
Equilibria in the equator and their stability［J］. Astrophysics and Space Science,2016,361(1)：14.

［39］ Zeng X Y,Baoyin H X,Li J F. Updated rotating mass dipole with oblateness of one primary（Ⅱ）：
Out-of-plane equilibria and their stability［J］. Astrophysics and Space Science,2016,361(1)：15.

［40］ Hirabayashi M,Morimoto M Y,Yano H,Kawaguchi J,Bellerose J. Linear stability of collinear
equilibrium points around an asteroid as a two-connected-mass：Application to fast rotating asteroid
2000EB14［J］. Icarus,2010,206(2),780-782.

［41］ Varvoglis H,Vozikis C H,Wodnar K. The two fixed centers：An exceptional integrable system［J］.
Celestial Mechanics & Dynamical Astronomy,2004,89：343-356.

［42］ Erikson H A,Hill E L. A note on the one-electron states of diatomic molecules［J］. Physical
Review,1949,75(1)：29-31.

［43］ Szebehely V. Theory of orbits：The restricted problem of three bodies［M］. New York：Academic
Press,1967.

［44］ Bartczak P,Breiter S,Jusiel P. Ellipsoids,material points and material segments［J］. Celestial
Mechanics & Dynamical Astronomy,2006,96(1)：31-48.

［45］ Jiang Y,Baoyin H X,Li J F,et al. Orbits and manifolds near the equilibrium points around a rotating
asteroid［J］. Astrophysics and Space Science,2014,349(1)：83-106.

［46］ Zeng X Y,Vadali S R,Alfriend K T,et al. Local manifolds and periodic orbits around equilibrium
points of the rotating mass dipole［C］//Space 2016-AIAA Space and Astronautics Forum and
Exposition,September 13-16,Long Beach,CA,ASD 06-2485787,2016.

第3章

偶极子模型的改进

3.1 引言

在太阳系中除水星以外,各大行星绕太阳运行轨道的偏心率均较小,月球绕地球轨道偏心率也不大,基本处在 10^{-2} 量级。忽略轨道偏心率的影响,圆形限制性三体问题模型为上述天体系统内动力学特性分析提供了极为有意义的参考。距离太阳最近水星,轨道偏心率达到了 0.2056,将太阳-水星系统继续简化为圆形限性三体问题已不合适。为此,人们提出了一类改进模型——椭圆形限制性三体问题,将两主天体间圆轨道假设替换为椭圆运动,研究系统中第三体的运动。类似的,为进一步丰富偶极子模型及其动力学特性,将原偶极子系统中的质点替换为椭球,可以得到一类改进偶极子模型。

实际上,早在 20 世纪 70 年代已有学者将限制性三体问题中的主天体替换为椭球进行研究,包括 Vidyakin[1]、Arredondo[2] 和 Idrisi[3] 等,其中 Sharma 和 Subba Rao 针对该问题开展了一系列研究工作,分析了椭球扁率对系统平衡点分布[4]、稳定性[5] 及引力场中周期轨道[6] 的影响。2003 年,Oberti 和 Veinne 将该理论应用于土星及其卫星系统,分析了土星扁率(J_2 摄动项)对其卫星轨道的影响[7]。最近,Beevi 和 Sharma 进一步研究了土星扁率对其限制性三体问题中周期轨道的影响[8],Taylor 等则将该理论推广至双星系统[9]。

作为太阳系中一个很有意思的环系统,此处对土星系统做个简单介绍。土星是太阳系内大行星中扁率最大的天体,达到了 0.09796,而地球扁率只有 0.00335。目前土星已发现的卫星有 62 颗(53 颗已命名[①]),其中,土卫十三 Telesto 和土卫十四 Calypso 两颗卫星与土卫三 Tethys 共用同一轨道,分别位于土星与 Tethys 组成系统的 L_4 和 L_5 点上。另外,土卫十二 Helene 位于土星和土卫四 Dione 系统的 L_4 点处。土星及其卫星组成的这些天然三体系统,为验证限制性三体问题中主天体扁率对平衡点的影响提供了绝好的素材。Oberti 和 Veinne 正是基于 Telesto、Calypso 以及 Helene 三颗较小卫星长期的轨道观测数据,验证了上述理论的正确性(主要是主天体扁率对系统平衡点分布的影响)。

平衡点及其附近局部流形是研究动力系统的关键入手点。借鉴以往限制性三体问题的研究思路,首先建立改进偶极子模型动力学方程,以单椭球偶极子模型为例,求解系统有效势零点——引力平衡点。之后通过参数化仿真研究偶极子各参数对系统平衡点位置与稳定性的影响[10]。此外,由于椭球扁率的影响,在特定情况下,改进偶极子模型将会产生非赤道面内的平衡点[11]。关于赤道面外平衡点的分布情况及稳定性等,将作为单独两节进行论述,最后分析双椭球偶极子模型的动力学特性[12]。

3.2 单椭球偶极子模型

若将 Chermnykh 传统偶极子模型[13] 两个质点替换为椭球,如图 3.1 所示,其他条件均不变的情况下,其引力场内质点运动的动力学方程与公式(2.45)在形式上一致,但此时系统有效势与式(2.43)不同,在式(2.41)选取无量纲单位制情况下可表示为

---

① https://en.wikipedia.org/wiki/Saturn#Natural_satellites

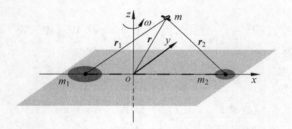

图 3.1 改进偶极子模型示意图(双椭球情况)

$$V = -\frac{\omega^2}{2}(x^2 + y^2) - \kappa\omega^2\left(\frac{1-\mu}{r_1}\cdot K_1 + \frac{\mu}{r_2}\cdot K_2\right) \tag{3.1}$$

式中有效势 V 对应偶极子两个质点均为椭球的情况,其中质点的位置坐标以及向径幅值 r_1,r_2 等与式(2.42)中含义相同。新引入参数 K_1 和 K_2 的定义分别为

$$\begin{cases} K_1 = 1 + \dfrac{A_1}{2r_1^2}\left(1 - \dfrac{3z^2}{r_1^2}\right) \\ K_2 = 1 + \dfrac{A_2}{2r_2^2}\left(1 - \dfrac{3z^2}{r_2^2}\right) \end{cases} \tag{3.2}$$

在改进偶极子模型中,系统的自旋角速度不再是单位一,而由下式求解

$$\omega = \sqrt{1 + \frac{3}{2}(A_1 + A_2)} \tag{3.3}$$

即 ω 值与两椭球的扁率相关,上式中表征椭球扁率的参数 $A_i(i=1,2)$ 定义[4]为

$$A_i = \frac{(\rho_i^e)^2 - (\rho_i^p)^2}{5d^2} \tag{3.4}$$

其中 ρ^e 和 ρ^p 分别为椭球赤道半径与极地半径。

太阳系内的大行星都是绕着最大惯量主轴旋转的扁椭球(Oblate spheroid),处于稳定的自旋状态,甚至一些大的自然卫星也遵循这样的规律,如月球、土卫三等。因此,在以往针对自然天体组成的限制性三体问题研究中,扁率参数 $A_i(i=1,2)$ 均为非负数。对于改进偶极子模型,由于中间无质量细杆的存在,两个椭球为细长球(Prolate spheroid)时也能保持系统绕最大惯量主轴稳定地旋转,表明扁率参数 A_i 可以取负值。另外,式(3.1)中受力比 κ 的表达式与式(2.44)一致,但由于 ω 值的改变,实际上 κ 值亦受到扁率的影响而发生了改变。

为了清晰地了解单一椭球对偶极子系统平衡点分布的影响,首先分析 $A_1=0$ 且 $A_2\neq 0$ 的情况,即较小质量的质点 m_2 替换为椭球,而 m_1 则仍为质点或看作一个球体。此时,系统有效势式(3.1)可简化为

$$W = -\frac{\omega^2}{2}(x^2 + y^2) - \kappa\omega^2\left\{\frac{1-\mu}{r_1} + \frac{\mu}{r_2}\left[1 + \frac{A_2}{2r_2^2}\left(1 - \frac{3z^2}{r_2^2}\right)\right]\right\} \tag{3.5}$$

实际上,上式通过简单的变量替换即可给出仅有 m_1 为椭球时的有效势:将式中 $[\mu,r_1,r_2,A_2]^T$ 替换为 $[1-\mu,r_2,r_1,A_1]^T$。因此,上式可以理解为偶极子模型中仅有一个质点被替换为椭球时改进模型的有效势。特别的,当式中 $A_2=0$ 时系统退化为传统偶极子模型,若进一步 $\kappa=1$ 则退化为圆形限制性三体问题。

参考动力学方程(2.45),结合式(3.5),改进偶极子模型引力场中质点运动的动力学方

程分量形式可记为

$$[\ddot{x},\ddot{y},\ddot{z}]^{\mathrm{T}} + [-2\omega\dot{y}, 2\omega\dot{x}, 0]^{\mathrm{T}} = -[W_x, W_y, W_z]^{\mathrm{T}} \tag{3.6}$$

式中右端各分量分别为

$$W_x = \frac{\partial W}{\partial x} = -\omega^2 \left\{ x - \kappa \left[\frac{(1-\mu)(x+\mu)}{r_1^3} + \cdots \right. \right.$$
$$\left. \left. \frac{\mu(x+\mu-1)}{r_2^3} \left(1 + \frac{3A_2}{2r_2^2} - \frac{15A_2 z^2}{2r_2^4} \right) \right] \right\} \tag{3.7}$$

$$W_y = \frac{\partial W}{\partial y} = -\omega^2 y \left\{ 1 - \kappa \left[\frac{1-\mu}{r_1^3} + \frac{\mu}{r_2^3} \left(1 + \frac{3A_2}{2r_2^2} - \frac{15A_2 z^2}{2r_2^4} \right) \right] \right\} \tag{3.8}$$

$$W_z = \frac{\partial W}{\partial z} = \kappa\omega^2 z \left[\frac{1-\mu}{r_1^3} + \frac{\mu}{r_2^3} \left(1 + \frac{9A_2}{2r_2^2} - \frac{15A_2 z^2}{2r_2^4} \right) \right] \tag{3.9}$$

方程(3.6)依然存在雅可比积分,表达式如下:

$$C = \frac{1}{2} \dot{r} \cdot \dot{r} + W \tag{3.10}$$

上式在轨道能量层面给出了系统的可行运动区域。这个由于引入旋转坐标系而找到的系统守恒量,在系统引力场内周期轨道搜索、轨道延拓,以及轨道设计等方面都有着举足轻重的作用,本章将对该守恒量及其对应的零速度曲面等做进一步研究。此外,式(3.2)中 K_1 和 K_2 表达式右端第二项本质上就是非球形引力的 J_2 摄动项,在开普勒轨道摄动理论中已有很多研究,例如,J_2 摄动对航天器编队飞行的影响等[14]。

3.3　赤道面内引力平衡点

偶极子赤道面是指系统两端部质量(质点或椭球)相互绕转所在平面,那么,位于赤道面的平衡点显然要满足 $z=0$ 的条件,此时式(3.6)退化为二维动力学方程。为了求得系统平衡点,可令式(3.6)中速度和加速度项均为零的同时,满足右端项为零,即式(3.7)和式(3.8)为零。由于系统自旋速度不为零,应有

$$x - \kappa \left[\frac{(1-\mu)(x+\mu)}{r_1^3} + \frac{\mu(x+\mu-1)}{r_2^3} \left(1 + \frac{3A_2}{2r_2^2} \right) \right] = 0 \tag{3.11}$$

$$y \left\{ 1 - \kappa \left[\frac{(1-\mu)}{r_1^3} + \frac{\mu}{r_2^3} \left(1 + \frac{3A_2}{2r_2^2} \right) \right] \right\} = 0 \tag{3.12}$$

当式(3.12)中 $y=0$ 时,式(3.11)给出了改进偶极子模型共线平动点

$$x - \kappa \left[\frac{(1-\mu)s_1}{(x+\mu)^2} + \frac{\mu s_2}{(x+\mu-1)^2} + \frac{3\mu A_2 s_2}{2(x+\mu-1)^4} \right] = 0 \tag{3.13}$$

式中两个符号函数为

$$\begin{cases} s_1 = \mathrm{sign}(x+\mu) \\ s_2 = \mathrm{sign}(x+\mu-1) \end{cases} \tag{3.14}$$

上述定义与式(2.49)相同,本章后续分析还将用到此公式,为方便阅读,此处再次给出。

经过通分及合并同类项等,式(3.13)可整理成关于变量 x 的等式

$$\sum_{i=0}^{7} c_i x^i = 0 \tag{3.15}$$

式中各系数表达式为

$$\begin{cases} c_7 = 1 \\ c_6 = 6\mu - 4 \\ c_5 = 15\mu^2 - 20\mu + 6 \\ c_4 = 20\mu^3 - 40\mu^2 + 24\mu - 4 - \sigma_4 \\ c_3 = 15\mu^4 - 40\mu^3 + 36\mu^2 - 12\mu + 1 - 4\mu\sigma_4 - \sigma_3 \\ c_2 = 6\mu^5 - 20\mu^4 + 24\mu^3 - 12\mu^2 + 2\mu - 6\mu^2\sigma_4 - 3\mu\sigma_3 - \sigma_2 \\ c_1 = \mu^6 - 4\mu^5 + 6\mu^4 - 4\mu^3 + \mu^2 - 4\mu^3\sigma_4 - 3\mu^2\sigma_3 - 2\mu\sigma_2 - \sigma_1 \\ c_0 = -\sum_{j=0}^{4} \mu^j \sigma_j \end{cases} \quad (3.16)$$

上式中还有 5 个辅助参数 $\sigma_j (j=0,1,\cdots,4)$，定义式分别为

$$\begin{cases} \sigma_4 = \kappa(1-\mu)s_1 + \kappa\mu s_2 \\ \sigma_3 = -4\kappa(1-\mu)s_1 - 2\kappa\mu s_2 \\ \sigma_2 = 6\kappa(1-\mu)s_1 + \kappa\mu s_2 + 3\kappa\mu A_2 s_2/2 \\ \sigma_1 = -4\kappa(1-\mu)s_1 \\ \sigma_0 = \kappa(1-\mu)s_1 \end{cases} \quad (3.17)$$

　　根据扁率的定义式(3.4)，$A_2 > 0$，$A_2 = 0$ 和 $A_2 < 0$ 分别对应 m_2 为扁椭球、理想球体和细长球三种情况。对于由大行星组成的限制性三体问题而言，以地月系统、Saturn-Phoebe 土卫系统以及 Jupiter-Ganymede 木卫系统为例，大天体的扁率 A_1 一般在 $10^{-8} \sim 10^{-2}$ 范围内变化。为此，改进偶极子模型中 A_2 幅值的最大量级取为 10^{-2}。

　　当 $y \neq 0$ 时，联立式(3.11)和式(3.12)可以解得

$$r_1^3 = \kappa \quad (3.18)$$

和

$$2r_2^5 - 2\kappa r_2^2 - 3\kappa A_2 = 0 \quad (3.19)$$

质点到 m_2 的距离 r_2 可以通过求解一元五次方程式(3.19)得到。式(3.18)表明改进偶极子的非共线平动点位于以 m_1 为圆心，以 $\sqrt[3]{\kappa}$ 为半径的圆周上。同时，从上面两式可以看出，此类平动点的位置仅与 κ 和 A_2 两个参数有关。根据笛卡儿符号规则[①]（Descartes' rule of signs），式(3.19)在 $A_2 > 0$ 的情况下有唯一正实根（因为 κ 为正数）。当 $A_2 < 0$ 时，式(3.19)将有两个正根，若它们不是重根，则意味着系统在赤道面内有新的平衡点出现。

　　在求得 r_1 和 r_2 的值后，联立公式(2.42)，可得到非共线平动点在 x 轴的坐标（注意 $z=0$）为

$$x_T = \frac{r_1^2 - r_2^2}{2} + \frac{1}{2} - \mu \quad (3.20)$$

式中下标"T"为英文单词"Triangular"的首字母，用以表示非共线平动点（或三角平动点）。

---

　　① 笛卡儿符号规则，最早由笛卡儿在他的著作《几何学》中阐述，用于判断一个多项式的正根或负根的个数。具体内容为：如果把一元实系数多项式按降幂方式排列，则多项式的正根的个数要么等于相邻的非零系数的符号的变化次数，要么比它小一个正偶数。而负根的个数则是把所有奇数次项的系数变号以后，所得到的多项式的符号的变化次数，或者比它小一个正偶数。

对应的 y 轴坐标为

$$y_T = \pm \sqrt{r_2^2 - (x_T + \mu - 1)^2} \qquad (3.21)$$

若 $A_2 = 0$，则上述系统退化为传统偶极子模型，式(3.19)将退化为 $r_2^3 = \kappa$。联立式(3.18)可知式(3.20)的解为 $\frac{1}{2} - \mu$。若进一步 $\kappa = 1$，式(3.21)给出 y 轴坐标为 $\pm \frac{\sqrt{3}}{2}$，该坐标值与限制性三体问题中三角平动点的坐标完全吻合，从侧面验证了上述推导的正确性。

3.3.1 平衡点分布特征

仿真中改进偶极子模型参数取 $\kappa = 1$ 和 $\mu = 0.5$，扁率 A_2 的取值范围由其极限情况获得。扁椭球极限情况应为赤道面内的一个圆盘，而细长球极限情况应为与 oz 轴平行的一根直棒，该直棒关于 oxy 平面对称且质心位于 ox 轴上，上述两种情况在保证偶极子系统稳定自旋的条件下给出了 A_2 的边界值。例如，假设偶极子中 m_1 是一个直径不小于 d 的球体，若 m_2 是一个质量与 m_1 相等的扁球体($\mu = 0.5$)，则其极限为赤道面内一个半径为 $0.5d$ 的圆盘，由定义式(3.4)可得 A_2 的值为 0.05，上述情况如图 3.2 所示，图中以两球相切表示实际中的物理接触。同理，若 m_2 为细长球，则其极限应为垂直于赤道面的长度为 d 的直棒，此时 A_2 的值为 -0.05，此时 m_1 的直径应为 $2d$，满足其质心依然位于 $[-0.5, 0, 0]$ 处。为讨论方便，以后分析中将省略椭球体物理尺寸的讨论而直接给出参数 A_2 的值。

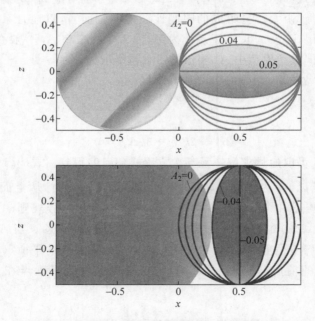

图 3.2 椭球扁率变化时的改进偶极子模型示意图

算例一取 $A_2 = 0.05$，图 3.3 给出了改进偶极子模型的平衡点分布及赤道面内零速度曲线。偶极子模型以示意图形式给出，忽略了两球体的物理尺寸。与传统限制性三体的平衡点类似，图 3.3 中所示偶极子引力场内共有 5 个平动点，分别为共线平动点 E_1, E_2, E_3，以及三角平动点 E_4 和 E_5。这五个平动点的具体位置稍后将与限制性三体问题的拉格朗日点进行对比。

算例二中参数 $A_2 = -0.05$，对应 m_2 为细长球情况。图 3.4 给出了系统在赤道面内的平衡点分布及相应零速度曲线。除了算例一中已经发现的五个平衡点外，在细长球的周围出现了两对新的平衡点。其中，一对共线平动点 E_8 和 E_9 分别位于 m_2 的左右两侧和 E_1E_2 之间，另外一对非共线平动点 E_6 和 E_7 则处在沿 oy 轴方面 m_2 的两侧。算例中 E_6 和 E_7 与原三角平动点 E_4 和 E_5 类似，分别为两个圆的交点，其中一个是以 m_1 为圆心的单位圆，另一个是以 m_2 为圆心，以式(3.19)中解得的较小的 r_2 为半径的圆。这四个新产生的平衡点坐标值见表 3.1。

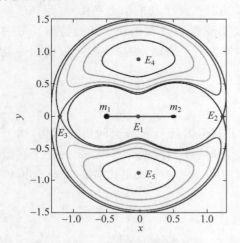

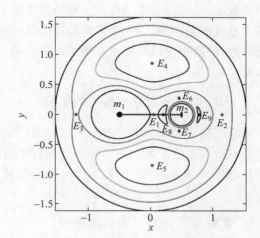

图 3.3 $A_2 = 0.05$ 时改进偶极子平衡点分布与零速度曲线　　图 3.4 $A_2 = -0.05$ 时改进偶极子平衡点分布及零速度曲线

表 3.1　改进偶极子 $A_2 = -0.05$ 时平衡点 $E_6 \sim E_9$ 的坐标值

平衡点	E_6	E_7	E_8	E_9
x	0.4617	0.4617	0.2047	0.7853
y	0.2741	−0.2741	0.0	0.0

为了研究 m_2 的扁率对平衡点 $E_1 \sim E_5$ 的影响，表 3.2 给出了改进偶极子在 A_2 取三个不同值时各平衡点的位置坐标($\kappa = 1$ 和 $\mu = 0.5$)。由于偶极子模型的引力场关于 oxz 平面对称，平衡点 E_5 与 E_4 关于 ox 轴对称，二者 ox 轴坐标相同，oy 轴坐标互为相反数，故表 3.2 中只给出 E_4 的坐标。参数 $A_2 = 0$ 的情况对应传统偶极子模型，由于算例中参数的特殊性，实际 $E_1 \sim E_5$ 的坐标值与限制性三体问题中的拉格朗日点重合。

表 3.2　参数 $A_2 = [0.05, 0.0, -0.05]^{\mathrm{T}}$ 时改进偶极子模型平衡点 $E_1 \sim E_5$ 坐标

A_2	E_1	E_2	E_3	E_4
0.05	$[-0.0282, 0.0]$	$[1.2316, 0.0]$	$[-1.1995, 0.0]$	$[-0.0236, 0.8792]$
0.0	$[0.0, 0.0]$	$[1.1984, 0.0]$	$[-1.1984, 0.0]$	$[0.0, 0.8660]$
−0.05	$[0.0550, 0.0]$	$[1.1520, 0.0]$	$[-1.1973, 0.0]$	$[0.0268, 0.8500]$

对比表 3.2 中第一行与第三行数据可知,$A_2 = 0.05$ 使得系统 5 个平衡点全部远离 m_2,而 $A_2 = -0.05$ 则使得 $E_1 \sim E_5$ 都靠近 m_2。观察所有平衡点的坐标值,可以看出,除去 E_3 之外(10^{-3} 量级)其他平衡点 ox 轴坐标的变化幅值在 10^{-2} 量级,E_4 与 E_5 的 oy 轴坐标变化亦为 10^{-2} 量级。由此可知,m_2 的扁率对 E_1、E_2、E_4(E_5)的影响要大于 E_3,该结论与文献[5]中关于限制性三体问题的结果一致。实际上,上述结论很容易理解,因为 E_3 是距离 m_2 最远的一个平衡点。

综上所述,受椭球扁率的影响,改进偶极子模型引力场的空间拓扑结构较传统模型发生了明显改变。一方面,应用椭球体替换原系统的质点后产生了新的引力平衡点(扁椭球亦有新的平衡点产生,参见 3.5 节),即偶极子系统的动力学微分方程出现了新的特解。另一方面,椭球体的扁率使得系统原有平衡点 $E_1 \sim E_5$ 的位置有了变动,相应的零速度曲面也发生了改变。

3.3.2 模型参数对平衡点的影响

改进偶极子模型的三个参数 κ、μ 和 A_2 决定了其引力场分布的空间拓扑结构,本节针对三个参数对系统平衡点的影响进行参数化仿真。研究中固定两个参数,令第三个参数在其可行范围内变化。其中,受力比 κ 的可行范围为 $(0, +\infty)$,质量比 μ 的可行范围仍为 $(0, 0.5]$,扁率 A_2 的讨论范围则取为 $[-0.05, 0.05]$。

1. 参数 κ 和 μ 对平衡点的影响

Prieto-Llanos 等[15]关于传统偶极子模型参数 κ,μ 对其平衡点 $E_1 \sim E_5$ 的影响做了较为详细的论述,包括平衡点的分布及线性稳定性等。此处简单给出文献[36]中一些与本文相关的结论,以供参考和借鉴。传统偶极子引力场内平衡点的分布完全由 κ,μ 决定,当 μ 固定时,平衡点 $E_2 \sim E_5$ 会随着 κ 的增大而远离质心,反之亦然,其中内部平衡点 E_1 始终保持不动。当 κ 固定 μ 变化时,平衡点位置的变化规律要复杂一些。随着 μ 的不断减小,所有平衡点 $E_1 \sim E_5$ 整体上沿着 ox 轴右移,同时共线平动点 E_1 和 E_2 会靠近 m_2 而 E_3 则远离 m_2,三角平动点 E_4 和 E_5 与偶极子的相对位置保持不变(但相对偶极子的质心发生了右移)。

对于改进偶极子模型,当 A_2 固定时,其平衡点 $E_1 \sim E_5$ 受参数 κ,μ 影响时的变化规律与传统偶极子模型基本一致,此处不再赘述。但三角平动点 E_4 和 E_5 的消失,与传统偶极子的参数是否一致?另外,参数 κ,μ 和 A_2 的变化对新产生平衡点 $E_6 \sim E_9$ 又有哪些影响?上述两个问题将作为本节研究的重点。文献[16]中指明当 $\kappa = 0.125$ 时传统偶极子模型的三角平动点将消失,文献[40]则进一步研究了当 κ 值在 0.125 附近时偶极子共线平衡点 E_1 的稳定性等问题。为此,我们先从 E_4 和 E_5 的存在性条件入手,分析改进偶极子模型三角平动点分岔时的临界值 κ。

从几何学的角度看,平衡点 E_4 和 E_5 为两个圆相交时的交点。一个是以 m_1 的质心为圆心,以方程(3.18)的解 ρ_1 为半径的圆;另一个是以 m_2 的质心为圆心,以方程(3.19)的解 ρ_{21} 为半径的圆(若方程有两个正根,则 ρ_{21} 为较大的根)。当 $\rho_1 + \rho_{21}$ 的值小于偶极子的特征长度 d 时,两圆不再有交点,此时 E_4 和 E_5 就会消失。因此,联立式(3.18)可得,平衡点 E_4 和 E_5 消失时对应几何条件为

$$\rho_{21} = d - \rho_1 = 1 - \sqrt[3]{\kappa} \tag{3.22}$$

其中偶极子模型的特征长度归一化后满足 $d=1$，将上式代入方程（3.19）可得

$$(1-\sqrt[3]{\kappa})^5 - \kappa(1-\sqrt[3]{\kappa})^2 - \frac{3}{2}\kappa A_2 = 0 \tag{3.23}$$

当 A_2 给定时，非线性方程（3.23）的根即为 κ 的临界值。例如，当 $A_2=0$ 时 κ 的值为 0.125，$A_2=0.05$ 时 κ 的值约为 0.1104，$A_2=-0.05$ 时 κ 的值约为 0.1536。也就是说，对应于 E_4 和 E_5 消失的 κ 值会随着 A_2 的增大而不断减小。

对于 A_2 小于零的情形，当 κ 固定时，随着 μ 的减小平衡点 E_8 和 E_9 会靠近 m_2，另外一对平衡点 E_6 和 E_7 相对于 m_2 则保持不动。为了研究此时 κ 值对平衡点的影响，可以固定 μ 和 A_2 的值，图 3.5 给出了 κ 在 $[0.36, 2.16]$ 范围内以 0.1 的步长变化时，系统平衡点的变化情况。为简明起见，图中只标记了平衡点 $E_1 \sim E_5$ 以及以 ρ_1 为半径的圆的一半，改进偶极子的示意图一并绘于图中。

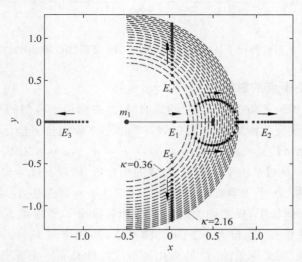

图 3.5　改进偶极子 $A_2=-0.05$ 且 $\mu=0.5$ 时平衡点随参数 $\kappa \in [0.36, 2.16]$ 的变化

随着 κ 的增加，平衡点 E_8 和 E_9 会向 m_2 靠近，但变化幅度非常小。相反地，E_6 和 E_7 的分岔过程可以从图中清晰地看到，经历了产生、变化以及消失的整个过程。不妨以 ρ_{22} 表示圆心位于 m_2 质心的小圆半径，当满足下式条件时

$$\rho_{22} = d - \rho_1 \tag{3.24}$$

小圆与以 m_1 为圆心 ρ_1 为半径的大圆外切，切点即为重合的平衡点 E_6 和 E_7，位于 m_2 和 E_1 之间。记此时的分岔值为 κ_g，其值约为 0.37。随着 κ 的不断增大，它们并未像 E_4 和 E_5 那样持续地远离偶极子，而是在以 ρ_{22} 为半径的圆周上移动，直至最后满足

$$\rho_{22} = \rho_1 - d \tag{3.25}$$

小圆变成了内切圆，平衡点 E_6 和 E_7 再次重合，此时的分岔值 $\kappa_v = 2.07$。如果 κ 值继续增大，这一对非共线平衡点将消失，因为两圆再无交点。

为了进一步解释两对非共线平动点不一样的变化规律，不妨将方程（3.19）左侧的多项式记为 Q，已知非共线平动点仅与参数 κ 和 A_2 相关，固定 A_2 后研究函数 Q 随 κ 的变化，图 3.6 给出了仿真结果。不失一般性，仿真中 μ 取 0.5、$A_2=-0.05$。图中 $Q=0$ 时的点即为式（3.19）的根，也就是文中所提的两个半径 ρ_{21} 和 ρ_{22}。随着 κ 的增大，ρ_{21} 的值在不断增

大,但 ρ_{22} 为不动点,这就是为何 E_4 和 E_5 在不断远离偶极子,而 E_6 和 E_7 停留在 m_2 附近的圆周上。

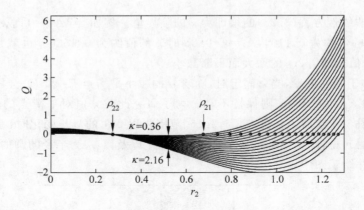

图 3.6 改进偶极子 $A_2 = -0.05$ 且 $\mu = 0.5$ 时函数 Q 随参数 κ 的变化

2. 参数 A_2 对平衡点的影响

研究 A_2 对 5 个传统平衡点 $E_1 \sim E_5$ 的影响时,改进偶极子模型的两个参数 κ、μ 仍然取为 1.0 和 0.5,A_2 的研究范围则为 $[-0.05, 0.05]$。各平衡点位置坐标的变化量定义为

$$\Delta q(E_i) = q(E_i) - q_0(E_i), \quad q = x, y, i = 1, 2, 3, 4 \tag{3.26}$$

式中 $q_0(E_i)$ 表示 $A_2 = 0$ 时系统平衡点 E_i 相应的坐标值,同理,$q(E_i)$ 表示不同 A_2 时平衡点 E_i 的坐标值。上式中 Δx 小于零表示平衡点相对于 $A_2 = 0$ 时左移,反之右移;Δy 小于零表示非共线平动点靠近偶极子,反之则为远离。图 3.7 给出了平衡点 $E_1 \sim E_4$ 的坐标值随参数 A_2 的变化规律,平衡点 E_5 与 E_4 关于 ox 轴对称,其规律与 E_4 相同,故图中不再给出。对这 5 个平动点,它们的坐标值随 A_2 的变化基本成线性分布。实际上相同幅值的情况下,A_2 为负值时对应坐标变化量要稍大于其正值情况。另外,图中 $A_2 = \pm 0.05$ 的边界值与表 3.2 中所列数据保持一致,且可以很明显地看到 $\Delta x(E_1)$ 和 $\Delta x(E_2)$ 的值最大,$\Delta x(E_3)$ 的值几乎为零。随着 A_2 的不断增大,E_2 在不断右移,E_1、E_4 和 E_5 则在不断左移,E_3 则基本保持不动。

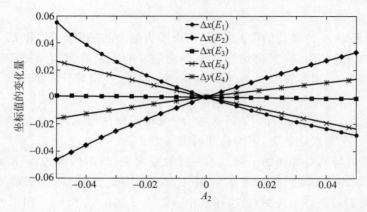

图 3.7 改进偶极子在 $\kappa = 1$ 且 $\mu = 0.5$ 时平衡点坐标随参数 A_2 的变化

图 3.8 所示为 A_2 从 0 减小到 -0.05 过程中偶极子($\kappa=1.0$、$\mu=0.5$)各平衡点的变化情况,仿真中 A_2 的变化步长取为 -0.005。由于 E_3 和 E_4 等变化范围较小,图中给出了它们的局部放大图。整体上,$E_1 \sim E_5$ 随着 A_2 的减小而靠近 m_2,$E_6 \sim E_9$ 则远离 m_2。相对而言,由于椭球体而产生的 4 个新的平衡点变化幅值较大,传统平衡点中 E_3 的变化最小。

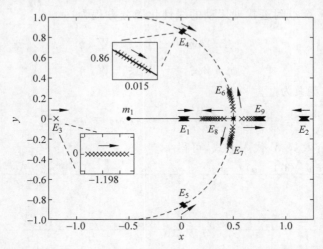

图 3.8 偶极子模型($\kappa=1$、$\mu=0.5$)参数 A_2 从 0 减小至 -0.05 时平衡点的变化

综上所述,改进偶极子模型平衡点 $E_1 \sim E_5$ 随参数 $[\kappa, \mu, A_2]^T$ 的变化规律可总结如下:

(1) $[\mu, A_2]^T$ 固定:随着 κ 的增大,E_1 在 $A_2<0$ 时将靠近 m_2,在 $A_2>0$ 时将远离 m_2,其他平衡点 $E_2 \sim E_5$ 则全部远离偶极子质心。

(2) $[\kappa, A_2]^T$ 固定:随着 μ 的增大,平衡点 E_1 和 E_2 将靠近 m_2(无论 A_2 正负),E_3 将远离 m_2,三角平动点 E_4 和 E_5 与偶极子的相对位置保持不变。

(3) $[\kappa, \mu]^T$ 固定:随着 A_2 的增大,平衡点 $E_1 \sim E_5$ 将全部远离 m_2。

对于 $A_2<0$ 时偶极子模型新产生的 4 个引力平衡点 $E_6 \sim E_9$,其随上述三个系统参数的变化规律及分岔情况归纳如下:

(4) $[\mu, A_2]^T$ 固定:此时存在两个边界值 κ_g(下边界)和 κ_v(上边界),分别对应非共线平动点 E_6 和 E_7 退化为同一点的情形(此时位于 ox 轴上)。当 $\kappa_g<\kappa<\kappa_v$ 时,随着 κ 的增加,E_6 和 E_7 会在以 m_2 质心为圆心的某个圆上沿着 x 轴正向右移。若 $\kappa<\kappa_g$ 或 $\kappa>\kappa_v$,平衡点 E_6 和 E_7 将消失。平衡点 E_8 和 E_9 则会随着 κ 的增大而靠近 m_2。

(5) $[\kappa, A_2]^T$ 固定:随着 μ 的不断减小,平衡点 E_8 和 E_9 会靠近 m_2,E_6 和 E_7 与椭球 m_2(或系统质心)的相对位置保持不变。

(6) $[\kappa, \mu]^T$ 固定:系统的 4 个平衡点 $E_6 \sim E_9$ 会随着 A_2 的减小而远离 m_2。

3.4 赤道面内平衡点稳定性

稳定性是研究动力学系统中零解及周期解等特性的重要概念,其中,非线性自治系统中平动解的稳定性问题更是受到了广泛关注[17]。针对改进偶极子模型动力学系统,本节将研究其赤道面内各平衡点的稳定性。2.5 节讨论过偶极子模型平衡点的稳定性问题,仿照 2.5 节中的方法,下面将在各参数可行范围内讨论改进偶极子模型平衡点的稳定性。

质点在改进偶极子模型引力场中运动时,oz 轴方向运动与 oxy 平面内运动解耦,在研究赤道面内平衡点稳定时,可只考虑 oxy 平面内运动。沿用 2.5 节扰动运动 $[\xi, \eta, \zeta]^\mathrm{T}$ 的定义,可得赤道面内平衡点附近扰动运动的线性化微分方程为

$$\begin{cases} \ddot{\xi} - 2\omega\dot{\eta} = -W_{xx}\xi - W_{xy}\eta \\ \ddot{\eta} + 2\omega\dot{\xi} = -W_{yx}\xi - W_{yy}\eta \end{cases} \tag{3.27}$$

式中右端项各系数定义为

$$W_{ij} = \frac{\partial^2 W}{\partial i \partial j}, \quad i = x, y, j = x, y \tag{3.28}$$

将式(3.5)中系统有效势 W 代入上式,可得

$$W_{xx} = -\omega^2 + \kappa\omega^2 \left[\frac{1-\mu}{r_1^3} - \frac{3(1-\mu)\,(x+\mu)^2}{r_1^5} + \frac{\mu}{r_2^3} - \frac{3\mu\,(x+\mu-1)^2}{r_2^5} + \cdots \frac{3\mu A_2}{2r_2^5} - \frac{15\mu A_2\,(x+\mu-1)^2}{2r_2^7} \right] \tag{3.29}$$

$$W_{yy} = -\omega^2 + \kappa\omega^2 \left[\frac{1-\mu}{r_1^3} - \frac{3(1-\mu)y^2}{r_1^5} + \frac{\mu}{r_2^3} - \frac{3\mu y^2}{r_2^5} + \frac{3\mu A_2}{2r_2^5} - \frac{15\mu A_2 y^2}{2r_2^7} \right] \tag{3.30}$$

$$W_{xy} = W_{yx} = -3\kappa\omega^2 y \left[\frac{(1-\mu)(x+\mu)}{r_1^5} + \frac{\mu(x+\mu-1)}{r_2^5} \cdots + \frac{5\mu A_2(x+\mu-1)}{2r_2^7} \right] \tag{3.31}$$

定义新的状态矢量 $\boldsymbol{\chi} = [\xi, \eta, \dot{\xi}, \dot{\eta}]^\mathrm{T}$,方程(3.27)可以重新表达为关于 $\boldsymbol{\chi}$ 的一阶微分方程

$$\dot{\boldsymbol{\chi}} = \boldsymbol{\Phi} \cdot \boldsymbol{\chi} = \begin{bmatrix} \mathbf{0}_{2\times2} & \boldsymbol{I}_{2\times2} \\ -\nabla\nabla W & -\boldsymbol{\Omega} \end{bmatrix} \cdot \boldsymbol{\chi} \tag{3.32}$$

式中 $\boldsymbol{\Phi}$ 为状态转移矩阵,对应有 4 个特征值 $\lambda_j (j=1,2,3,4)$,其中 $\mathbf{0}_{2\times2}$ 和 $\boldsymbol{I}_{2\times2}$ 分别为二阶零矩阵和单位阵。平衡点线性稳定的条件为当且仅当所有 $\mathrm{Re}\,\lambda_j < 0 (j=1,2,3,4)$,即所有特征根实部为负;平衡点不稳定的条件为当且仅当任一 $\mathrm{Re}\lambda_j > 0$,即任意一个特征根实部为正时平衡点不稳定;当所有特征根 $\mathrm{Re}\lambda_j = 0$ 时,式(3.27)对应系统稳定[43]。式(3.32)中 Hessian 矩阵 $\nabla\nabla W$ 和反对称矩阵 $\boldsymbol{\Omega}$ 的定义分别为

$$\nabla\nabla W = \begin{bmatrix} W_{xx} & W_{xy} \\ W_{xy} & W_{yy} \end{bmatrix}; \quad \boldsymbol{\Omega} = \begin{bmatrix} 0 & -2\omega \\ 2\omega & 0 \end{bmatrix} \tag{3.33}$$

矩阵 $\boldsymbol{\Phi}$ 对应的特征方程为

$$\lambda^4 + (4\omega^2 + W_{xx} + W_{yy})\lambda^2 + (W_{xx} \cdot W_{yy} - W_{xy}^2) = 0 \tag{3.34}$$

上式是一个关于特征值 $\lambda_j (j=1,2,3,4)$ 的一元四次方程,可以通过变换 $\lambda_a = \lambda_1^2 = \lambda_2^2$ 和 $\lambda_b = \lambda_3^2 = \lambda_4^2$ 将其转化为关于 λ_a 和 λ_b 的一元二次方程,其中 4 个特征值满足关系式 $\lambda_1 = -\lambda_2$ 和 $\lambda_3 = -\lambda_4$。针对该一元二次方程 $\kappa = 1$ 的特殊情况(即限制性三体问题),Murray 和 Dermott[18] 指出,系统平衡点稳定的条件是 λ_a 和 λ_b 为负值,即 4 个特征根全部为纯虚根。

3.4.1 共线平衡点

对于共线平动点满足 $y=0$,容易知公式(3.31)中的 W_{xy} 为零,另外式(3.29)和式(3.30)可以简化为

$$W_{xx} = -\omega^2 \cdot \left[1 + 2\kappa \left(\frac{1-\mu}{r_1^3} + \frac{\mu}{r_2^3} + \frac{3\mu A_2}{r_2^5} \right) \right] \qquad (3.35)$$

$$W_{yy} = -\omega^2 \cdot \left[1 - \kappa \left(\frac{1-\mu}{r_1^3} + \frac{\mu}{r_2^3} + \frac{3\mu A_2}{2r_2^5} \right) \right] \qquad (3.36)$$

其中质点向径的幅值分别为

$$r_1 = |x+\mu|, \quad r_2 = |x+\mu-1| \qquad (3.37)$$

将式(3.35)、式(3.36)和式(3.33)一并代入式(3.32),即可得到不同平衡点处对应的状态转移矩阵,求解矩阵 $\boldsymbol{\Phi}$ 的特征值,便可判定平衡点的稳定性。对于 $A_2 = 0$ 的情况,Prieto-Llanos 等[15]已经给出结论,平衡点 E_2 和 E_3 不稳定,E_1 在 $\kappa < 0.125$ 时为条件稳定[16]。

对于 m_2 为扁椭球情况,仿真中取参数 $\mu \in (0, 0.5)$、$\kappa \in (0, 100)$,上述范围应足以反映偶极子各平衡点的稳定性。仿真中发现,对于 E_2 和 E_3 始终存在特征值实部为正的情况,故它们均为不稳定平衡点。图 3.9 给出了平衡点 E_1 对应于 $A_2 = 0$ 和 $A_2 = 0.05$ 两种情况下稳定时的参数范围,图中实线包络的区域为 $A_2 = 0$ 时 E_1 稳定情况下的参数范围,虚线包络的区域为 $A_2 = 0.05$ 时 E_1 稳定的参数范围,两稳定区域的形状极为相似。上述结果表明,m_2 为椭球时 E_1 仍然存在稳定的参数区域,但受椭球的影响,其稳定时 κ 的上限从原来的 0.125 降至了 0.11。

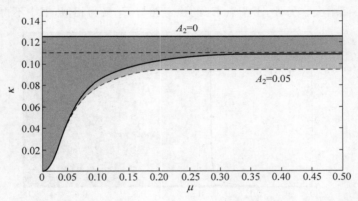

图 3.9 改进偶极子模型在 $A_2 = 0$ 和 $A_2 = 0.05$ 时平衡点 E_1 的稳定区域

图 3.10 给出了 $A_2 = -0.05$ 时平衡点 E_1 稳定的参数区域,即图中虚线为边界的封闭区域。为了对比 A_2 对稳定区域的影响,$A_2 = 0$ 时的稳定区域也绘于图中,其与图 3.9 中区

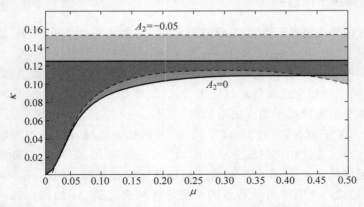

图 3.10 改进偶极子模型在 $A_2 = 0$ 和 $A_2 = -0.05$ 时平衡点 E_1 的稳定区域

域一致。很明显，$A_2 = -0.05$ 时参数稳定区域要大于 $A_2 = 0$ 时区域，且其对应 κ 值下边界线呈类抛物线形状。除中间少部分外，其他绝大部分 $A_2 = 0$ 的稳定区域都被 $A_2 = -0.05$ 时的稳定区域所覆盖。以右边界 $\mu = 0.5$ 处为例，E_1 稳定的 κ 值区间在 $A_2 = -0.05$ 时达到了 0.055，而对应的 $A_2 = 0$ 时仅为 0.015。

上面仅以 $A_2 = 0.05$，$A_2 = 0$ 和 $A_2 = -0.05$ 为代表说明了扁率对内部平衡点 E_1 稳定性的影响，参数 A_2 在区间 $[-0.05, 0.05]$ 内变化取不同值时，可直接应用上述方法给出 E_1 稳定时的参数区间，此处不再讨论。综合上述仿真结果可以看到，对于可行域内任意的 A_2，平衡点 E_1 稳定时 κ 的上确界是一个常值，且随着 A_2 的减小而不断增大。这些性质对于以后分析细长形小天体内部引力平衡点及其附近的动力学行为或将有所帮助。

在 $A_2 < 0$ 时系统还存在另外两个共线平衡点 E_8 和 E_9，图 3.11 给出了 $A_2 = -0.05$ 时 E_8 稳定的参数范围，图中填充区域为 E_8 稳定时对应的 κ, μ 区间。该稳定区域的下确界 κ 值约为 0.369，其对应的 μ 的最小值则为 0.097。仿真中发现，当 μ 的值大于 0.175 以后，E_8 稳定时 κ 的上确界会急剧增大。此时，参数 μ 有一个很小的步长时，κ 即从 10 增加到 50，这样的 κ 值对于一个真实的旋转系统而言已经非常大了，即系统的自旋速度 ω 急剧减小。因此，图中只给出了 κ 值在 50 以内 E_8 稳定时的参数区域。仿真结果表明，E_8 稳定时 κ 的下确界会随着 $|A_2|$ 的减小而增大。另外，平衡点 E_9 的稳定性与 E_8 极为相似，书中不再赘述。

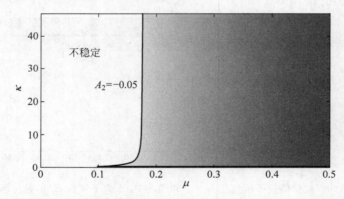

图 3.11　改进偶极子模型在 $A_2 = -0.05$ 时平衡点 E_8 的稳定区域

3.4.2　非共线平衡点

对于 $A_2 = 0$ 的传统偶极子模型，文献[36]给出了非共线平动点 E_4 和 E_5 的稳定性条件为

$$9\mu(1-\mu) \cdot \kappa^{-2/3} \cdot (4 - \kappa^{-2/3}) \leqslant 1 \tag{3.38}$$

对应方程（3.32）中状态转移矩阵的所有特征根为纯虚根情况。由于改进偶极子模型中 A_2 的出现，三角平动点的稳定性条件难以给出与式（3.38）类似的解析表达式。为此，文中采用数值仿真的方法来研究该类平衡点的稳定性。

图 3.12 给出了平衡点 E_4 和 E_5 在不同 A_2 时的稳定区域，图（a）中阴影区域为不稳定区域。其中，短虚线、实线和长划线分别表示 $A_2 = [-0.05, 0, 0.05]^{\mathrm{T}}$ 三种情况的不稳定区域边界。相比于传统偶极子，$A_2 < 0$ 时的不稳定区域略有缩减，相反，$A_2 > 0$ 时的不稳定区域有所增加，上述结果表明三角平动点的不稳定区域会随着 A_2 的增大而不断增大。特别地，在图 3.12（a）中纵轴附近会有一个小区域对应着平衡点 E_4 和 E_5 消失的情况。为清楚

起见,将图 3.12(a)中纵轴附近区域放大,如图 3.12(b)所示。可以看到,随着 A_2 的不断增大,对应于 E_4 和 E_5 消失的 κ 值在不断减小。除图中所示阴影区域及平衡点不存在的区域外,其他区域三角平动点均满足线性稳定。

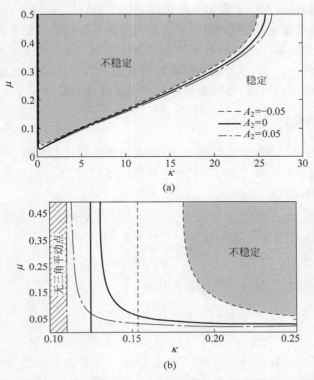

图 3.12 改进偶极子模型在不同 A_2 时平衡点 E_4 和 E_5 的稳定区域

(a)平衡点 E_4 和 E_5 对应的参数稳定区域;(b)参数稳定区域 $\kappa \in (0, 0.25]$ 时的局部放大图

对于另外一对非共线平衡点 E_6 和 E_7,仍以 3.3.2 节中 $A_2 = -0.05$ 的偶极子为例,其平衡点存在的范围为 $\kappa \in [0.37, 2.07]$。在该平衡点存在范围内,取 $\mu \in (0, 0.5]$,仿真求解其对应状态转移矩阵的特征值。之后增大 A_2 的值至接近于零为止,以相同的方法重复计算系统对应矩阵的特征根。忽略数值计算的误差,仿真中所求矩阵的 4 个特征根中,始终存在一对纯虚根和一对相反实根,因此,E_6 和 E_7 为不稳定平衡点。

综上,改进偶极子模型的平衡点 E_1 在受力比 κ 较小的区间内条件稳定,稳定区域的上确界会随着 A_2 的减小而不断增大。三角平动点 E_4 和 E_5 为线性意义下的条件稳定,随着 A_2 增大其不稳定区域会略有增加但对应于平衡点消失时 κ 值会略有减小。非共线平动点 E_8 和 E_9 亦为条件稳定,除此之外,系统赤道面内其他平衡点全部不稳定,包括 E_2、E_3、E_6 和 E_7。

3.5 赤道面外引力平衡点

改进偶极子模型中椭球 m_2 的出现使其引力场的空间拓扑结构发生了改变,不仅表现在赤道面内新平衡点的产生,在某些参数情况下其随体系中的 oxz 平面内也会出现平衡点。

关于赤道面外平衡点的讨论,最早可见于 Radzievskii[19] 对光引力限制性三体问题的研究。2006 年,Douskos 和 Markellos 将限制性三体问题中较小天体考虑为扁椭球,发现在随体系中 oxz 平面内存在一对引力平衡点[20]。随后,Singh 和 Umar 拓展了他们的研究,分析了考虑光压力及扁椭球摄动的椭圆形限制性三体问题的平衡点[21]。特别地,当较小天体的质量趋近于零时,即系统质量比趋近于零时,上述赤道面外平衡点将逐渐靠近 oz 轴,从而位于较大天体的极区。本节将研究改进偶极子的赤道面外平衡点及其稳定性问题,重点关注改进模型本身的动力学特性,而暂不考虑模型可能的应用[22,23]。文中首先建立面外平衡点的求解方程,之后研究数值仿真分析系统各参数对平衡点位置的影响。

3.5.1 平衡点位置

求解赤道面外平衡点时,令方程(3.6)中等式左侧的速度和加速度项全部为零,求解右端各项,即求解式(3.7)~式(3.9)。其中,$y=0$ 满足式(3.8),知非赤道面内平衡点位于 oxz 平面内,对应 $z\neq 0$ 方程为

$$x-\kappa\left[\frac{(1-\mu)(x+\mu)}{r_1^3}+\frac{\mu(x+\mu-1)}{r_2^3}\left(1+\frac{3A_2}{2r_2^2}-\frac{15A_2z^2}{2r_2^4}\right)\right]=0 \tag{3.39}$$

$$\frac{1-\mu}{r_1^3}+\frac{\mu}{r_2^3}\left(1+\frac{9A_2}{2r_2^2}-\frac{15A_2z^2}{2r_2^4}\right)=0 \tag{3.40}$$

式中质点到偶极子模型 m_1 和 m_2 的向径分别为

$$\begin{cases} r_1=\sqrt{(x+\mu)^2+z^2} \\ r_2=\sqrt{(x+\mu-1)^2+z^2} \end{cases} \tag{3.41}$$

平衡点位置方程(3.39)和(3.40)很难给出解析表达式或化简为单变量的高次方程,因而以前的研究中[23]大多给出位置坐标的三阶近似解,如利用 Maple 或 Mathmatica 软件的符号推导等得到近似表达式。

简单起见,本文数值仿真给出这些平衡点的位置,即采用 Matlab 中的 fsolve 函数求解方程(3.39)和(3.40)。算例中改进偶极子模型的受力比和质量比取为 1.0 和 0.5,扁率 A_2 暂取为 0.01。图 3.13 给出了这些平衡点的位置分布,其中零速度面在 oxz 平面内的分布也绘于图中。新的平衡点 E_{z1} 和 E_{z2} 分别位于 m_2 的上下两侧,关于 ox 轴对称。计算中,分

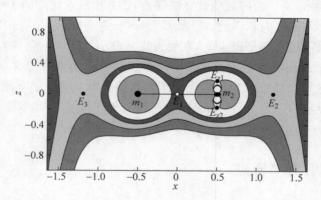

图 3.13　改进偶极子($\kappa=1$、$\mu=0.5$)在 $A_2=0.01$ 时 oxz 面内平衡点与零速度线

别取 $x_0 = 1 - \mu$、$z_0 = \sqrt{3A_2}$ 作为迭代的初值，能够较快得到收敛解[20]，对应 $E_{z1} = [0.4998,$ $0.0, 0.1728]^T$ 和 $E_{z2} = [0.4998, 0.0, -0.1728]^T$。特别地，只有在 $A_2 > 0$ 时偶极子引力场内才存在赤道面外平衡点，故下文不再讨论细长球情况。

3.5.2 模型参数的影响

为了研究系统参数对面外平衡点的影响，仿真中偶极子模型参数范围分别设为 $\kappa \in [0.1, 30]$，$\mu \in [0.01, 0.5]$ 和 $A_2 \in [0, 0.05]$。首先任意给定 A_2 可行范围的一个值，例如取 0.02，研究受力比 κ 对平衡点位置的影响，仿真中质量比 μ 取几个具有代表性的离散值，包括 $[0.1, 0.2, 0.3, 0.4, 0.5]^T$。图 3.14 给出了面外平衡点随着上述参数的变化情况，简明起见，图中仅给出了不同质量比时 m_2 的示意图。

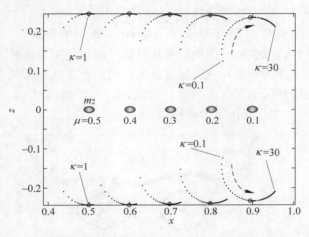

图 3.14 面外平衡点在 $A_2 = 0.02$ 时随参数 κ 和 μ 的变化情况

图 3.14 中用符号"o"标注对应于不同 μ 值下 $\kappa = 1$ 时的平衡点位置，并用虚线箭头的方式标明了平衡点随着 κ 值增加时的变化方向。以 $\mu = 0.1$ 为例，随着 κ 的增大，平衡点 E_{z1} 会先远离 m_2 之后再沿顺时针方向靠近 m_2，E_{z2} 与 E_{z1} 关于 ox 轴对称，故其在图中沿逆时针方向变化。另外，面外两平衡点在 $\kappa < 1$ 时位置变化幅度要大于 $\kappa > 1$ 时的情况，而 $\kappa = 1$ 附近平衡点在 oz 轴方向的距离基本达到最大值。这表明快速自旋小行星对面外平衡点的影响要明显大于自旋速度较慢的天体。对比图中五组平衡点的变化趋势，可知系统不同质量比时平衡点的变化规律基本一致。

表 3.3 给出了图 3.14 中 $\kappa = 1$ 时平衡点 E_{z1} 的坐标值，为了分析 μ 的变化对平衡点的影响，表中加入了 $\mu = 0.15, 0.25, 0.35$ 和 0.45 四组新的数据。由表中数据可知，随着 μ 的增大，E_{z1} 在不断远离 m_2，同时，其 x 坐标在不断靠近 m_2 的质心 $x_0 = 1 - \mu$ 处。

表 3.3 参数 $\kappa = 1$ 和 $A_2 = 0.02$ 时平衡点 E_{z1} 的位置坐标

μ	0.1	0.15	0.2	0.25	0.3	0.35	0.4	0.45	0.5
x	0.8944	0.8457	0.7966	0.7472	0.6977	0.6481	0.5984	0.5487	0.4989
z	0.2326	0.2367	0.2389	0.2403	0.2413	0.2420	0.2425	0.2430	0.2433

下面讨论扁率参数 A_2 对面外平衡点位置的影响,不失一般性,仿真中取 $\kappa=1$ 和 $\mu=0.5$。表 3.4 列出了此时平衡点 E_{z1} 随着 A_2 变化时的坐标,E_{z1} 点的 ox 坐标与 E_{z1} 相同而 oz 坐标互为相反数,表中不再列出。随着 A_2 从 0.01 逐渐增加到 0.05,变化步长取为 0.005,平衡点 E_{z1} 的 ox 坐标值不断左移而远离 $x_0=1-\mu$,同时其 ox 坐标也在不断增大而远离 m_2 质心。因此,椭球扁率的增加会使得面外平衡点不断远离 m_2 的质心。

表 3.4   参数 $\kappa=1$ 和 $\mu=0.5$ 时平衡点 E_{z1} 的位置坐标

A_2 (10^{-2})	1	1.5	2	2.5	3	3.5	4	4.5	5
x	0.4998	0.4994	0.4989	0.4982	0.4973	0.4962	0.4950	0.4937	0.4922
z	0.1728	0.2112	0.2433	0.2714	0.2965	0.3194	0.3405	0.3602	0.3785

图 3.15 所示为不同 A_2 时改进偶极子在 oxz 平面内的零速度线及平衡点分布情况,仿真中 A_2 以 0.01 的步长从 0.01 增加到 0.05。除 m_2 附近的平衡点外,零速度线在 m_2 附近也有一些不动点。随着 A_2 的增大,图中具有相同雅可比积分的零速度线会向着 m_2 不断靠近。当 A_2 的值从 0.03 增大到 0.04 后,原本互不相同的上下两个可能运动区域连为一体,使得 m_2 附近沿 oz 方向的运动与外界连通。因此,扁率 A_2 的值对 oxz 平面内的拓扑结构有着很大影响,更多细节变化留作后续研究。

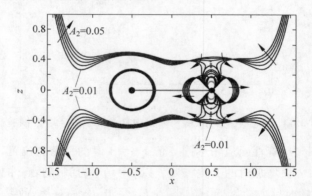

图 3.15   面外平衡点在 $A_2=0.02$ 时随参数 κ 和 μ 的变化情况

3.6   赤道面外平衡点稳定性

结合方程(2.58)和改进偶极子模型有效势 W 的表达式(3.5),赤道面外平衡点附近扰动运动微分方程为

$$
\begin{cases}
\ddot{\xi} - 2\omega\dot{\eta} + W_{xx}\xi + W_{xy}\eta + W_{xz}\zeta = 0 \\[2mm]
\ddot{\eta} + 2\omega\dot{\xi} + W_{xy}\xi + W_{yy}\eta + W_{yz}\zeta = 0 \\[2mm]
\ddot{\zeta} + W_{xz}\xi + W_{yz}\eta + W_{zz}\zeta = 0
\end{cases}
\tag{3.42}
$$

式中关于有效势的二阶偏导数分别为

$$W_{xx} = -\omega^2 + \kappa\omega^2\left[\frac{1-\mu}{r_1^3} - \frac{3(1-\mu)(x+\mu)^2}{r_1^5} + \frac{\mu}{r_2^3} - \frac{3\mu(x+\mu-1)^2}{r_2^5}\cdots+\right.$$

$$\left.\frac{3\mu A_2}{2r_2^5} - \frac{15\mu A_2(x+\mu-1)^2}{2r_2^7}\cdots - \frac{15\mu A_2 z^2}{2r_2^7} + \frac{105\mu A_2 z^2(x+\mu-1)^2}{2r_2^9}\right] \tag{3.43}$$

$$W_{yy} = -\omega^2 + \kappa\omega^2\left[\frac{1-\mu}{r_1^3} - \frac{3(1-\mu)y^2}{r_1^5} + \frac{\mu}{r_2^3} - \frac{3\mu y^2}{r_2^5} + \frac{3\mu A_2}{2r_2^5}\cdots-\right.$$

$$\left.\frac{15\mu A_2 y^2}{2r_2^7} - \frac{15\mu A_2 z^2}{2r_2^7} + \frac{105\mu A_2 z^2 y^2}{2r_2^9}\right] \tag{3.44}$$

$$W_{zz} = \kappa\omega^2\left[\frac{1-\mu}{r_1^3} - \frac{3(1-\mu)z^2}{r_1^5} + \frac{\mu}{r_2^3} - \frac{3\mu z^2}{r_2^5}\cdots+\right.$$

$$\left.\frac{9\mu A_2}{2r_2^5} - \frac{45\mu A_2 z^2}{r_2^7} + \frac{105\mu A_2 z^4}{2r_2^9}\right] \tag{3.45}$$

$$W_{xy} = W_{yx} = -3\kappa\omega^2 y\left[\frac{(1-\mu)(x+\mu)}{r_1^5} + \frac{\mu(x+\mu-1)}{r_2^5} + \cdots\right.$$

$$\left.\frac{5\mu A_2(x+\mu-1)}{2r_2^7} - \frac{35\mu A_2(x+\mu-1)z^2}{2r_2^9}\right] \tag{3.46}$$

$$W_{xz} = W_{zx} = -3\kappa\omega^2 z\left[\frac{(1-\mu)(x+\mu)}{r_1^5} + \frac{\mu(x+\mu-1)}{r_2^5} + \cdots\right.$$

$$\left.\frac{15\mu A_2(x+\mu-1)}{2r_2^7} - \frac{35\mu A_2(x+\mu-1)z^2}{2r_2^9}\right] \tag{3.47}$$

$$W_{yz} = W_{zy} = -3\kappa\omega^2 z\left(\frac{1-\mu}{r_1^5} + \frac{\mu}{r_2^5} + \frac{15\mu A_2}{2r_2^7} - \frac{35\mu A_2 z^2}{2r_2^9}\right) \tag{3.48}$$

进一步,将扰动位置矢量和扰动速度矢量合记为一个六维矢量,化简式(3.42)可得扰动运动的一阶微分方程组。若以六维向量 $\boldsymbol{\lambda}$ 表示式(3.42)的特征值,系统平衡点线性稳定的条件为 $\boldsymbol{\lambda}$ 的所有分量实部非正。实际上,式(3.42)对应的特征方程可表达为

$$\begin{vmatrix} \lambda^2 + W_{xx} & -2\omega\lambda + W_{xy} & W_{xz} \\ 2\omega\lambda + W_{yx} & \lambda^2 + W_{yy} & W_{yz} \\ W_{zx} & W_{zy} & \lambda^2 + W_{zz} \end{vmatrix} = 0 \tag{3.49}$$

化简得到关于特征值 λ 的六次非线性方程

$$\lambda^6 + (W_{xx} + W_{yy} + W_{zz} + 4\omega^2)\lambda^4 + \cdots$$
$$(W_{xx}W_{yy} + W_{yy}W_{zz} + W_{zz}W_{xx} - W_{xy}^2 - W_{yz}^2 - W_{xz}^2 + 4\omega^2 W_{zz})\lambda^2 + \cdots$$
$$(W_{xx}W_{yy}W_{zz} + 2W_{xy}W_{xz}W_{yz} - W_{xx}W_{yz}^2 - W_{yy}W_{xz}^2 - W_{zz}W_{xy}^2) = 0 \tag{3.50}$$

求解上述方程得到 λ 的值,进而判断平衡点的稳定性。对于 oxz 平面内的平衡点,式(3.47)为零,计算中可以略去。

表 3.5 和表 3.6 分别列出了不同系统参数时平衡点 E_{z1} 的特征值情况,关于 ox 轴对称分布的平衡点 E_{z2} 特征值与此完全一致,为此,不妨以 E_z 表示这对赤道面外平衡点。仿真中取 $\mu \in [0.01, 0.5]$ 和 $A_2 \in [0.01, 0.05]$,κ 的取值以 0.1 和 1.0 为代表,例如,$\kappa = 9.0$ 时的特征值与 $\kappa = 1.0$ 时的特征值在数据类型上完全一致。换句话说,从空间拓扑结构的角度来看,平衡点 E_z 在这两种情况下是完全等价的[11]。

表 3.5　参数 $\kappa=0.1$ 时平衡点 E_{z1} 对应的特征值

	$A_2=0.01$	$A_2=0.02$	$A_2=0.03$	$A_2=0.04$	$A_2=0.05$
$\mu=0.1$	±26.2720 $\pm i19.4478$ $\pm i3.7473$	±19.7676 $\pm i13.5958$ $\pm i3.5926$	±17.0776 $\pm i11.1981$ $\pm i3.4297$	±15.5247 $\pm i9.8232$ $\pm i3.2974$	±14.4872 $\pm i8.9098$ $\pm i3.1884$
$\mu=0.2$	±25.7378 $\pm i18.3373$ $\pm i2.3741$	±18.3669 $\pm i11.9904$ $\pm i2.6339$	±15.4706 $\pm i9.5495$ $\pm i2.5779$	±13.8398 $\pm i8.1984$ $\pm i2.4913$	±12.7668 $\pm i7.3232$ $\pm i2.4048$
$\mu=0.3$	±25.9468 $\pm i18.0552$ $\pm i0.1473$	±17.6663 $\pm i11.1413$ $\pm i1.7920$	±14.5435 $\pm i8.6190$ $\pm i1.8856$	±12.8139 $\pm i7.2630$ $\pm i1.8575$	±11.6977 $\pm i6.4025$ $\pm i1.8001$
$\mu=0.4$	$\pm\mathbf{26.4916}$ $\pm i\mathbf{18.1314}$ $\pm\mathbf{2.0915}$	±17.2259 $\pm i10.5744$ $\pm i0.6643$	±13.8543 $\pm i7.9406$ $\pm i1.1501$	±12.0255 $\pm i6.5712$ $\pm i1.2254$	±10.8478 $\pm i5.7155$ $\pm i1.2147$
$\mu=0.5$	$\pm\mathbf{27.3012}$ $\pm i\mathbf{18.4645}$ $\pm\mathbf{2.8337}$	$\pm\mathbf{16.9573}$ $\pm i\mathbf{10.1799}$ $\pm\mathbf{1.3239}$	$\pm\mathbf{13.3036}$ $\pm i\mathbf{7.4167}$ $\pm\mathbf{0.6275}$	±11.3542 $\pm i6.0093$ $\pm i0.2007$	±10.1111 $\pm i5.1501$ $\pm i0.4277$

从表 3.5 中数据可知，平衡点 E_z 是不稳定的，因为三对特征值中始终存在至少一个正根。即便如此，随着系统参数的变化，平衡点对应的特征值类型还是有所改变。首先，当 κ 和 μ 给定时，随着 A_2 增大平衡点处局部不稳定流形的发散速度在不断降低，因为其特征值的幅值 $|\lambda|$ 在不断减小。在 A_2 给定的情况下，当 $\kappa>0.3$ 时平衡点处局部不稳定流形的发散速度会随着 μ 的增加而增大。

不过，这种变化趋势在 $\kappa<0.3$ 时会变得更加复杂一些，上述情况可以从表 3.5 中直观地反映出来。例如，表 3.5 中大部分情况下，三对特征根中都有一对相反实根和两对纯虚根，对应平衡点附近存在着一维不稳定流形、一维稳定流形和一个四维中心流形。但表中 $A_2=0.01$ 所在列的 $\mu=0.4$ 和 $\mu=0.5$ 两行对应的特征值类型发生了改变，为两对相反实根和一对纯虚根，意味着平衡点附近存在着二维不稳定流形、二维稳定流形和一个二维中心流形。

表 3.6　参数 $\kappa=1$ 时平衡点 E_{z1} 对应的特征值

	$A_2=0.01$	$A_2=0.02$	$A_2=0.03$	$A_2=0.04$	$A_2=0.05$
$\mu=0.1$	±36.5919 $\pm i24.6499$ ±5.0149	±21.6540 $\pm i12.9076$ ±3.5100	±16.6939 $\pm i9.2568$ ±2.9879	±14.2262 $\pm i7.5109$ ±2.7192	±12.7509 $\pm i6.4923$ ±2.5523
$\mu=0.2$	±50.0329 $\pm i33.3888$ ±6.6472	±28.3799 $\pm i16.4541$ ±4.3440	±21.0744 $\pm i11.1568$ ±3.5149	±17.4088 $\pm i8.6350$ ±3.0820	±15.2088 $\pm i7.1793$ ±2.8120
$\mu=0.3$	±60.5549 $\pm i40.2734$ ±7.9501	±33.7751 $\pm i19.3651$ ±5.0390	±24.6571 $\pm i12.7888$ ±3.9697	±20.0463 $\pm i9.6508$ ±3.4049	±17.2622 $\pm i7.8404$ ±3.0505
$\mu=0.4$	±69.5007 $\pm i46.1419$ ±9.0674	±38.4169 $\pm i21.8942$ ±5.6485	±27.7755 $\pm i14.2400$ ±4.3766	±22.3648 $\pm i10.5780$ ±3.6992	±19.0810 $\pm i8.4627$ ±3.2722
$\mu=0.5$	±77.4192 $\pm i51.3440$ ±10.0612	±42.5546 $\pm i24.1609$ ±6.1980	±30.5764 $\pm i15.5591$ ±4.7485	±24.4625 $\pm i11.4353$ ±3.9717	±20.7375 $\pm i9.0495$ ±3.4801

这些局部流形反映了平衡点附近的空间拓扑结构,决定着附近质点的运动规律,对研究平衡点附近的局部周期轨道及运动特性等起着关键性的作用。限于篇幅,此处不再赘述,平衡点附近相关周期轨道和拟周期轨道等研究可参见 2.5 节。以上给出了偶极子模型中一个质点被替换为椭球时的模型变化特性,包括平衡点分布及其稳定性等,下面将分析两个质点同时为椭球时的改进偶极子模型。

3.7 双椭球偶极子模型

偶极子两质点均为椭球时改进模型的有效势已经由公式(3.1)给出,那么,求解系统引力平衡点时有效势梯度分别为

$$V_x = \frac{\partial V}{\partial x} = -\omega^2 \cdot \left\{ x - \kappa \left[\frac{(1-\mu)(x+\mu)}{r_1^3} \cdot H_1 + \frac{\mu(x+\mu-1)}{r_2^3} \cdot H_2 \right] \right\} \quad (3.51)$$

$$V_y = \frac{\partial V}{\partial y} = -\omega^2 y \cdot \left[1 - \kappa \left(\frac{1-\mu}{r_1^3} \cdot H_1 + \frac{\mu}{r_2^3} \cdot H_2 \right) \right] \quad (3.52)$$

$$V_z = \frac{\partial V}{\partial z} = -\kappa \omega^2 z \cdot \left[\frac{1-\mu}{r_1^3} \cdot \left(H_1 + \frac{3A_1}{r_1^2} \right) + \frac{\mu}{r_2^3} \cdot \left(H_2 + \frac{3A_2}{r_2^2} \right) \right] \quad (3.53)$$

式中辅助函数 $H_i(i=1,2)$ 的定义式为

$$H_i = 1 + \frac{3A_i}{2r_i^2} - \frac{15A_i z^2}{2r_i^4} \quad (3.54)$$

其中下标分别对应两个椭球,即 H_1 对应椭球 m_1,H_2 对应椭球 m_2。

3.7.1 引力平衡点

对于双椭球偶极子模型,引力平衡点求解时满足关系式 $V_x = V_y = V_z = 0$。赤道面内引力平衡点满足 $z=0$,即式(3.53)自然成立。对于共线平动点而言,满足条件 $y=0$。通过引入公式(3.14)中定义的符号函数 s_1 和 s_2,公式(3.51)可以简化为

$$x - \kappa \cdot \left\{ \frac{(1-\mu)s_1}{|x+\mu|^2} \cdot \left[1 + \frac{3A_1}{2(x+\mu)^2} \right] + \cdots \right.$$
$$\left. \frac{\mu s_2}{|x+\mu-1|^2} \cdot \left[1 + \frac{3A_1}{2(x+\mu-1)^2} \right] \right\} = 0 \quad (3.55)$$

对于三角平动点 y 值不再为零,式(3.52)应满足

$$1 - \kappa \left(\frac{1-\mu}{r_1^3} \cdot H_1 + \frac{\mu}{r_2^3} \cdot H_2 \right) = 0 \quad (3.56)$$

上式与公式(3.51)联立,可得求解三角平动点的表达式

$$r_i^5 - \kappa r_i^2 - \kappa A_i = 0, \quad i = 1,2 \quad (3.57)$$

公式(3.57)表明,三角平动点与改进偶极子模型两椭球质心间距离必须满足上述五次方程,即三角平动点位于两个圆的交点上。一个圆的圆心与 m_1 质心重合,半径为 r_1。另一个是以 m_2 质心为圆心、半径为 r_2 的圆。注意,两圆的半径 r_1 和 r_2 的值仅由受力比参数 κ 和椭球扁率决定。

改进偶极子模型在椭球扁率为负值时,方程(3.57)可能同时存在两个正根,意味着系统可能存在新的引力平衡点。求解该方程得到两个半径 r_1 和 r_2 的幅值,联立两半径的定义

式(2.42),可得非共线平动点$[x_\mathrm{T},y_\mathrm{T},z_\mathrm{T}]^\mathrm{T}$的$ox$坐标值$x_\mathrm{T}$为

$$x_\mathrm{T} = \frac{r_1^2 - r_2^2}{2} + \frac{1}{2} - \mu \tag{3.58}$$

平衡点位于oxy平面内,$z_\mathrm{T}=0$,由此可得oy轴坐标值为

$$y_\mathrm{T} = \pm \sqrt{r_1^2 - (x_\mathrm{T} + \mu)^2} = \pm \sqrt{r_2^2 - (x_\mathrm{T} + \mu - 1)^2} \tag{3.59}$$

与单椭球偶极子类似,双椭球偶极子模型也应该存在赤道面外平衡点,其坐标值$y=0$使得方程(3.52)中$V_y=0$成立。化简式(3.51)和式(3.53)为

$$x - \kappa\left[\frac{(1-\mu)(x+\mu)}{r_1^3} \cdot H_1 + \frac{\mu(x+\mu-1)}{r_2^3} \cdot H_2\right] = 0 \tag{3.60}$$

$$\frac{1-\mu}{r_1^3} \cdot \left(H_1 + \frac{3A_1}{r_1^2}\right) + \frac{\mu}{r_2^3} \cdot \left(H_2 + \frac{3A_2}{r_2^2}\right) = 0 \tag{3.61}$$

联立上面两个等式,可以解得面外平动点的ox和oz轴坐标值,由于难以得到形如式(3.58)和式(3.59)一样的解析解,书中将数值求解上述方程。

3.7.2 三类双椭球改进模型

双椭球偶极子模型共分三类,包括两个扁椭球情形(double oblate primaries)、两个细长球情形(double prolate primaries),以及扁椭球—细长球组合情形[12]。书中仅给出三类情形在一般系统参数下的平衡点分布情况,类似于3.3.1节的讨论,而不再给出如3.3.2节那样的参数化仿真。为此,本节参数κ和μ的值分别取为1.0和0.5。

1. 双扁椭球偶极子模型

图3.16给出了oxy平面内双椭球偶极子模型的平衡点以及零速度曲线分布情况,其中两个椭球的扁率均取为边界值0.05。系统在oxy平面内有5个平动点,4个外部平衡点E_2至E_5,一个内部平衡点E_1,上述平衡点的位置坐标详见表3.7。在书中给定的系统参数下,双扁椭球偶极子模型关于oxy,oxz和oyz三个坐标平面均对称。对比书中2.4.2节中传统偶极子模型的4个外部平衡点坐标值,可以发现此时系统的4个外部平衡点与质心间距离均有所增加。

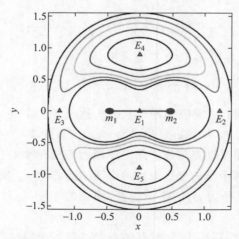

图 3.16 双扁椭球偶极子模型赤道面内平衡点与零速度曲线分布图

表 3.7 双扁椭球偶极子模型引力平衡点位置坐标

	E_1	E_2	E_3	E_4	E_5	E_{z1}	E_{z2}	E_{z3}	E_{z4}
x	0.0	1.235	−1.235	0.0	0.0	0.493	0.493	−0.493	−0.493
y	0.0	0.0	0.0	0.893	−0.893	0.0	0.0	0.0	0.0
z	0.0	0.0	0.0	0.0	0.0	0.377	−0.377	0.377	−0.377

对于改进偶极子模型中扁椭球情况,会有一对平衡点位于 oxz 平面内,情形与 3.5 节类似,平衡点分布情况如图 3.17 所示,共计 4 个平衡点。按照 3.5 节的书写方式,4 个平衡点分别命名为 E_{z1} 至 E_{z4},平衡点位置坐标同时列于表 3.7 中。上述 4 个平衡点通过求解方程(3.60)和(3.61)得到,根据 Douskos 和 Markellos 的研究[20],在求解 m_2 附近的 E_{z1} 与 E_{z2} 两个平衡点时,给定 $x_0 = 1-\mu$ 和 $z_0 = \sqrt{3|A_2|}$ 收敛较快。类似的,在求解 m_1 附近的两个平衡点时,初值可以设定为 $x_0 = -\mu$ 和 $z_0 = \sqrt{3|A_1|}$。注意,此时椭球扁率 $A_i(i=1,2)$ 可以取负值,故 z_0 的初值给定时根号下为 $|A_i|$。

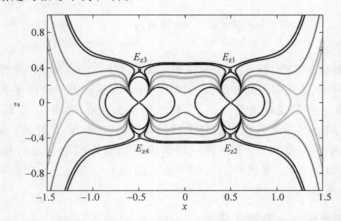

图 3.17 双扁椭球偶极子模型 oxz 平面内平衡点与零速度曲线分布图

2. 双细长球偶极子模型

与双扁椭球不同,双细长球在 oxy 平面内的平衡点分布与限制性三体问题有着极大的区别,如图 3.18 所示。仿真中两个细长球的扁率均取为 -0.05,依然保持改进偶极子模型关于三个坐标平面的对称性。图 3.18(a)给出了改进偶极子模型平衡点分布情况,图 3.18(b)展示了 oxy 平面内零速度曲线的分布特征。由图可知,双细长球偶极子模型在 oxy 平面内共有 13 个引力平衡点,除 5 个传统的引力平衡点 E_1 至 E_5 外,出现了 L_{N1} 至 L_{N8} 共计 8 个新的平衡点。平衡点的位置坐标见表 3.8,其中 L_{N5} 至 L_{N8} 与平衡点 L_{N1} 至 L_{N4} 关于 oy 轴对称,即满足 $x(L_{N(i+4)}) = -x(L_{Ni})$ 和 $y(L_{N(i+4)}) = y(L_{Ni})$,其中下标 $i=1,2,3,4$。为此,表 3.8 中仅给出了 m_2 附近四个平衡点 L_{N1} 至 L_{N4} 的位置坐标。相比于传统偶极子,外部平衡点 E_2 至 E_5 更加靠近两个细长球。

表 3.8 双细长球偶极子模型平衡点位置坐标

	E_1	E_2	E_3	E_4	E_5	L_{N1}	L_{N2}	L_{N3}	L_{N4}
x	0	1.151	−1.151	0	0	0.210	0.786	0.435	0.435
y	0	0	0	0.835	−0.835	0	0	0.269	−0.269

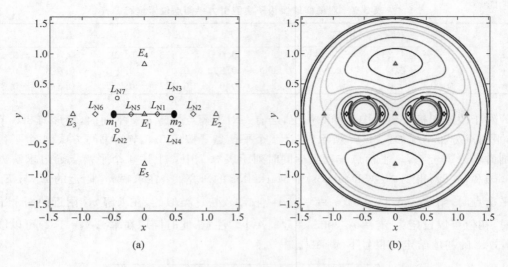

图 3.18 双细长球偶极子模型 oxy 平面内平衡点与零速度曲线分布图

(a) 平面 oxy 内平衡点分布；(b) 平面 oxy 内零速度曲线

对于细长球偶极子模型，仿真中并未发现 oxz 平面内存在任何平衡点。基于上述仿真结果，oxz 平面内平衡点对应扁椭球偶极子模型，而细长球偶极子新的平衡点则出现在 oxy 平面内。对于实际小行星或双星系统而言，椭球扁率为 0.05 或 −0.05 的边界值情况或许过大。一般来讲，限制性三体问题中某一天体的扁率通常在 10^{-3} 量级。例如，土星系统中土卫一 Mimas 的扁率约为 0.004[5]。在应用偶极子模型近似细长小行星或双小行星系统时，若椭球扁率在 10^{-3} 量级，系统产生的新平衡点理论上应该位于小行星内部，故通常将 E_2 至 E_5 称为外部平衡点。

3. 扁椭球-细长球组合偶极子模型

基于前两类改进偶极子模型的仿真结果，扁椭球－细长球组合偶极子模型理论上应该存在 11 个引力平衡点，包括 9 个 oxy 平面内平衡点和 2 个 oxz 平面内平衡点。图 3.19 给出了上述改进偶极子模型 oxy 平面内平衡点分布情况的仿真结果，同时给出了对应的零速度曲线分布图。仿真中 m_1 为扁椭球，扁率取为 0.05，m_2 为细长球，扁率取为 −0.05。上述情况反映了系统存在一个扁椭球和一个细长球时 oxy 面内平衡点分布特性，当两个球互换形状时，系统的拓扑类型并未发生改变。图 3.20 给出了系统 oxz 平面内平衡点和零速度线分布情况。图 3.19(a) 中共计 9 个平衡点，图 3.20 中有 2 个平衡点，与之前的理论预测完全相符。

对于扁椭球－细长球偶极子模型，引力场分布不再关于 oyz 平面对称，但关于 oxz 和 oxy 平面的对称性依然存在，表 3.9 列出了系统平衡点的位置坐标。与传统偶极子模型平衡点分布相比，外部平衡点 E_2 至 E_5 远离扁椭球 m_1 并靠近细长球 m_2，内部平衡点 E_1 也不再位于坐标原点，而是右移至点 $[0.091, 0, 0]^\mathrm{T}$。特别的，系统新产生的平衡点并不遵从上述远离扁椭球的规律，这通过对比表 3.8 和表 3.9 中两类改进偶极子模型平衡点结果便可轻易得知。

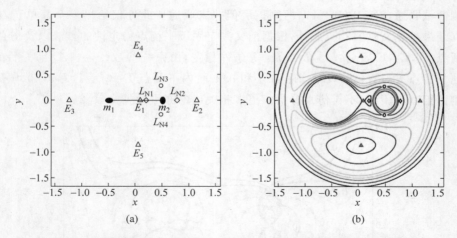

图 3.19 扁椭球-细长球组合偶极子模型 oxy 面内平衡点和零速度线分布

（a）系统平衡点分布；（b）平面 oxy 内零速度线分布

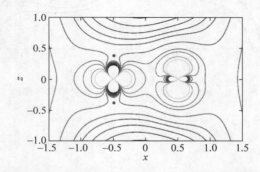

图 3.20 扁椭球-细长球组合偶极子模型 oxz 面内平衡点和零速度线分布

表 3.9 扁椭球-细长球偶极子模型平衡点位置坐标

	E_1	E_2	E_3	E_4	E_5	L_{N1}	L_{N2}	L_{N3}	L_{N4}	E_{z1}	E_{z2}
x	0.091	1.153	-1.231	0.050	0.050	0.197	0.785	0.485	0.485	0.491	0.491
y	0	0	0	0.863	-0.863	0	0	0.276	-0.276	0	0
z	0	0	0	0	0	0	0	0	0	0.38	-0.38

  至此，书中已经仿真分析了三类改进偶极子模型的平衡点分布特性。仿真参数选取满足 $[\kappa,\mu,|A_i|]^{\mathrm{T}}=[1,0.5,0.05]^{\mathrm{T}}$，扁率下标 $i=1$ 和 $i=2$ 分别对应 m_1 和 m_2。与限制性三体问题类似，系统在上述仿真参数下一直存在 5 个传统的引力平衡点 E_1 至 E_5。当其中一个质点变为扁椭球时，系统 oxz 平面内会出现 2 个新的引力平衡点，而当其中一个质点变为细长球时（扁率为负），系统会在 oxy 平面内细长球附近出现 4 个新的引力平衡点。

4. 椭球扁率对系统拓扑结构的影响

  图 3.21 以扁椭球－细长球组合偶极子模型为例，分析椭球 m_1 扁率 A_1 从 0.01 增大到 0.05 时，系统零速度线在 oxz 平面内的变化情况。由图可知，随着椭球扁率的增大，幅值相等的零速度线会不断向外扩张。最初在 $A_1=0.01$ 时封闭的曲线逐渐打开，沿 ox 轴方向与

左右两侧区域联通,沿 oz 方向虽向两侧扩展但并未联通。此处仅给出一个简单仿真算例,更多仿真结果参见文献[12]。此外,根据前文判定系统平衡点稳定性的方法以及仿真结果,推测平衡点 $E_1,E_4,E_5,L_{N1},L_{N2},L_{N5},L_{N6}$ 等条件稳定,由系统参数 $[\kappa,\mu,|A_i|]^{\mathrm{T}}(i=1,2)$ 决定。其他平衡点 $E_2,E_3,L_{N3},L_{N4},L_{N7},L_{N8}$ 和 oxz 面内平衡点 $E_{zj}(j=1,2,3,4)$ 均不稳定。上述猜测留给读者验证,不再仿真分析。更多相关讨论亦可参见文献[24]。

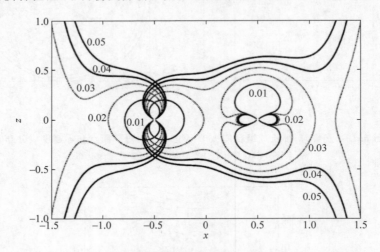

图 3.21 椭球 m_1 扁率变化时 oxz 平面内系统零速度线的变化情况

3.8 小结

提出了一类改进偶极子模型,将质量较小质点 m_2 替换为等质量的椭球体,m_1 替换为一个均质球体。改进偶极子模型引力场分布由三个参数决定,包括受力比 κ、质量比 μ 和椭球扁率 A_2。新模型下 m_2 分为扁椭球和细长球两种情况,对应不同类型的平衡点分布。扁椭球情况下,系统在赤道面有 5 个平衡点,3 个共线平动点 $E_1 \sim E_3$ 以及 2 个三角平动点 E_4 和 E_5,同时在随体系中的 oxz 平面内有 2 个引力平衡点 E_{z1} 和 E_{z2},分别位于 oy 轴方向 m_2 的两侧。细长球时,系统共有 9 个引力平衡点,全部位于 oxy 平面内。除了传统的 5 个平衡点 $E_1 \sim E_5$ 外,在 m_2 附近新增一对共线平动点 E_8 和 E_9、以及一对非共线平动点 E_6 和 E_7。

研究发现,非共线平动点的分布与 μ 无关,但会在某些特殊的 κ 值下发生分岔,即产生或消失。例如,传统三角平动点 E_4 和 E_5 会在 $\kappa=0.125(\mu=0.5,A_2=0)$ 时消失。文中研究了各平动点在线性意义下的稳定性,其中 E_1 点在较小的 κ 值时条件稳定,E_4、E_5 以及 E_8、E_9 亦为条件稳定,其他平衡点均不稳定。在此基础上,本章给出了三类双椭球改进偶极子模型,讨论了椭球扁率取值分别为 -0.05 和 0.05 时系统的引力平衡点分布情况。在特定仿真参数下,改进偶极子模型在具有两个细长球时平衡点个数最多达到 13 个。上述研究进一步丰富了偶极子模型,为未来应用提供更多参考。

参考文献

[1] Vidyakin V V. The plane restricted circular problem of three spheroids[J]. Soviet Astron. Aston. J. ,1974,18：641. Translated from Astron. Zh. ,1974,51：1087-1094.

[2] Arredondo J A,Guo JG,Stoica C,et al. On the restricted three body problem with oblate primaries [J]. Astrophysics and Space Science,2012,341：315-322.

[3] Idrisi M J. Existence and stability of the libration points in CR3BP when the smaller primary is an oblate spheroid[J]. Astrophysics and Space Science,2014,354：311-325.

[4] Sharma R K,Subba Rao P V. Collinear equilibria and their characteristic exponents in the restricted three-body problem when the primaries are oblate spheroids[J]. Celestial Mechanics and Dynamical Astronomy,1975,12(2)：189-201.

[5] Sharma R K,Subba Rao P V. Stationary solutions and their characteristic exponents in the restricted three-body problem[J]. Celestial Mechanics and Dynamical Astronomy,1976,13(2)：137-149.

[6] Sharma R K. Periodic orbits of the second kind in the restricted three-body problem when the more massive primary is an oblate spheroid[J]. Astrophysics and Space Science,1981,76：255-258.

[7] Oberti P, Vienne A. An upgraded theory for Helene, Telesto, and Calypso[J]. Astronomy ℰ Astrophysics,2003,397：353-359.

[8] Beevi A S,Sharma R K. Oblateness effect of Saturn on periodic orbits in the Saturn-Titan restricted three-body problem[J]. Astrophysics and Space Science,2012,340：245-261.

[9] Taylor P A,Margot J L. Tidal end states of binary asteroid systems with a nonspherical component [J]. Icarus,2014,229：418-422.

[10] Zeng X Y,Baoyin H X,Li J F. Updated rotating mass dipole with oblateness of one primary（Ⅰ）：Equilibria in the equator and their stability[J]. Astrophysics and Space Science,2016,361(1)：14.

[11] Zeng X Y,Baoyin H X,Li J F. Updated rotating mass dipole with oblateness of one primary（Ⅱ）：Out-of-plane equilibria and their stability[J]. Astrophysics and Space Science,2016,361(1)：15.

[12] Zeng X Y,Liu X D,Li J F. Extension of the rotating dipole model with oblateness of both primaries [J]. Research in Astronomy and Astrophysics,2017,17(1),2.

[13] Chermnykh S V. On the stability of libration points in a certain gravitational field[J]. Vest. Leningrad Univ. ,1987,2(8)：73-77.

[14] Alfriend K T, Vadali S R, Gurfil P, et al. Spacecraft formation flying：Dynamics, control and navigation[M]. Oxford：Elsevier Astrodynamics Series,Elsevier,2010.

[15] Prieto-Llanos T,G-mez-Tierno M A. Stationkeeping at Libration Points of Natural Elongated Bodies [J]. Journal of Guidance,Control,and Dynamics,1994,17(4)：787-794.

[16] Hirabayashi M,Morimoto M Y,Yano H,et al. Linear stability of collinear equilibrium points around an asteroid as a two-connected-mass：Application to fast rotating asteroid 2000EB14[J]. Icarus,2010,206(2),780-782.

[17] Szebehely V. Theory of orbits：The restricted problem of three bodies[M]. New York：Academic Press,1967.

[18] Murray C D,Dermott S F. Solar system dynamics[M]. 1st ed. Cambridge：Cambridge University Press,United Kingdom,1999.

[19] Radzievskii V V. The restricted problem of three bodies taking account of light pressure[J]. Astron. Zh. ,1950,27：250 (in Russian).

[20] Douskos C N,Markellos V V. Out-of-plane equilibrium points in the restricted three-body problem with oblateness[J]. Astronomy ℰ Astrophysics,2006,446：357-360.

[21] Singh J,Umar A. On "out of plane" equilibrium points in the elliptic restricted three-body problem with radiating and oblate primaries[J]. Astrophysics and Space Science,2012,344: 13-19.

[22] Shang H B,Wu X Y,Cui P Y. Periodic orbits in the doubly synchronous binary asteroid systems and their applications in space missions[J]. Astrophysics and Space Science,2014,355: 2154.

[23] Perdiou A E,Markellos V V,Douskos C N. The hill problem with oblate secondary: Numerical exploration[J]. Earth,Moon and Planets,2005,97: 127-145.

[24] Xin X S,Hou X Y. Equilirbium points in the restricted full three body problem with ellipsoidal primaries[J]. The Astronomical Journal,2017,154: 37.

第4章

用简化模型近似细长小行星引力场

4.1 引言

在研究不规则小行星引力场中的质点动力学时,多面体法和质点群法能够基于目标小行星的几何信息提供较为精确的引力场描述,但在计算质点的轨道传播特性时效率较低,且很难得到轨道的解析性质。简化模型通过提取不规则物体的典型外形特征,能够给出一类物体的共有特性,具有较高的计算效率,为后续更加精确的研究提供必要的参考或初值[1]。在已经发表的有关简化模型的大量文献中[2],研究人员一般都有类似表述:简化模型能够帮助人们理解不规则小行星引力场中的动力学行为[3]。但到目前为止,有关简化模型与实际小行星之间引力势函数或引力场间关系的研究仍旧寥寥无几。

Elipe 和 Lara[4] 曾基于小行星的外形尺寸建立了细直棒模型与 Eros 小行星引力场之间的近似关系。Eros 小行星的几何尺寸为 34.4km×11.2km×11.2km,其较为精确的多面体模型由 2008 年基于 Near-Shoemaker 探测器的数据给出。文献[4]中取 Eros 为 33km× 13km×13km 的一个扁椭球体,并据此给出细直棒的长度为最长轴的一半,即 16.5km,然后未加说明地给出一个系统质量比,使得细直棒与 Eros 小行星的平衡点坐标较为接近。他们在文中并未分析所采用细直棒与 Eros 引力场间的引力势或引力加速度的误差。此外,Haribayashi 等[5] 曾经直接假设目标小天体 2000EB$_{14}$ 为哑铃体,进而与偶极子模型联系在一起。

2003 年 Bartczak 等[6] 提出了一种引力势函数近似方法,建立了细直棒与传统球谐函数法之间的联系,发现细直棒比等质量的双质点模型在近似三轴椭球体时具有更高的精度。文中所用等质量的双质点模型实际上是传统偶极子模型的一种特殊情况。2015 年,作者[7] 提出一种细长小行星引力场近似方法,通过逼近引力平衡点位置的方式,建立了偶极子模型与实际小行星引力场间的关系。文中以小行星多面体模型引力场为精确值,提出一种基于函数关系的"图解法",确定偶极子模型的系统参数。

应用简化模型近似不规则小行星引力场时,简化模型的系统质量与自旋周期一般与目标小行星保持一致[6]。上述选择使得细直棒仅有一个自由参数(细长棒的长度),偶极子模型也仅有两个自由参数(两质点间距离和质量比,或者受力比与质量比)。为了尽可能提高简化模型的近似精度、降低引力场近似误差,可以从两个方面入手:一是优化简化模型的系统参数,二是增加简化模型的自由度数。为此,本章首先针对偶极子模型给出引力场近似时的平衡点逼近方法,仿真分析简化模型近似细长小行星的情况。之后详细论述极子棒模型动力学特性和引力梯度近似法,以(8567)1996 HW1 和 433 Eros 等小行星为例,论证近似方法的有效性。

4.2 偶极子模型近似细长小行星

偶极子模型各参数定义及其动力学特性参见 2.4 节。书中以多面体模型所得引力场为精确值,应用偶极子模型近似小行星引力场时需要确定 5 个系统参数,包括 μ,ω,κ,d 和 M。由公式(2.44)知偶极子的受力比 κ 与其他三个参数 ω,d 和 M 有关,故系统仅有 4 个独立参数。为了使得偶极子模型与多面体模型的引力场分布在空间拓扑结构上尽量一致,偶极子

的自旋角速度 ω 设定为目标小行星自旋角速度。至此,只有 3 个系统参数需要确定,为 μ,κ 和 d,其中系统质量 M 可在求得上述 3 个参数后由式(2.44)求解。

4.2.1 平衡点位置近似方法

目标小行星主要参数一般已知,可通过地面观测或飞越探测等获得。例如,在我国嫦娥 2 号探测器近距离飞越近地小行星 4179 Toutatis 之前,该小行星的主要轨道参数及物理参数已经通过地面雷达观测及后期实验室拟合计算等获得[8]。在任务初期分析中,Toutatis 的引力平衡点及引力场分布等均可以依据上述参数求取。简化模型一般用来近似不规则小行星的外部引力场分布,为了下文叙述方便,本章暂时忽略偶极子模型的内部平衡点,而只考虑它的 4 个外部平衡点,如图 4.1 所示(注意平衡点命名与图 2.9 的区别)。

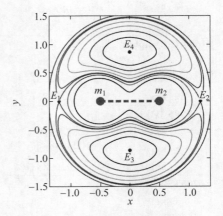

图 4.1 传统偶极子模型及其 4 个外部引力平衡点

对于任意的具有 4 个外部引力平衡点的细长形小天体[9],其平衡点坐标可表示为 $[x_{ast}(E_i),y_{ast}(E_i),z_{ast}(E_i)]^{T}(i=1,2,3,4)$。近似偶极子模型对应的平衡点坐标可表示为 $[x_s(E_i),y_s(E_i),z_s(E_i)]^{T}(i=1,2,3,4)$,定义为

$$\begin{cases} x_s(E_2) = x_{ast}(E_2) \\ y_s(E_i) = 0, \quad i = 1,2 \end{cases} \tag{4.1}$$

和

$$\begin{cases} x_s(E_4) = x_s(E_3) = \dfrac{|x_{ast}(E_3)|+|x_{ast}(E_4)|}{2} \\ y_s(E_4) = -y_s(E_3) = \dfrac{|y_{ast}(E_3)|+|y_{ast}(E_4)|}{2} \end{cases} \tag{4.2}$$

式中各变量下标 ast 表示目标小行星,下标 s 表示简化模型。注意,公式(4.1)和(4.2)中各坐标值均取实际单位制 km。

偶极子模型所有引力平衡点均位于 oxy 平面内,故所有的 $z_s(E_i)(i=1,2,3,4)$ 均设为零。实际上,相比于 $|x_{ast}(E_i)|(i=1,2)$ 和 $|y_{ast}(E_i)|(i=3,4)$,$|z_{ast}(E_i)|$ 本身即为小量。例如,对于文献[9]中计算的小天体,比值 $|z_{ast}(E_i)|/|x_{ast}(E_i)|(i=1,2)$ 的量级为 $10^{-2} \sim 10^{-4}$。因此,上述假设在前期近似过程中是较为合理的。由于后续讨论及计算中仍然要涉及这些小天体,本章将文献[9]中给出的部分小天体平衡点数据整理后列于表 4.1 中(注:某些小行星绕惯量主轴 oz 轴旋转了 180°)。

表 4.1 多面体模型下细长形小天体的引力平衡点坐标

目标小天体	E_1	E_2	E_3	E_4
216 Kleopatra				
x/km	-142.852	144.684	1.16383	-2.22985
y/km	-2.44129	-5.18829	-100.740	-102.102
z/km	1.18154	-0.272463	-0.545312	0.271694

续表

目标小天体	E_1	E_2	E_3	E_4
951 Gaspra				
x/km	-14.21262	14.7323	1.98791	1.90075
y/km	-0.118726	-0.0379469	-13.0444	13.0387
z/km	0.0259255	0.102217	0.0150812	0.011293
1620 Geographos				
x/km	-2.67070	2.81851	0.14222	0.12568
y/km	0.03987	0.05573	-2.08092	2.04747
z/km	0.0888751	0.144376	-0.0220647	-0.0263415
1996 HW1				
x/km	-3.21197	3.26866	0.150078	0.181051
y/km	-0.133831	-0.0841431	-2.80789	2.82605
z/km	-0.00232722	-0.00103271	0.000515378	0.000146216
2063 Bacchus				
x/km	-1.14129	1.14738	0.0203102	0.0314276
y/km	0.00806235	0.0227972	-1.07409	1.07239
z/km	-0.00141486	-0.000861348	0.000849894	0.000711379
25143 Itokawa				
x/km	-0.554478	0.555624	0.0120059	0.0158721
y/km	0.00433107	0.0103141	-0.523829	0.523204
z/km	-0.000061	-0.000274	-0.000201	0.000246
103P/Hartley-2				
x/km	-1.48975	1.58280	0.142516	0.137522
y/km	0.0343398	0.00593462	-1.17411	1.17362
z/km	0.00953198	-0.00326151	-0.0029323	-0.0027825

为求得无量纲偶极子模型的参数 $[\mu,\kappa]^{\mathrm{T}}$，其与近似偶极子模型的对应关系为

$$\begin{cases} x_{\mathrm{s}}(E_i) = x_{\mathrm{app}}(E_i) \cdot d \\ y_{\mathrm{s}}(E_i) = y_{\mathrm{app}}(E_i) \cdot d \end{cases}, \quad i=1,2,3,4 \tag{4.3}$$

式中下标"app"对应无量纲偶极子模型，即 $[x_{\mathrm{app}}(E_i),y_{\mathrm{app}}(E_i)]^{\mathrm{T}}(i=1,2,3,4)$ 的量纲为偶极子的特征长度 d。上式涉及偶极子模型的两套单位制，近似偶极子模型（对应下标"s"）和无量纲偶极子模型（对应下标"app"）。近似偶极子各物理量的量纲与实际小行星的一致，均采用实际单位制，如长度单位为 km。而无量纲偶极子各量则采用归一化单位，如长度单位是 d。在求得 μ、κ 和 d 的情况下，近似偶极子平衡点坐标 $x_{\mathrm{s}}(E_i)$ 的值可通过式(4.3)获取。为了求解参数 $[\mu,\kappa]^{\mathrm{T}}$，针对无量纲偶极子模型引入两个辅助变量 Λ_Y 和 Λ_X，其定义分别为

$$\Lambda_Y = \frac{y_{\mathrm{app}}(E_4)}{x_{\mathrm{app}}(E_2)}, \quad \Lambda_X = \frac{x_{\mathrm{app}}(E_4)}{x_{\mathrm{app}}(E_2)} \tag{4.4}$$

上式中所用的关于平衡点 E_2 和 E_4 的坐标均为正值，其对应的近似偶极子模型辅助方程为

$$\Lambda_{Ys} = \frac{y_{\mathrm{s}}(E_4)}{x_{\mathrm{s}}(E_2)}, \quad \Lambda_{Xs} = \frac{x_{\mathrm{s}}(E_4)}{x_{\mathrm{s}}(E_2)} \tag{4.5}$$

将变量 Λ_Y 和 Λ_X 关于无量纲偶极子模型参数 $[\mu,\kappa]^T$ 的关系分别绘于图 4.2 和图 4.3 中。仿真中参数 κ 取区间 $[1,11]$ 范围内的所有正数,系统的质量比在区间 $(0,0.5]$ 内变化,此处质量比 μ 的最小值取为 3.036×10^{-6},对应太阳与地球的质量比。从图 4.2 中可以看出,对于给定的 κ 值,函数 Λ_Y 会随着 μ 的增大先减小至极小值点而后再不断增大。当 μ 给定时,函数 Λ_Y 会随着 κ 的减小而减小。在图 4.3 中,对于任意给定的 κ 值,函数 Λ_X 的值随着 μ 的增加而不断减小。对于给定的 μ 值,函数 Λ_X 会随着 κ 的增加而减小。对于图中的特殊点 $\mu=0.5$,Λ_X 的值为零,这可以从式(4.4)中得到。

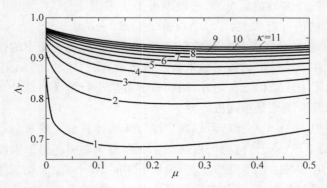

图 4.2 无量纲偶极子参数 $\kappa\in[1,11]$ 和 $\mu\in(0,0.5]$ 时变量 Λ_Y 的变化规律

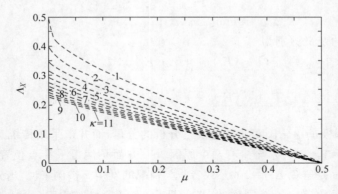

图 4.3 无量纲偶极子参数 $\kappa\in[1,11]$ 和 $\mu\in(0,0.5]$ 改变时变量 Λ_X 的变化规律

基于 Λ_X 和 Λ_Y 的变化规律,近似细长小行星时偶极子模型各参数求解方法如下:

(1) 在确定目标小行星后,首先求解 4 个外部引力平衡点的坐标值 $[x_{ast}(E_i),y_{ast}(E_i),z_{ast}(E_i)]^T(i=1,2,3,4)$。假设 $z_s(E_i)=0(i=1,2,3,4)$,近似偶极子模型所有引力平衡点均位于赤道平面内;

(2) 基于公式(4.1)和式(4.2)求得小行星对应近似偶极子模型的引力平衡点坐标,之后从式(4.5)中解得 Λ_{Xs} 和 Λ_{Ys} 的值;

(3) 定义一个新的辅助变量 Λ_P

$$\Lambda_P = \Lambda_X + |\Lambda_{Ys} - \Lambda_{Xs}| \tag{4.6}$$

将函数 Λ_P 和 Λ_Y 随系统参数 $[\mu,\kappa]^T$ 的变化关系绘于一幅图中,之后将已经求得的函数值 Λ_{Ys} 绘于同一图中;

（4）在上一步绘制的图中搜索 Λ_{P}、Λ_{Y} 和 Λ_{Ys} 三条曲线的交点，满足下式

$$\Lambda_{\text{P}} = \Lambda_{\text{Y}} = \Lambda_{\text{Ys}} \tag{4.7}$$

其中，Λ_{Ys} 是一个常值，对应一条直线。三条曲线交点的横坐标就是所求的 μ 值，而三线相交时自然已经得到了 κ 值。最后，近似偶极子模型的两个端部质点间的特征长度可由下式确定

$$d = \frac{x_{\text{s}}(E_2)}{x_{\text{app}}(E_2)} \tag{4.8}$$

在成功求解 ω,κ,d 三个参数的情况下，近似偶极子的系统质量 M 可以从式（2.44）中解得，平衡点坐标 $x_{\text{s}}(E_i)$ 的值可以从式（4.3）中根据 $x_{\text{app}}(E_i) \cdot d$ 求得。

实际上，上述方法的原理是用简化模型平衡点逼近小行星平衡点的位置，来近似目标天体的引力场分布。在求得近似偶极子的平衡点位置后，通过上述方法的四步即可确定偶极子模型的参数。除了上述近似方法之外，用偶极子近似小行星平衡点分布时还有其他方法，如最小二乘逼近以及非线性最小逼近等[6]。

在计算的过程中，有一个小技巧可以减少步骤 4 的计算量。变量 Λ_{Xs} 和 Λ_{Ys} 的值在步骤 2 中求得，而参数 $[\mu,\kappa]^{\text{T}}$ 的大致范围可以从图 4.2 和图 4.3 中获得。因此，在实际计算中没必要去仿真 $\mu \in (0,0.5)$ 和 $\kappa \in [0.125,\kappa_{\text{max}}]$ 的整个区间，其中 κ_{max} 是仿真中所取 κ 的最大值。在求得偶极子模型的各参数后，近似模型的最大及最小误差可表示为

$$\begin{cases} \Delta_{\text{max}} = \max[\Delta x_i, \Delta y_i] \\ \Delta_{\text{min}} = \min[\Delta x_i, \Delta y_i] \end{cases}, \quad i = 1,2,3,4 \tag{4.9}$$

式中 Δx_i 和 Δy_i 的定义分别为

$$\begin{cases} \Delta x_i = \dfrac{|(|x_{\text{s}}(E_i)| - |x_{\text{ast}}(E_i)|)|}{d} \\ \Delta y_i = \dfrac{|(|y_{\text{s}}(E_i)| - |y_{\text{ast}}(E_i)|)|}{d} \end{cases}, \quad i = 1,2,3,4 \tag{4.10}$$

上式中采用偶极子特征长度 d 作为误差分析的分母，而并未采用传统意义上的 $|y_{\text{s}}(E_i)|$ 或者 $|y_{\text{ast}}(E_i)|$（$i=1,2,3,4$），至少有两个原因。一方面是使得平衡点位置误差具有相同的误差尺度，另一方面是避免 $\Delta x_i = 100\%$ 或者 $+\infty$ 情况的发生。举例来说，当分母为 $|y_{\text{s}}(E_i)| = 0$ 时，$\Delta y_i (i=1,2)$ 的值为 $+\infty$；同样的，当分母为 $|y_{\text{ast}}(E_i)|$ 时，$\Delta y_i (i=1,2)$ 的值为 100%。这些误差显然未能够反映实际的误差情况，因为目标小天体对应的 $|y_{\text{ast}}(E_i)|$ 均为小量，这一事实可以从表 4.1 看出。对于某一个具体平衡点，其相对误差为

$$\Delta E_i = \sqrt{\Delta x_i^2 + \Delta y_i^2}, \quad i = 1,2,3,4 \tag{4.11}$$

该误差对于平衡点附近的轨道设计具有重要意义。此外，实际计算中，oz 方向的误差也可以加到上述公式中。

4.2.2 仿真算例与讨论

Geographos 是一颗 Apollo 类近地小行星，轨道半长轴约为 $1.245\text{AU}(1\text{AU} \approx 1.496 \times 10^8 \text{km})$，轨道偏心率 0.335。如此大的偏心率使得它在 1994 年曾经以相距 0.0333AU 的距离飞掠地球[10]。它的 4 个外部引力平衡点的坐标可以从表 4.1 中读取。表 4.1 中数据是 Wang 等[9]基于小行星已有观测数据，应用多面体法求得的各小行星引力平衡点，书中以此

作为精确值。值得说明的是,由于多面体法本身的限制,该方法所得仿真结果与实际观测数据会有一定误差,文中暂不考虑此类误差的影响。

小行星 Geographos 多面体模型包含 8192 个顶点和 16380 个三角形侧面,三维尺寸为 $5.385\mathrm{km}\times2.40\mathrm{km}\times2.02\mathrm{km}$,平均密度取为 $2.0\times10^3\,\mathrm{kg/m^3}$,可得系统总质量为 $1.84\times10^{13}\,\mathrm{kg}$。根据式(4.1)和式(4.2),小行星 Geographos 近似模型的引力平衡点分布列于表 4.2,将表中对应数值代入公式(4.3),可以得到变量值 $\varLambda_{Xs}=0.04754285$ 和 $\varLambda_{Ys}=0.732373$。辅助变量 $\varLambda_P$ 和 $\varLambda_Y$ 随系统参数 $[\mu,\kappa]^{\mathrm{T}}$ 的变化关系绘于图 4.4 中。同时 $\varLambda_{Ys}$ 对应的直线也绘于此图中,三条线的交点横坐标为 μ 的值 0.440043,对应的 κ 值为 1.158476。

表 4.2　小行星 Geographos 近似偶极子模型引力平衡点分布

平衡点	E_1	E_2	E_3	E_4
x_s/km	-2.730785	2.81851	0.1340	0.1340
x_{app}	-1.2218576	1.26110891	0.059957	0.059957
位置误差 $\Delta x_i/\%$	2.69	0.0	0.37	0.37
y_s/km	0.0	0.0	-2.06420	2.06420
y_{app}	0.0	0.0	-0.92360178	0.92360178
位置误差 $\Delta y_i/\%$	1.78	2.49	0.75	0.75

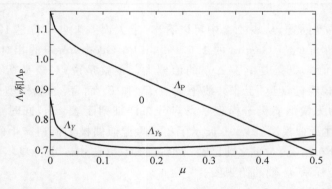

图 4.4　函数 $\varLambda_P$ 和 $\varLambda_Y$ 在 $\kappa=1.158476$ 和 $\mu\in(0,0.5]$ 时的变化情况

在得到无量纲偶极子模型的参数 $[\mu,\kappa]^{\mathrm{T}}$ 后,对应模型的引力平衡点可以从式(2.47)和式(2.51)中解出。无量纲偶极子模型平衡点 E_2 的横坐标为 1.2611,根据式(4.8)可得近似偶极子模型的特征长度为 2.2349km。近似模型系统质量为 $2.1644\times10^{13}\,\mathrm{kg}$,比实际系统质量略高。图 4.5 给出了 Geographos 近似偶极子模型的平衡点分布及零速度曲线,小行星外形以多面体模型的顶点在 oxy 平面内的投影表示,近似偶极子模型一并绘于图中。算例中近似偶极子模型 E_2 平衡点与小行星对应平衡点重合(oxy平面内),其他平衡点最大位置误差为 2.69%(对应 E_1),最小误差为 0.37%(对应三角平动点)。若将

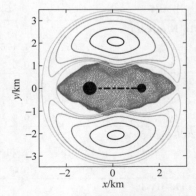

图 4.5　小行星 Geographos 近似偶极子模型平衡点及其零速度曲面在 oxy 平面内分布

Δx_1 和 Δy_1 同时考虑在内,可得 E_1 平衡点的位置误差为 3.22%。

为了进一步检验上述引力场近似方法的有效性,仿照 Geographos 的求解过程,表 4.3 给出了表 4.1 中其他小天体的近似偶极子模型。表中尺寸最小的是日本曾经探测过的 Itokawa 小行星,约为 $540\text{m}\times270\text{m}\times210\text{m}$,对应偶极子的特征长度 d 只有 210m。主带小行星 Kleopatra 三维尺寸约为 $225\text{km}\times98\text{km}\times85\text{km}$,近似偶极子的特征长度则达到了 122km。它们的系统质量为 $10^{10}\sim10^{18}\text{kg}$,对应近似偶极子的 μ 值也从 Gaspra 的 0.25 增大到 Kleopatra 的 0.486。对于参数 κ,示例小天体中除去 Kleopatra 外,其他小天体的 κ 值均大于一,其中 Itokawa 小行星的 κ 值最大,达到了 15.65。

表 4.3 细长形小天体近似偶极子模型参数表

小天体	μ	κ	T/h	M/kg	d/km	$\Delta_{\max}/\%$
Kleopatra	0.4863	0.883478	5.385	2.5882e+18	122.9967	4.22
Gaspra	0.2496	5.381412	7.042	2.3196e+15	7.765	1.53
Geographos	0.440	1.158476	5.223	2.1644e+13	2.235	2.69
1996 HW1	0.4126	3.866382	8.757	1.5626e+13	1.8934	7.06
Bacchus	0.4445	13.049195	14.90	2.7245e+11	0.4665	4.88
Itokawa	0.4347	15.655407	12.132	4.7313e+10	0.2136	4.83
Hartley-2	0.3836	1.317452	18.0	3.2340e+11	1.2032	2.85

对于模型的精度问题,从表 4.3 中可以看出,最大误差来自小行星 1996 HW1,其值为 7.06%,最小误差为小行星 Gaspra 的 1.53%。其中,Geographos 的相对误差 ΔE_3 和 ΔE_4 仅有 0.75%,最大值 7.06% 是由于 Δy_1 的值偏大。也就是说,对于平衡点 E_1 附近的任务设计,近似模型比较粗糙,但对于非共线平动点 E_3 和 E_4 而言,近似模型的精度相对较好。上述小天体对应的无量纲偶极子模型平衡点分布详细列于表 4.4,同时给出了变量 Λ_{Xs} 和 Λ_{Ys} 的值。基于上述近似模型,图 4.6 展示了小行星近似偶极子模型产生的平衡点以及 oxy 平内的零速度线分布情况,对于之前已经讨论过的 Geographos 小行星不再给出,图中视角为沿小行星本体坐标系 oz 轴的俯视图。

表 4.4 示例小天体无量纲偶极子模型的平衡点位置分布

小天体	E_1	E_2	E_3	E_4	Λ_{Xs}	Λ_{Ys}
216 Kleopatra						
x_{app}	-1.16649	1.176324	0.013702	0.013702	0.011728	0.700983
y_{app}	0.0	0.0	-0.82988	0.829883		
951 Gaspra						
x_{app}	-1.82642	1.897293	0.2504	0.2504	0.131977	0.885235
y_{app}	0.0	0.0	-1.67955	1.67955		
1620 Geographos						
x_{app}	-1.22186	1.261109	0.059957	0.059957	0.047543	0.732373
y_{app}	0.0	0.0	-0.92360	0.923602		
1996 HW1						
x_{app}	-1.69272	1.726308	0.087441	0.087441	0.050652	0.861812
y_{app}	0.0	0.0	-1.48775	1.487753		

小天体	E_1	E_2	E_3	E_4	Λ_{Xs}	Λ_{Ys}
2063 Bacchus						
x_{app}	-2.44827	2.459516	0.055452	0.055452	0.022546	0.935383
y_{app}	0.0	0.0	-2.30059	2.30059		
25143 Itokawa						
x_{app}	-2.5896	2.601474	0.065263	0.065263	0.025087	0.942214
y_{app}	0.0	0.0	-2.45114	2.45114		
103P/Hartley-2						
x_{app}	-1.24374	1.315452	0.116369	0.116369	0.088463	0.741638
y_{app}	0.0	0.0	-0.97559	0.97559		

4.2.3 偶极子模型近似效果

在应用偶极子模型近似小行星外部引力场时,除了分析平衡点位置误差外,更应关注近似模型与小行星间的动力学差别。本节将从系统质量、引力势分布、平衡点的稳定性等多个方面入手,探讨偶极子模型的近似程度。对于在不规则小天体附近运动的质点,其动力学行为主要由中心天体的不规则引力加速度支配。随着质点与中心天体间距离 r 的不断增大,中心天体的不规则外形摄动对质点的影响会越来越弱,直到可以忽略不计,从而将中心天体当作质点来处理[11]。中心天体为质点时的引力表达式为简单的 $-GM/r$,此时系统质量对于引力势具有决定性作用。表 4.5 列出了图 4.6 中 6 颗小天体在多面体法和偶极子模型时的系统质量。为区分各量,下标以大写字母 P 表示多面体方法,下标 s 表示偶极子模型,两种方法对应模型质量的相对误差定义为

$$\Delta M = \frac{M_s - M_P}{M_P} \tag{4.12}$$

表 4.5 偶极子模型与多面体模型下小天体系统质量

天体	Kleopatra	Gaspra	1996 HW1	Bacchus	Itokawa	103P
M_p	2.55e18①	2.29e15	1.54e13	2.71e11	4.69e10	3.04e11
M_s	2.59e18	2.32e15	1.56e13	2.73e11	4.72e10	3.23e11
$\Delta M/\%$	$+1.50$	$+1.29$	$+1.47$	$+0.53$	$+0.88$	$+6.38$

表 4.5 中示例小天体近似偶极子模型质量普遍高于多面体模型质量,质量的最大相对误差为 6.38%,来自于小天体 103P/Hartley-2,最小相对误差为 0.53%,对应小天体 Bacchus。该误差量级与平衡点位置误差基本一致。实际上,偶极子模型的质量与多面体方法求得的系统质量一般不会有量级上的差别,因为文中所用逼近平衡点位置的近似方法本质上就是在近似引力场的分布。相比于上述小行星,Geographos 两类模型的质量相对误差稍大,可能与其不规则外形相关。

除系统质量外,两类模型引力势间的误差才是质点动力学关注的重点。以小行星

---

① 2.55e18 $= 2.55 \times 10^{18}$

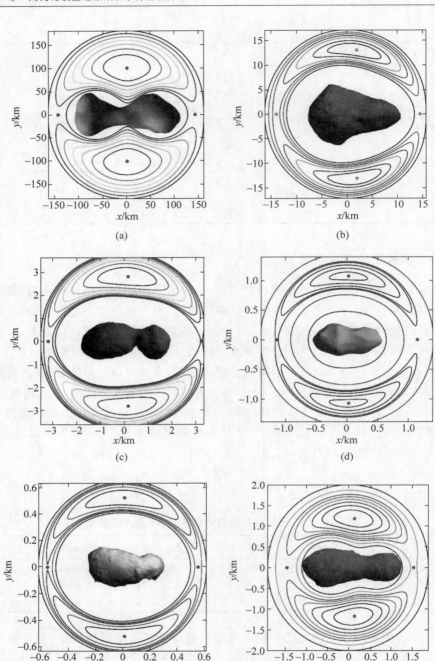

图 4.6　小天体近似偶极子模型的引力平衡点及 oxy 平面内零速度线分布

（a）216 Kleopatra；（b）951 Gaspra；（c）1996 HW1；（d）2063 Bacchus；（e）25143 Itokawa；（f）103P/Hartley-2

Kleopatra 为例，图 4.7 给出了近似偶极子模型与多面体法时小行星外部引力场中引力势沿三个坐标轴的分布情况，其中 ox 轴分量以实线表示，oy 轴为虚线，oz 轴为点划线。多面体法中 Kleopatra 的三维尺寸为 225km×98km×85km，文中采用偶极子模型近似小天体的外部引力场时，三轴引力势计算范围分别取为 $r_x \in (112.5, 250]\,\mathrm{km}$，$r_y \in (49, 250]\,\mathrm{km}$，$r_z \in (42.5, 250]\,\mathrm{km}$。图中曲线上一连串的"$*$"符号表示偶极子模型沿 ox 轴的引力势分布，符号"$+$"则反映了偶极子模型沿 oy 轴的引力势分布。由于偶极子模型的对称性，oz 轴上的引力势幅值在同一高度上与 oy 轴相同，即图中两曲线重合。

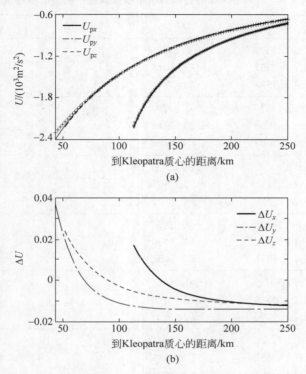

(a)

(b)

图 4.7　近似偶极子与多面体法所得 Kleopatra 引力势与相对误差

(a) 两种模型下 Kleopatra 沿三个坐标轴的引力分布；(b) 两种模型所得引力势沿三轴的相对误差

图 4.7(a)所示为多面体法引力势，Kleopatra 沿 oy 轴和 oz 轴方向上引力势分布存在微小差异，这是由于多面体模型中小天体质量分布关于 ox 轴并不完全对称。另外，两种方法所得 Kleopatra 各坐标轴上的引力势相差很小，其相对误差可以表示

$$\Delta U_j = \frac{U_j - U_{\mathrm{P}j}}{U_{\mathrm{P}j}}, \quad j = x, y, z \tag{4.13}$$

式中 $U_{\mathrm{P}j}$ 表示多面体法产生的引力势沿三个坐标轴的分布。两类方法的最大相对误差出现在 oz 轴的起始点处，误差值小于 4%。零误差位置在 ox 轴的平衡点 E_2 处，与之前模型求解时假设一致。随着与小天体表面距离的增加，两方法的相对误差将趋近于 1.5%，该值与表 4.5 中二者系统质量的相对误差一致。

文献[9]分析了表 4.6 中 7 颗小天体多面体模型下平衡点的稳定性，发现它们 4 个外部引力平衡点均不稳定。换句话说，平衡点对应传递矩阵的特征根至少包含一对相反实根 $\pm\alpha(\alpha \in \mathbb{R}^+)$ 或者一对共轭复根 $\pm\gamma \pm i\tau$（$i^2 = -1$；$\gamma, \tau \in \mathbb{R}^+$）。更多关于平衡点稳定性和拓扑分类的讨论，参见 2.5 节。表 4.6 列出了 7 颗示例小行星近似偶极子模型平衡点处的特征值。它们的共线平动点 E_1 和 E_2 特征值类型相同，均包含一对相反实根和两对纯虚根，平衡点不稳定。三角平动点类型也都一致,包含一对共轭复根和一对纯虚根,平衡点也不稳定。上述稳定性结论和平衡点稳定类型与文献[9]中保持一致,说明近似偶极子模型与多面体法所得平衡点稳定类型一致,较好地保持了平衡点附近的空间拓扑结构。

表 4.6 示例小天体的近似偶极子模型对应平衡点的特征值

小天体	E_1	E_2	E_3	E_4
Kleopatra	± 1.1713 $\pm i\,1.3361$ $\pm i\,1.2597$	± 1.2113 $\pm i\,1.3548$ $\pm i\,1.2774$	$\pm 0.6457 \pm i\,0.9575$ $\pm i\,1.0$	$\pm 0.6457 \pm i\,0.9575$ $\pm i\,1.0$
Gaspra	± 0.5426 $\pm i\,1.0890$ $\pm i\,1.0529$	± 0.8620 $\pm i\,1.2019$ $\pm i\,1.1395$	$\pm 0.3241 \pm i\,0.7778$ $\pm i\,1.0$	$\pm 0.3241 \pm i\,0.7778$ $\pm i\,1.0$
Geographos	± 1.0357 $\pm i\,1.2748$ $\pm i\,1.2032$	± 1.1928 $\pm i\,1.3461$ $\pm i\,1.2691$	$\pm 0.6111 \pm i\,0.9346$ $\pm i\,1.0$	$\pm 0.6111 \pm i\,0.9346$ $\pm i\,1.0$
1996 HW1	± 0.7462 $\pm i\,1.1574$ $\pm i\,1.1033$	± 0.8795 $\pm i\,1.2090$ $\pm i\,1.1454$	$\pm 0.4427 \pm i\,0.8343$ $\pm i\,1.0$	$\pm 0.4427 \pm i\,0.8343$ $\pm i\,1.0$
Bacchus	± 0.5574 $\pm i\,1.0935$ $\pm i\,1.0560$	± 0.6029 $\pm i\,1.1078$ $\pm i\,1.0660$	$\pm 0.2437 \pm i\,0.7479$ $\pm i\,1.0$	$\pm 0.2437 \pm i\,0.7479$ $\pm i\,1.0$
Itokawa	± 0.5252 $\pm i\,1.0838$ $\pm i\,1.0494$	± 0.5735 $\pm i\,1.0985$ $\pm i\,1.0594$	$\pm 0.2031 \pm i\,0.7357$ $\pm i\,1.0$	$\pm 0.2031 \pm i\,0.7357$ $\pm i\,1.0$
Hartley-2	± 0.9322 $\pm i\,1.2305$ $\pm i\,1.1639$	± 1.2227 $\pm i\,1.3602$ $\pm i\,1.2825$	$\pm 0.5849 \pm i\,0.9177$ $\pm i\,1.0$	$\pm 0.5849 \pm i\,0.9177$ $\pm i\,1.0$

以上给出了传统偶极子模型近似细长小行星外部引力场的一种方法,通过逼近多面体模型引力平衡点位置来得到偶极子模型参数,建立了偶极子和多面体模型间的联系。该近似方法仅设定偶极子自旋角速度与多面体模型相同,偶极子系统质量由受力比和特征长度等参数求得,一般情况下与多面体模型质量存在误差,从而导致无穷远处引力势误差非零。因此,平衡点逼近法建立了简化模型与实际小行星之间较为粗糙的联系,为应用简化模型研究实际小行星附近动力学特性提供了参考,但近似精度有待进一步提高。

4.3 极子棒模型动力学特性

极子棒模型是对传统偶极子模型和细直棒模型的拓展,具有更多的自由参数,拓扑类型和引力势表达式等参见 2.3.3 节。为了进一步提高简化模型的近似精度,下文将采用极子棒模型近似细长小行星引力场,并与偶极子和细长棒模型的近似效果进行对比分析。本节主要讨论极子棒模型的动力学特性,为引力场近似奠定基础。

4.3.1　动力学方程与受力比

图 2.7 给出了极子棒模型示意图及其本体坐标系,当其绕 oz 轴均匀自旋时,质点在本体系中运动的动力学方程形如公式(2.5),引力势则由式(2.38)给出。当动力学方程整理为关于有效势的方程(2.12)时,极子棒的有效势为

$$V = -\frac{x^2 + y^2}{2} - \kappa\left[\frac{(1-\mu_1)(1-\mu_2)}{r_1} + \frac{\mu_1(1-\mu_2)}{r_2} + \mu_2\ln\left(\frac{r_1+r_2+1}{r_1+r_2-1}\right)\right] \tag{4.14}$$

上式中 x、y、r_1、r_2 等各量均采用了归一化单位,定义如下:长度单位 LU 取细长棒长度 l,质量单位 MU 为极子棒系统总质量 M,时间单位 TU 为 ω^{-1},使得极子棒自旋一周的时间为 2π TU。式中受力比 κ 的定义与偶极子模型类似,为 $\kappa = G \cdot M \cdot \omega^{-2} \cdot l^{-3}$。引入一个辅助变量 $\nu = l_2/l$,可将质点距离极子棒两端部质点 m_1 和 m_2 的位置矢量重新表达为无量纲形式

$$\begin{cases} \boldsymbol{r}_1 = [x+1-\nu, \quad y, \quad z]^{\mathrm{T}} \\ \boldsymbol{r}_2 = [x-\nu, \quad y, \quad z]^{\mathrm{T}} \end{cases} \tag{4.15}$$

应用质心方程

$$r_c = \frac{m_1(-l_1) + \rho l_1\left(-\dfrac{l_1}{2}\right) + \rho l_2 \cdot \dfrac{l_2}{2} + m_2 l_2}{M} = 0 \tag{4.16}$$

可得变量 ν 与极子棒两个质量比参数间关系式

$$\nu = 1 + \mu_1\mu_2 - \mu_1 - \frac{\mu_2}{2} \tag{4.17}$$

由质量比参数 $\mu_1 \in [0, 0.5]$ 和 $\mu_2 \in [0, 1.0]$,知 ν 的可行范围为 $[0.5, 1.0]$。例如,当 μ_1 和 μ_2 的值同时为 0.5 时,ν 取可行域的下界 0.5,此时极子棒质心恰好位于细直棒中点处。仅当 μ_1 和 μ_2 同时为零时,ν 取可行域上界 1.0,此时极子棒模型退化为一个质点,该类情况不再讨论。若将质点动力学方程表达为形如公式(2.45)的分量形式,有效势(4.14)的梯度分别为

$$\frac{\partial V}{\partial x} = -x + \kappa\left[\frac{(1-\mu_1)(1-\mu_2)}{r_1^3}(x+1-\nu) + \frac{\mu_1(1-\mu_2)}{r_2^3}(x-\nu) \cdots -\right.$$
$$\left.\frac{2\mu_2}{r_1 r_2} \cdot \frac{(x-\nu)(r_1+r_2)+r_2}{1-(r_1+r_2)^2}\right] \tag{4.18}$$

$$\frac{\partial V}{\partial y} = -y + \kappa y\left[\frac{(1-\mu_1)(1-\mu_2)}{r_1^3} + \frac{\mu_1(1-\mu_2)}{r_2^3} - \frac{2\mu_2}{r_1 r_2} \cdot \frac{(r_1+r_2)}{1-(r_1+r_2)^2}\right] \tag{4.19}$$

$$\frac{\partial V}{\partial z} = \kappa z\left[\frac{(1-\mu_1)(1-\mu_2)}{r_1^3} + \frac{\mu_1(1-\mu_2)}{r_2^3} - \frac{2\mu_2}{r_1 r_2} \cdot \frac{(r_1+r_2)}{1-(r_1+r_2)^2}\right] \tag{4.20}$$

当简化模型自旋角速度和系统质量取值与实际小行星相同时[6],对于极子棒模型而言,仍有三个独立的待定参数 $[\kappa, \mu_1, \mu_2]^{\mathrm{T}}$。根据极子棒模型受力比 κ 的定义,在参数 M 和 ω 均给定的情况下,参数 κ 与极子棒特征长度 l 之间一一对应,故系统三个自由参数也可记为 $[l, \mu_1, \mu_2]^{\mathrm{T}}$。受力比 κ 是影响不规则引力场空间拓扑结构的重要参数,为了分析它与实际小行星之间的关系,不妨从小行星的引力势入手。仍以均质多面体模型所得引力势作为参

考值,参考公式(2.17),距离小行星质心 r 处的引力势可重新表示为

$$U = -G \iiint_{body} r^{-1} dM_P = -G\sigma_P \cdot \iiint_{body} \frac{dV_P}{r} \qquad (4.21)$$

式中 M_P、V_P 和 σ_P 分别为多面体模型的总质量、体积和密度。由第 2 章多面体模型的介绍可知,上述体积分在计算中难以处理,质点运动的动力学方程为

$$\ddot{r} + 2\boldsymbol{\omega} \times \dot{r} + \boldsymbol{\omega} \times \boldsymbol{\omega} \times r = G\sigma_P \cdot \nabla \left(\iiint_{body} \frac{dV_P}{r} \right) \qquad (4.22)$$

选取时间和长度归一化单位

$$\begin{cases} T_P = \omega^{-1} \\ L_P = \sqrt[3]{\dfrac{3V_P}{4\pi}} \end{cases} \qquad (4.23)$$

式中归一化长度 L_P 为小行星等效球体的半径。方程(4.22)可重新表示为

$$\ddot{R} + 2\boldsymbol{\Omega} \times \dot{R} + \boldsymbol{\Omega} \times \boldsymbol{\Omega} \times R = \kappa_P \cdot \nabla \left(\iiint_{body} \frac{dV_P}{R} \right) \qquad (4.24)$$

其中 $R = r/L_P$ 为无量纲的位置矢量,$\boldsymbol{\Omega} = [0,0,1]^T$ 为归一化自旋角速度。无量纲的参数 κ_P 与受力比 κ 类似,定义为

$$\kappa_P = \frac{G\sigma_P}{\omega^2} \qquad (4.25)$$

当采用极子棒模型近似不规则小行星引力场分布时,假设极子棒特征长度与小行星等效球体半径间满足关系式 $l = \varepsilon \cdot L_P$。在极子棒与小行星系统质量相等的情况下,极子棒受力比 κ 满足

$$\kappa = \frac{GM}{\omega^2 l^3} = \frac{G\sigma_P \cdot V_P}{\omega^2 (\varepsilon L_P)^3} = \frac{4\pi}{3\varepsilon^2} \cdot \frac{G\sigma_P}{\omega^2} = \frac{4\pi}{3\varepsilon^2} \cdot \kappa_P \qquad (4.26)$$

上式建立了极子棒和小行星受力比参数间的关系,二者仅与 ε 相关,即小行星等效球体半径与极子棒特征长度间的比值决定了两受力比参数的关系。

4.3.2　引力平衡点与稳定性

1. 平衡点分布

总质量为 M 的极子棒,在质量比参数 $\mu_1 = \mu_2 = 0$ 时退化为最简单的中心质点,此时系统引力平衡点有无数个,对应一条半径为 $r = \sqrt{GM/\omega^2}$ 的静止轨道。参考图 2.8,当 $\mu_1 \neq 0$ 但 $\mu_2 = 0$ 时极子棒退化为 Chermnykh 传统偶极子模型,系统由中心质点转化为旋转偶极子。相应的,系统平衡点由无数个点组成的静止轨道退化为有限个有效势梯度的零点,平衡点的个数由参数 κ 和 μ_1 决定,它们的稳定性可参见文献[9]和文献[12]。当 $\mu_2 = 1.0$ 时极子棒退化为细直棒模型,存在 4 个外部引力平衡点[13],有关上述平衡点线性稳定性和非线性稳定性的讨论参见文献[14]。以上简单总结了极子棒几种退化模型的平衡点分布情况,下面将针对 $\mu_2 \in (0,1)$ 的情况,详细讨论极子棒平衡点分布特征及其稳定性问题。

极子棒模型关于 oxy 平面对称,引力平衡点应全部位于该平面内,共线平动点应满足下式:

$$\left[\ddot{r}, \quad \dot{r}, \quad \frac{\partial V}{\partial x}, \quad y, \quad z \right]^T = 0 \qquad (4.27)$$

非共线平衡点（或称三角平动点）应满足方程

$$\left[\ddot{r}, \quad \dot{r}, \quad \frac{\partial V}{\partial x}, \quad \frac{\partial V}{\partial y}, \quad z\right]^{\mathrm{T}}\Bigg|_{y\neq 0} = \mathbf{0} \tag{4.28}$$

由以上两式知平衡点求解时 z 值恒为零，即公式（4.20）取零值恒成立。当 $y=0$ 时公式（4.19）也取零值，此时求解式（4.18）的零解可得共线平衡点，对应一个关于坐标 x 的七次方程

$$\sum_{i=0}^{7} c_i x_{\mathrm{CE}}^i = 0 \tag{4.29}$$

式中下标 CE 表示共线平衡点，方程系数 c_i 的表达式相对冗长，此处仅给出 3 个高次项的系数作为参考，它们分别是

$$\begin{cases} c_7 = (s_1 + s_2)^2 \\ c_6 = (2 - 6\nu)(s_1 + s_2)^2 + 2s_1(s_1 + s_2) \\ c_5 = (15\nu^2 - 10\nu + 6)(s_1 + s_2)^2 - 10\nu s_1^2 - 5s_2^2 - (10\nu + 6)s_1 s_2 - 1 \end{cases} \tag{4.30}$$

$$s_1 = \mathrm{sign}(x + 1 - \nu); \quad s_2 = \mathrm{sign}(x - \nu)$$

鉴于公式（4.18）右端项分母中存在"$1-(r_1+r_2)^2$"项，极子棒在系统两质点之间不再有平衡点存在。因此，方程（4.29）在 $\mu_2 \in (0,1)$ 的情况下仅有两个实根，分别对应两个共线平动点，其坐标范围分别为

$$x_{\mathrm{CE1}} \in (-\infty, -1+\nu); \quad x_{\mathrm{CE2}} \in (\nu, +\infty) \tag{4.31}$$

结合公式（4.18）～式（4.20），三角平动点求解方程（4.28）可进一步简化为

$$\begin{cases} \dfrac{(1-\mu_1)(1-\mu_2)}{r_1^3} - \dfrac{2\mu_2}{r_1[1-(r_1+r_2)^2]} = \dfrac{\nu}{\kappa} \\ \dfrac{\mu_1(1-\mu_2)}{r_2^3} - \dfrac{2\mu_2}{r_2[1-(r_1+r_2)^2]} = \dfrac{1-\nu}{\kappa} \end{cases} \tag{4.32}$$

上述方程很难求得解析解，不过在数值求解之前，不妨从它的退化情形验证一下公式的正确性。例如，当 $\mu_1 \neq 0$ 但 $\mu_2 = 0$ 时对应的偶极子模型，结合公式（4.17）可将上式化简为 $r_1 = r_2 = \kappa^3$。再结合两位置矢量的定义式（4.15），可得三角平动点位置坐标为

$$[x, \quad y, \quad z]^{\mathrm{T}} = \left[\frac{1}{2} - \mu_1, \quad \pm\sqrt{\kappa^{\frac{2}{3}} - \frac{1}{4}}, \quad 0\right]^{\mathrm{T}} \tag{4.33}$$

上式与文献[12]中结果完全一致。

当 $\mu_2 = 1$ 时有 $\mu_1 = 0$ 且 $\nu = 1/2$，极子棒退化为细直棒模型，由公式（4.32）可以解得 $r_1 = r_2$。对于细直棒而言，三角平动点的坐标应为 $[0, y, 0]^{\mathrm{T}}$，将 $r_1 = r_2$ 的条件代回至公式（4.32），可得 y 坐标满足如下等式：

$$y^2\sqrt{\frac{1}{4} + y^2} - \kappa = 0 \tag{4.34}$$

上式与文献[13]中结果一致。上述关于极子棒退化模型三角平动点的求解从侧面验证了公式（4.32）的正确性。特别指出，文献[13]中归一化单位与本文略有不同，他们取细直棒长度的一半为单位一，而书中取细直棒的总长度为单位一。

极子棒的三角平动点可采用牛顿法等数值方法求解方程（4.32）获得，仿真算例中取参数 $\kappa = 1$ 和 $\mu_1 = \mu_2 = 0.5$，此时极子棒中间的直棒不存在内部应力，两端部质点间引力与自旋离心力恰好平衡，且其引力场关于本体系三个坐标平面均对称。图 4.8(a)展示了上述参数

下极子棒模型的平衡点分布与多个零速度曲面,共有 4 个平衡点,分别为 E_1:$[-1.1499,$ $0,0]^T$、E_2:$[+1.1499,0,0]^T$、E_3:$[0,-0.9199,0]^T$ 和 E_4:$[0,+0.9199,0]^T$。图 4.8 中未绘出三个坐标轴,采用无量纲单位,因此极子棒的长度单位一可作为参考值。表 4.7 对比了极子棒与偶极子模型($\mu_2=0.0$)、细直棒模型($\mu_2=1.0$)对应平衡点的位置坐标,考虑到该算例中模型的对称性,表中仅列出了 E_1 和 E_3 两个平衡点。

(a)　　　　　　　　　　　　(b)

图 4.8　极子棒模型引力平衡点与零速度曲面剖视图

(a) $\kappa=1,\mu_1=\mu_2=0.5$; (b) $\kappa=1,\mu_1=0.0,\mu_2=0.5$

表 4.7　不同简化模型的平衡点位置比较

$\kappa=1,\mu_1=0.5$	极子棒 $\mu_2=0.5$	偶极子 $\mu_2=0.0$	细直棒 $\mu_2=1.0$
E_1	$[-1.1499,0,0]^T$	$[-1.1984,0,0]^T$	$[-1.0832,0,0]^T$
E_3	$[0,-0.9199,0]^T$	$[0,-0.8660,0]^T$	$[0,-0.9608,0]^T$

表 4.8 进一步给出了平衡点位置随系统参数 $[\kappa,\mu_1,\mu_2]^T$ 变化时的移动规律,注意仅针对 $\mu_2\in(0,1)$ 的情况。表中以符号"↗"表示变量增大,符号"≡"表示变量的值固定不变,四个方向的有向箭头表明平衡点坐标的移动方向。举例来说,当参数 κ 和 μ_1 的值固定不变时,共线平动点 E_1 和 E_2 会随着 μ_2 的增加而靠近极子棒,三角平动点则会远离系统质心;而当系统质量比 μ_1 和 μ_2 固定不变时,平衡点会随着受力比的增大而全部远离极子棒质心。当 μ_1 逐渐减小至零值时,极子棒 m_2 一侧的端部质点消失,系统的平衡点分布与零速度曲面如图 4.8(b)所示。内侧靠近极子棒的零速度曲面几何形状已比较接近 Gaspra 的外形,与图 4.8(a)中关于 oyz 平面对称时的情形有明显差别。

表 4.8　在 $\mu_2\in(0,1)$ 时极子棒平衡点随系统参数变化时移动规律

	$x(E_1)$	$x(E_2)$	$x(E_3)$	$y(E_3)$
$\kappa\nearrow,\mu_1\equiv,\mu_2\equiv$	←	→	≡	↓
$\kappa\equiv,\mu_1\nearrow,\mu_2\equiv$	←	←	←	↓
$\kappa\equiv,\mu_1\equiv,\mu_2\nearrow$	→	←	≡	↓

传统偶极子模型在系统受力比 κ 不大于 0.125 的情况下,两个三角平动点将消失[12]。然而上述情况在极子棒模型的仿真中并未出现,仿真中 κ 的最小值已取到 10^{-4}。当然,数值仿真无法保证覆盖极子棒模型平衡点分岔的所有情形。故有必要提醒读者,图 4.8、表 4.7

和表 4.8 中所得仿真结果仅仅给出了极子棒模型在 $\mu_2 \in (0,1)$ 时的一般情况,更多可能结果仍待探讨。

2. 平衡点稳定性

下面简单分析 $\mu_2 \in (0,1)$ 时极子棒模型平衡点的稳定性问题,所用方法与 3.4 节分析改进偶极子模型平衡点稳定性时方法相同,此处不再赘述。平衡点附近 oz 轴方向扰动运动为简谐振动,与 oxy 平面内运动解耦,因此线性化的扰动运动方程为仅考虑 oxy 平面内运动的二元二阶微分方程组。方程中极子棒有效势的雅可比矩阵各元素表达式冗长,简洁起见,书中不再给出具体形式。

为了验证扰动运动方程的正确性,首先对表 4.7 中两类退化模型的三角平动点稳定性开展仿真分析。对于 $[\kappa, \mu_2]^T = [1.0, 0.0]^T$ 的偶极子模型,三角平动点 E_3 线性稳定时质量比 μ_1 的临界值为 0.03852,与限制性三体问题的结果一致[15]。对于 $[\mu_1, \mu_2]^T = [0.0, 1.0]^T$ 的细直棒模型,平衡点 E_3 线性稳定时受力比 κ 的临界值为 4.5481,与文献[4]中临界值一致。注意,细直棒平衡点 E_3 线性稳定的条件是 κ 值不小于 4.5481,该结论与文献[4]中刚好相反。

图 4.9(a)展示了三角平动点的线性稳定区域。图中可以看到一个曲面,曲面下方(参数 $\mu_1 - \mu_2$ 所在平面上方)覆盖区域为平衡点的不稳定区域。平衡点线性稳定时临界值 κ 的最大值约为 25.85,对应 $\mu_1 = 0.5$ 和 $\mu_2 = 0.0$,对应极子棒的退化情形——偶极子模型。换句话说,对于偶极子模型而言,当受力比 $\kappa \geq 25.85$ 时三角平动点线性稳定,否则不稳定。为了更清晰地阐述平衡点稳定性随极子棒系统参数改变时的变化规律,图 4.9(a)中的三维稳定区域分别投影至 $\kappa - \mu_1$ 和 $\kappa - \mu_2$ 两个平面,如图 4.9(b)和(c)所示。

图 4.9(b)给出了四条示例曲线,分别对应 $\mu_1 = [0.0, 0.14, 0.22, 0.5]^T$,各曲线下方对应平衡点的不稳定区域。当系统质量比 μ_1 值固定不变,μ_2 从 10^{-5} 增大到 1.0 的过程中,受力比 κ 的变化规律较为复杂。当 $\mu_1 < 0.22$ 时临界值 κ 会先增大至极大值点,之后再逐渐减小至 4.5481,曲线整体变化趋势类似抛物线分布。上述规律表明,极子棒在 $\mu_1 < 0.22$ 时三角平动点线性稳定的临界值 κ 大于相同系统质量情况下的偶极子和细直棒模型。然而,当 $\mu_1 \geq 0.22$ 时临界值 κ 则随着 μ_2 的增大单调递减。在 $\mu_2 = 1.0$ 对应的细直棒模型时,κ 的临界值取 4.5481。也就是说,当 $\mu_1 \geq 0.22$ 时,在相同系统质量的情况下,极子棒三角平动点附近运动比对应偶极子附近运动发散的要慢,即偶极子中间加入细直棒后导致的系统质量重新分布,使得系统三角平衡点更趋向于稳定。特别指出,此处 μ_1 的临界值 0.22 较为粗略,后续可以通过数值迭代进一步细化。

当 μ_2 固定不变时,极子棒三角平动点稳定性随参数 κ 和 μ_1 的变化规律如图 4.9(c)所示,依然是曲线下方为不稳定区域。仿真分析中 μ_2 的起始值取为 10^{-5},其对应曲线形状与文献[12]非常相近,但本文排除了 $\mu_2 = 0$ 时极子棒退化为偶极子的情况。由图 4.9(c)可知,当 μ_2 的值保持不变并不断增大 μ_1 时,受力比 κ 的临界值会不断增大直至最大值约 25.85(对应 $\mu_1 = 0.5$)。在 $\mu_1 = 0$ 且 $\mu_2 \leq 0.64$ 的情况下,三角平动点稳定时 κ 的临界值会随着 μ_2 的增大而不断增大。若继续增大 μ_2,κ 的临界值则会不断减小直至 4.5481。以 $\mu_2 = 0.5$ 为例,$\mu_1 = [0.0, 0.5]^T$ 时对应 κ 的临界值分别为 6.505 和 13.532。特别的,当 $\mu_2 \geq 0.8$ 后 κ 的临界值几乎为一常值,使得平衡点的不稳定区域近似为一个矩形。这表明极子棒在 $\mu_2 \geq 0.8$ 后,两端部质点对系统三角平动点稳定性的影响已非常小,几乎可以忽略不计。

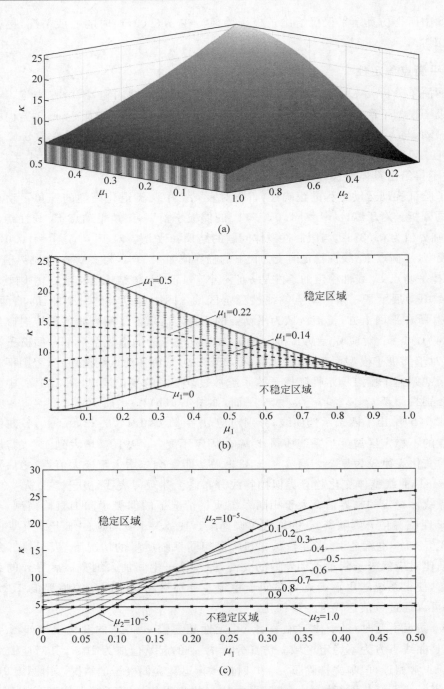

(a)

(b)

(c)

图 4.9 极子棒三角平动点 E_3 的线性稳定区域

(a) 平衡点 $E_3(E_4)$ 线性稳定区域的三维视图；(b) 平衡点稳定区域在 $\kappa - \mu_2$ 平面的投影；
(c) 平衡点稳定区域在 $\kappa - \mu_1$ 平面的投影

简单总结一下，极子棒在系统质量比固定的情况下，受力比越大三角平动点越稳定。根据受力比的定义，对于系统质量固定且极子棒长度不变的情形，系统自旋角速度幅值越小，平衡点越趋于稳定。根据数值仿真结果，极子棒的两个共线平动点均不稳定，此处不再详述。

4.4 引力梯度近似方法

本节以极子棒模型为例,介绍一种应用简化模型近似实际小行星外部引力场分布的方法。对于极子棒模型而言,共有$[\mu_1, \mu_2, \kappa]^T$三个自由参数需要确定。已有近似方法包括4.2节提出的平衡点位置逼近法[11],以及最小化两模型间(简化模型与多面体模型)三轴引力势误差的参数确定法[16]。实际上,小行星引力场中的质点动力学是由引力加速度决定的,亦即引力势的梯度。为此,文中将通过最小化两模型间引力梯度∇U的误差来确定极子棒的三个独立参数。上述误差给出了引力势误差的上限,因此引力势误差在此优化过程中是不会发散的[17]。

4.4.1 简化模型参数优化

由公式(4.18)~式(4.20)以及表4.8知,受力比κ对极子棒引力场的空间拓扑结构有着重要影响。选取极子棒系统质量和自旋角速度与多面体模型相同时,极子棒的特征长度l与受力比具有一一对应的关系。结合公式(4.26)中关系,可知简化模型需要求解的独立参数为$[\mu_1, \mu_2, \kappa]^T$或$[\mu_1, \mu_2, \varepsilon]^T$。上述参数通过在测试区(test zone)中最小化下式中百分比引力梯度误差来求解:

$$\Delta \mathrm{d}U = \sum_{i=1}^{N} \left[100 \times \frac{\| (\nabla U_P)_i - \nabla U_i \|}{\| (\nabla U_P)_i \|} \right] \tag{4.35}$$

式中下标i表示测试区中第i个测试点的序号,N为测试区中所有测试点的数量。引力势的百分比误差可用类似的方式定义,同时提醒读者注意,引力梯度∇U是一个矢量而$\Delta \mathrm{d}U$是一个标量。

测试区是指计算公式(4.35)中引力梯度误差时所划定的引力场范围,如何选取测试区才能更好地获得百分比误差呢?文中拟选取以小行星质心为中心的一个立方体为测试区,该立方体完全包围小行星。小行星内部(表面以内)各测试点将被剔除,因为简化模型仅能近似小行星外部引力场,即便是精度较高的质点群法在小行星内部与多面体法也存在较大误差[18]。为了减少计算量,初步研究中做如下简化:测试区选定为立方体被oxy平面所截取的正方形,即由三维区域简化为二维区域;在上述正方形测试区中引入一个矩形,将小行星内部测试点排除在外,使得有效测试区为oxy平面内正方形剔除内部矩形之后的区域。

测试区正方形边长一般选取为目标小行星长轴的两倍或三倍,更大的边长对于引力梯度误差的计算并没有显著的影响。例如,当测试点与小行星质心间距达到小行星自身尺寸的八倍时,小行星不规则外形引起的引力摄动几乎可以忽略不计,从而被简化为具有相同质量的质点[4]。以近地小行星1996 HW1为例,它的赤道面附近表面引力加速度约为0.8mm/s²,如图4.10所示。当质点距离其质心4km时,所受中心引力约为0.05mm/s²。也就是说,当质点与1996 HW1质心间距达到4km量级时,所受引力加速度约为其表面加速度的1/10。测试区正方形选取时的另一个重要原则是要将所有外部引力平衡点包括在内。实际上,正方形边长可以取至小行星最长轴的4~5倍长度,与本文采用的2~3倍长度相比,引力梯度误差求解效率以及极子棒参数的精度是否会提高,可以通过数值仿真进行分析,此处不再讨论。

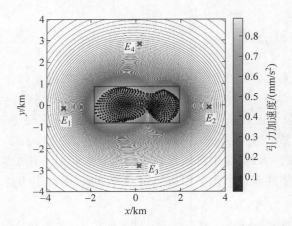

图 4.10 小行星 1996 HW1 的引力平衡点与引力加速度幅值在赤道面内的投影

测试区中内部矩形的引入是为了避免判断测试点是否位于小行星内部,进而提高计算效率。小行星内部测试点剔除的方法有很多,包括可以将内部剔除区域设计为圆形(如布里渊球在赤道面的投影)或者椭圆形等。本文所选取的矩形如图 4.10 所示,长短边分别为小行星外形沿 ox 和 oy 轴在 oxy 平面内投影的最大尺寸值。最终,有效的测试区为图 4.10 中加粗的正方形实线框剔除小行星表面附近加粗的矩形框。

将测试区正方形等间距离散为 $N_x \times N_x$ 个点(N_x 为有限大正实数),计算小行星多面体模型在上述测试点处的引力加速度,以此作为标准值。在同样的测试点上,计算极子棒第 j 组系统参数 $\mathrm{SP}_j = [\mu_1, \mu_2, \varepsilon]_j^{\mathrm{T}}$($1 \leqslant j \leqslant N_j$)时各点处的引力加速度幅值,$N_j$ 为三个系统参数取值个数的乘积。除去小行星表面附近矩形区域测试点后,将多面体和极子棒模型在测试区中有效测试点处的引力加速度代入公式(4.35),计算得到引力梯度百分比误差 ΔdU_j($1 \leqslant j \leqslant N_j$)。比较 N_j 个误差值,找到其中的最小值,进而得到其对应的系统参数,即为所求极子棒最优参数。若想进一步提高极子棒参数精度,可以在已经求得的系统参数邻域内再次离散,计算最优值对应的系统参数。特殊情况下,若有两组系统参数对应的误差值相同(或极为接近),可以增加测试区离散点的个数(即增大 N_x 的值),再次计算后比较求得最优值。

4.4.2 小行星(8567)1996 HW1 算例

以近地小行星 1996 HW1(以下简称 HW1)为例,验证引力梯度近似方法有效性。作为引力场近似时的参考值,HW1 多面体模型由 1392 个顶点和 2780 个三角形侧面构成[19],整体尺寸约为 $3.9 \times 1.6 \times 1.5 \mathrm{km}$,平均密度估计为 $3.56 \times 10^3 \mathrm{kg/m^3}$,由此得到系统总质量约为 $1.54 \times 10^{13} \mathrm{kg}$。小行星自旋周期为 8.757h,它的四个外部引力平衡点与相应零速度曲面在赤道面内的投影分布如图 4.11 所示。

图 4.11 中四个平衡点的位置坐标参见表 4.9,各平衡点的 oz 轴坐标都很小,大概在 0.1‰km 量级。由此可知,HW1 在均质多面体假设下质量分布几乎关于 oxy 平面对称。为了后续讨论方便,四个外部平衡点的位置坐标列于表 4.9 中,忽略 oz 轴方向坐标,参见 A 例多面体模型。应用引力梯度近似方法,表 4.9 中列出了两套极子棒模型参数,测试区离散点个数 N_x 取为 100。B 例求解极子棒模型的优化参数时排除了小行星表面附近矩形区域

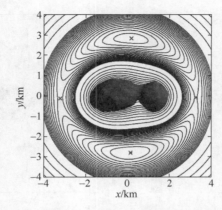

图 4.11　小行星 1996 HW1 的四个外部引力平衡点与零速度面在赤道面内的投影分布

中 21×47 个测试点,而 C 例则将测试区内 100×100 个测试点全部计入。B 例中极子棒特征长度为 2.212km,比 HW1 最长轴的一半略大一点,而 C 例中特征长度值达到了 3.314km,几乎与最长轴的值相同。可见,在计算引力梯度误差时是否剔除了小行星内部测试点对模型参数的确定有很大影响。

表 4.9　小行星 1996 HW1 不同近似模型参数与平衡点位置坐标

$[\mu_1,\mu_2]$	E_1	E_2	E_3	E_4
A [■,■]	$[-3.212,-0.133]$	$[3.268,-0.084]$	$[0.150,-2.808]$	$[0.181,2.826]$
B $[0.358,0.388]$	$[-3.202,0.0]$	$[3.268,0.0]$	$[0.153,-2.810]$	$[0.153,2.810]$
C $[0.461,0.061]$	$[-3.602,0.0]$	$[3.694,0.0]$	$[0.118,-2.484]$	$[0.118,2.484]$

注：A. 多面体模型($\varepsilon=$■,$\kappa=$■,$l=$■);

B. 剔除小行星内部测试点时的极子棒模型($\varepsilon=2.187$,$\kappa=2.394$,$l=2.212$km);

C. 完整正方形测试区时的极子棒模型($\varepsilon=3.276$,$\kappa=0.712$,$l=3.314$km)。

首先分析两例近似模型下平衡点位置误差,具体定义为

$$R_{\text{error}} = \frac{\sqrt{(x-x_{\text{P}})^2 + (y-y_{\text{P}})^2}}{L_{\text{last}}} \tag{4.36}$$

上式中的 L_{last} 为目标小行星最长轴的长度值,如小行星 HW1 最长轴的值 $L_{\text{last}}=3.904$km。由此,表 4.9 中两例不同极子棒模型系统平衡点位置误差分别为

B 例：　$[3.42\%,\quad 2.15\%,\quad 0.09\%,\quad 0.83\%]^{\text{T}}$

C 例：　$[10.55\%,\quad 11.12\%,\quad 8.34\%,\quad 8.91\%]^{\text{T}}$

其中 B 例中位置误差基本在 1‰ 量级,较 C 例中 10‰ 量级的误差要好很多。上述两极子棒模型平衡点绘于图 4.12(a)和(b)中,以符号"○"表示。小行星多面体模型所得平衡点以"×"表示,一并标记在图中。

图 4.12(a)和(b)同时展示了两例近似模型对应的引力加速度百分比误差在 oxy 平面内分布情况。整体而言,加速度误差会随着远离小行星而逐渐降低。在图 4.12(a)中,小行星 HW1 表面附近共有 4 个局部区域的加速度误差超过了 10‰。当质点距离小行星质心达到 2km 时,加速度百分比误差基本低于 4‰,仅有左侧头部附近高于 4‰。极子棒在近似

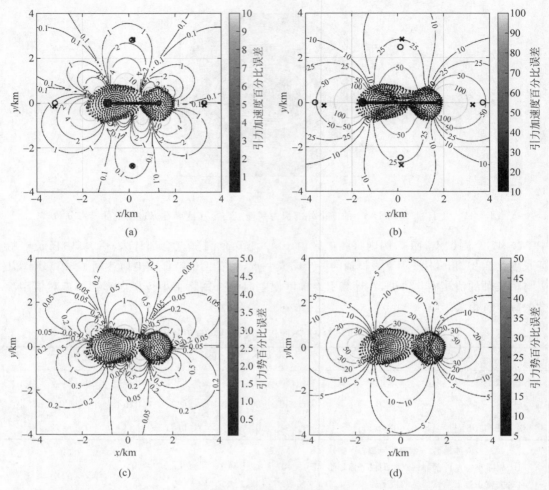

图 4.12　小行星 HW1 多面体模型与极子棒模型间加速度和引力势误差在 oxy 平面内分布

(a) B 例中加速度误差分布；(b) C 例中加速度误差分布；(c) B 例中引力势误差分布；(d) C 例中引力势误差分布

HW1 时的具体位置已绘于图中。对比而言，图 4.12(b) 中引力加速度的百分比误差比图 4.12(a) 中增大了一个量级，在两个共线平衡点处达到了 50%。因此，在计算极子棒与多面体模型间引力梯度百分比误差时，剔除小行星内部测试点是十分必要的，在一定程度上能够提高近似的精度。

应用极子棒近似细长小行星时，除平衡点位置和引力加速度误差外，另一个关心的问题是计算效率。对于 HW1 多面体模型，计算测试区内 100×100 个测试点引力加速度大约需要 39.796s，而换成近似极子棒模型时仅需 0.031s，计算效率提高了近 1300 倍。上述计算时间均在普通个人电脑上运行所得，反映出简化模型较高的计算效率。

近似模型 B 例和 C 例中极子棒与多面体模型间引力势误差见图 4.12(c) 和 (d)。图 4.12(c) 中剔除小行星内部测试点的误差分布要明显优于图 4.12(d) 中算例。由图 4.12(c) 可知，在小行星 HW1 颈部靠近表面的区域，引力势百分比误差会达到 5% 量级。在距离小行星 2km 处，误差值则降低至 0.1%～1%。综上，基于 4.4.1 节中引力场近似方法，应用极子棒近似细长小行星时可以获得极子棒的三个独立参数。近似模型求解过程中，剔除测试区中小行星内部测试点所得模型百分比误差更小。相对于多面体方法而言,极子棒模型在引力势和引力加速度计算效率方面具有明显优势。

4.4.3 与其他简化模型的比较

为了进一步分析极子棒模型的近似效果,仿真分析传统细直棒和偶极子模型近似小行星 HW1 时的引力场误差分布,与极子棒近似模型进行对比研究。小行星 HW1 的多面体模型参数与 4.4.2 节相同,求解简化模型参数时采用 4.4.1 节方法。仿真计算中剔除小行星内部测试点,所得近似模型参数与系统对应平衡点分布等见表 4.10,其中 A 例与表 4.9 中多面体模型一致。

表 4.10　细直棒和偶极子模型近似小行星 1996 HW1 时系统参数与平衡点位置坐标

$[\mu_1,\mu_2]$	E_1	E_2	E_3	E_4
A $[\blacksquare,\blacksquare]$	$[-3.212,-0.133]$	$[3.268,-0.084]$	$[0.150,-2.808]$	$[0.181,2.826]$
D $[0.0,1.0]$	$[-3.250,0.0]$	$[3.250,0.0]$	$[0.0,-2.824]$	$[0.0,2.824]$
E $[0.408,0.0]$	$[-3.193,0.0]$	$[3.261,0.0]$	$[0.175,-2.802]$	$[0.175,2.802]$

注: A. 多面体模型($\varepsilon=\blacksquare$, $\kappa=\blacksquare$, $l=\blacksquare$);
　　D. 剔除内部测试点的细直棒模型($\varepsilon=3.182$, $\kappa=0.777$, $l=3.219\mathrm{km}$);
　　E. 剔除内部测试点的偶极子模型($\varepsilon=1.880$, $\kappa=3.768$, $l=1.902\mathrm{km}$)。

传统细直棒近似模型为 D 例($\mu_1=0.0$, $\mu_2=1.0$),系统仅有一个自由变量 ε 需要求解,其优化结果为 $\varepsilon=3.182$,对应细直棒特征长度 3.219km。对于 E 例($\mu_2=0.0$)中的偶极子而言,两个自由参数的优化结果为 $\mu_1=0.408$ 和 $\varepsilon=1.880$,得到两质点间固定距离为 1.902km。作为细直棒与偶极子模型的拓展和结合,表 4.9 中 B 例极子棒参数全部介于表 4.10 中 D 和 E 两例参数之间。例如,B 例中极子棒特征长度为 2.212km,大于偶极子模型的 1.902km 但小于细直棒模型的 3.219km。换句话说,细直棒和偶极子模型的优化参数给出了极子棒系统参数的上下限。从理论上来讲,极子棒模型在近似细长小行星时所得优化结果不次于细直棒和偶极子模型。

采用公式(4.36)的平衡点位置误差定义,表 4.10 中两算例的平衡点误差分别为

D 例: $[3.54\%, \quad 2.20\%, \quad 3.86\%, \quad 4.64\%]^\mathrm{T}$

E 例: $[3.44\%, \quad 2.16\%, \quad 0.66\%, \quad 0.63\%]^\mathrm{T}$

其中,E 例中的偶极子模型在近似 HW1 时平衡点误差要优于 D 例中的细直棒模型,而算例 B 中的极子棒模型整体上又要略好于 E 例。图 4.13 分别给出了上述简化模型和多面体模型的平衡点分布,"×"对应多面体模型,"○"对应简化模型,两个简化模型的位置分布也绘于图中。

两简化模型与多面体模型间引力加速度百分比误差分布如图 4.13 所示,为方便比较,误差等高线的取值与图 4.12 中相同,HW1 外形则以其多面体模型顶点表示。应用细直棒近似 HW1 时,在距离小行星质心 3km 的地方加速度误差为 2%～4%,沿 oy 轴方向误差要小于沿 ox 方向,小行星表面附近有 6 个区域的误差分布大于 10%。对于图 4.13(b)中偶极子模型而言,近似结果略好于细直棒。以误差分布 1‰等高线为例,图 4.13 中等高线与小行星质心间距离均大于图 4.12(a)中曲线,再次表明极子棒的近似效果要优于其他两类简化模型。

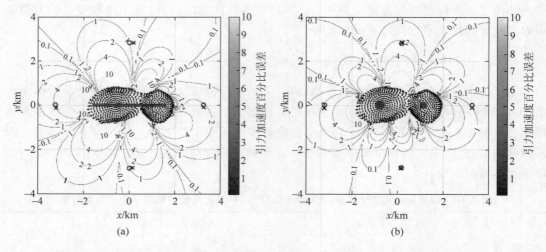

图 4.13 细直棒和偶极子模型近似小行星 HW1 时引力加速度百分比误差分布

(a) 细直棒近似模型；(b) 偶极子近似模型

4.5 仿真算例与讨论

为进一步分析极子棒在引力场近似时误差分布等情况,选取四颗目标小行星分别为 Gaspra,Bacchus,Itokawa 和 103P/Hartley-2(彗核),它们的物理参数等详见表 4.11,包括密度、三维尺寸、系统质量和自转周期等。这四颗小行星的最长轴从 0.56km(Itokawa) 至 21.06km(Gaspra),对应系统质量从 $10^{10} \sim 10^{15}$kg 量级；它们的自转周期各不相同,最短的为 7.042h(Gaspra),最长的为 18.0h(Hartley-2),在一定程度上代表了不同情况的细长小行星。

表 4.11 目标小行星物理参量

小行星	密度/ (g/cm³)	三维尺寸/(km×km×km)	质量/kg	周期/hr	多面体模型顶点和面数
Gaspra	2.71	21.06×12.84×10.52	$2.29×10^{15}$	7.042	2522 & 5040
Bacchus	2.00	1.15×0.54×0.53	$2.71×10^{11}$	14.90	2048 & 4092
Itokawa	1.95	0.56×0.30×0.24	$3.46×10^{10}$	12.132	25350 & 49152
Hartley-2	0.34	2.52×0.94×0.78	$2.75×10^{11}$	18.00	16022 & 32040

4.5.1 误差分析与计算效率

表 4.11 中小行星多面体模型数据均可参考文献[9]及其引文,作为日本 Hayabusa 任务的探测目标,小行星 Itokawa 拥有更高精度的多面体模型数据,三角形侧面数可高达 3145728 个。在计算效率和模型精度间权衡后,书中采用具有 49152 个三角形侧面(25350 个顶点)的多面体模型。采用 4.4.1 节引力场近似方法,剔除小行星接触长方形区域内部测试点,对应各小行星的极子棒优化参数如表 4.12 所示。

表 4.12 极子棒模型近似目标小行星时系统参数

小行星	μ_1	μ_2	ε	κ	l/km
Gaspra	0.022	0.50	1.773	2.203	10.412
Bacchus	0.016	0.799	2.201	3.819	0.701
Itokawa	0.001	0.688	2.301	2.161	0.373
Hartley-2	0.191	0.570	2.670	0.531	1.544

以质量比 μ_2 为例,表 4.12 中其最小值为对应 Gaspra 小行星的 0.50,表明四颗示例小行星近似极子棒模型中细直棒起主导作用,这与小行星 HW1 的 $\mu_2 = 0.388$ 有所不同。特别地,小行星 Bacchus 简化模型 μ_2 的值高达 0.799。上述简化模型中极子棒质量比的不同可以从它们的外形给出解释,如图 4.14 所示。相对而言,小行星 HW1 为接触双星或密接双星(Contact-binary asteroid)式外形,具有较为明显凹陷的颈部区域,类似于一个哑铃,因而质量比 μ_2 较小,极子棒模型近似其引力场分布时偶极子占据了主导地位。对于外形像花生一样的小行星 Bacchus 和 Itokawa 而言,它们的质量分布与细长圆柱形更接近,因此近似极子棒模型中细直棒占主导。

再看近似极子棒系统参数 μ_1,表 4.12 中前三颗小行星对应数值均处在 1% 量级,表明此时极子棒模型中质点 m_1 占据主导。以小行星 Gaspra 为例,其质量比参数 $\mu_1 = 0.022$ 和 $\mu_2 = 0.50$,意味着近似极子棒模型中质点 m_1 的质量几乎与中间细直棒的质量相当,上述结果与 Gaspra 特殊的外形一致,参见图 4.14(a)。

图 4.14 给出了四颗小行星多面体模型和近似极子棒模型间引力加速度百分比误差在 oxy 平面内的分布情况。图中各小行星以其多面体模型顶点表示,对应的近似偶极子模型也绘于图中。由于小行星 Itokawa 多面体模型有 25350 个顶点,过于密集的顶点掩盖了图 4.14(c)中的近似极子棒模型。图中符号"○"代表极子棒模型平衡点,"×"代表多面体模型引力平衡点。总体来讲,多面体模型和对应极子棒模型的引力平衡点在 oxy 面内的位置分布基本重合,二者具有较好平衡点位置一致性。

图 4.14 中引力加速度误差分布最靠近小行星表面的等高线表示 10%,如小行星 Gaspra 左侧头部区域处有两小部分。对于图 4.14(b)中的 Bacchus 而言,误差在 10% 以上区域基本都在内部测试点剔除区域内。若取 1% 的引力加速度误差为可接受误差限,各小行星大于 1% 误差分布的区域基本可以排除它们附近的一个圆形区域。该区域以小行星质心为圆心,以小行星最长轴长度为半径。对于 Bacchus 小行星,其引力场近似效果是示例小行星中最好的,当质点距离 Bacchus 质心 1.15km 时,误差已减小至 0.1% 量级。

从小行星绕飞轨道方面而言,距离小行星表面太近的轨道,即便是逆行轨道一般也不稳定。例如,当年为日本 Hayabusa 任务设计的 Sun-terminator 轨道[20],轨道半径平均为 1.5km 时可以持续绕飞 Itokawa 小行星约半年时间。当轨道半长轴或平均轨道半径小于 1.0km 时,在小行星不规则引力和太阳光压力共同作用下,轨道变得不稳定。基于上述仿真分析,Scheeres 等[20]指出轨道半径大于 1.5km 的绕飞轨道才是探测任务的可行轨道。由图 4.14(c)可知,当质点或航天器距离小行星 Itokawa 质心 1.5km 时,近似极子棒模型与多面体模型在 oxy 平面内误差已降低至 0.1%,在初期分析中该误差已较小,能够提供较好的引力场近似结果,同时也反映了极子棒模型近似细长小行星的可行性。

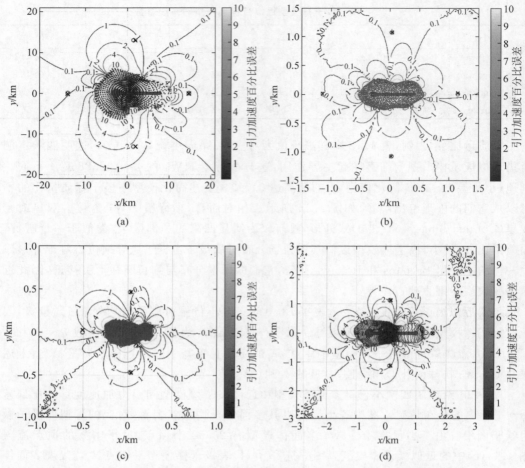

图 4.14 四颗小行星对应极子棒与多面体模型间引力加速度百分比误差分布

(a) 951 Gaspra；(b) 2063 Bacchus；(c) 25143 Itokawa；(d) 103P/Hartley-2

表 4.13 列出了四颗示例小行星在两类模型下的引力平衡点分布情况。每一个小行星对应两行位置坐标，上一行为多面体模型结果，下一行为近似偶极子模型结果。按照公式(4.36)定义，各小行星的平衡点位置误差均处在 1‰ 量级，其中误差最大值为 Gaspra 小行星 E_3 平衡点的 2.42‰，最小值为 Itokawa 小行星共线平动点的 0.36‰。四颗小行星引力平衡点位置误差值如下：

$$\text{Gaspra：} \quad [0.56‰, \quad 0.20‰, \quad 2.42‰, \quad 2.01‰]^T$$
$$\text{Bacchus：} \quad [0.70‰, \quad 2.00‰, \quad 0.44‰, \quad 0.53‰]^T$$
$$\text{Itokawa：} \quad [0.36‰, \quad 0.36‰, \quad 1.82‰, \quad 1.61‰]^T$$
$$\text{Hartley-2：} \quad [1.47‰, \quad 0.25‰, \quad 1.02‰, \quad 0.87‰]^T$$

表 4.13 四颗示例小行星多面体模型和近似极子棒模型的引力平衡点

小行星	E_1	E_2	E_3	E_4
Gaspra	$[-14.213, -0.119]$	$[14.732, -0.038]$	$[1.988, -13.044]$	$[1.901, 13.039]$
	$[-14.209, 0.0]$	$[14.716, 0.0]$	$[1.478, -13.038]$	$[1.478, 13.038]$

续表

小行星	E_1	E_2	E_3	E_4
Bacchus	$[-1.141,0.008]$	$[1.147,0.023]$	$[0.020,-1.074]$	$[0.031,1.072]$
	$[-1.141,0.0]$	$[1.147,0.0]$	$[0.025,-1.073]$	$[0.025,1.073]$
Itokawa	$[-0.509,0.002]$	$[0.518,0.002]$	$[0.036,-0.467]$	$[0.035,0.465]$
	$[-0.509,0.0]$	$[0.518,0.0]$	$[0.026,-0.465]$	$[0.026,0.465]$
Hartley-2	$[-1.453,0.035]$	$[1.550,0.006]$	$[0.142,-1.129]$	$[0.138,1.129]$
	$[-1.441,0.0]$	$[1.552,0.0]$	$[0.117,-1.123]$	$[0.117,1.123]$

结合平衡点位置误差和图 4.14 中的引力加速度相对误差,四颗示例小行星中近似效果最好的是 Bacchus。除共线平衡点 E_2 外,其他平衡点位置误差均小于 1%。同时,E_1 和 E_4 平衡点附近的引力加速度误差小于 0.1%,其他两平衡点附近引力加速度误差小于 1%。上述极子棒模型近似结果应该能够为 Bacchus 引力场中动力学分析提供很好的初值。与多面体模型相比,细长小行星近似偶极子模型具有很高的计算效率,可以为小行星附近长时间轨道演化等提供高效的估算结果[21]。

4.5.2 近似 433 Eros 小行星

对于前文提到的几颗细长小行星,极子棒能够较好地近似它们的外部引力场分布,比传统细直棒和偶极子模型具有更高的近似精度(参见 4.4.3 节)。Elipe 和 Lara 曾经采用细直棒模型近似过小行星 Eros 的引力场,它们的近似精度如何? 如果应用极子棒模型近似 Eros 外部引力场,是否能够获得更高的近似精度? 这些问题实际上是本章研究内容的出发点之一,在详细讨论过极子棒模型动力学特性和引力场近似方法之后,本节尝试给出答案。

图 1.6(a)展示了 Eros 小行星四个外部引力平衡点以及零速度曲面在 oxy 平面内的分布情况,其多面体模型由 5078 个顶点和 10152 个三角形侧面构成[22]。计算中取平均密度为 $2.67 \times 10^3 \mathrm{kg/m^3}$,对应系统质量约为 $6.7 \times 10^{15} \mathrm{kg}$,小行星自转周期取为 5.27h。四个平衡点在 oxy 平面内坐标分别为 E_1:$[-19.2128,2.6481]^\mathrm{T}$,$E_2$:$[19.7861,3.3822]^\mathrm{T}$,$E_3$:$[-0.4847,-14.7710]^\mathrm{T}$ 和 E_4:$[0.4589,14.0138]^\mathrm{T}$。两个共线平动点的 oy 轴坐标值较之前的 Gaspra 等小行星明显偏大。图 4.15 按照文献[4]中的方法计算了细直棒模型近似 Eros 引力场分布时的加速度百分比误差。沿 ox 轴方向,质点距离 Eros 质心达 31km 时加速度误差仍大于 12%,两个共线平衡点附近的引力加速度误差更是高达 30%。上述近似结果即便是在不规则引力场定性分析中也是难以接受的。

采用引力梯度近似方法,图 4.16(a)给出了近似极子棒模型与 Eros 多面体模型间引力加速度百分比误差。近似极子棒优化后的系统参数分别为 $\mu_1 = 0.429$、$\mu_2 = 0.580$ 和 $\varepsilon = 2.356(\kappa = 0.520)$,对应极子棒特征长度 l 为 19.851km,所得引力势百分比误差绘于图 4.16(b)中。相比于图 4.15 中 31km 处细直棒与多面体模型间 12% 的引力加速度误差,极子棒模型有明显提高,在 ox 轴上 31km 处相对误差在 1%~2% 之间,对应引力势误差则小于 1%。即便如此,E_1 和 E_2 两个共线平衡点位置误差很大,且附近的加速度误差高达 10%。与 4.5.1 节算例中小行星相比,Eros 的近似效果并不理想。特别的,Eros 三角平衡点 E_3 的 ox 轴坐标为负值,无论是细直棒还是极子棒模型,都无法在系统可行参数下求得类似负值。综上,极子棒模型不太适合近似像 Eros 一样质量分布极不规则的小行星。

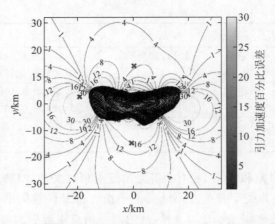

图 4.15　Elipe 等[4] 应用细直棒近似小行星 Eros 引力场时加速度百分比误差

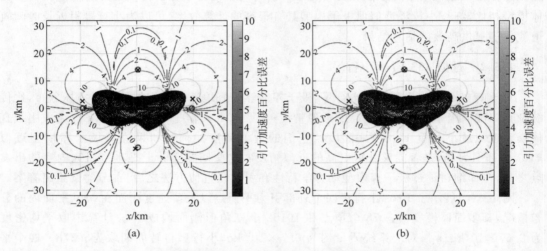

(a)　　　　　　　　　　　　　　(b)

图 4.16　极子棒模型近似 Eros 小行星时引力加速和引力势百分比误差

（a）引力加速度百分比误差；（b）引力势百分比误差

4.6　小结

　　提出了两种应用简化模型近似细长小行星外部引力场分布的方法,一类是针对偶极子模型的平衡点位置逼近法,另一类是针对极子棒模型的引力梯度近似方法。书中以小行星多面体模型所得引力场为真值,以 Geographos,Kleopatra,Gaspra,1996 HW1,Bacchus,Itokawa 和 103P/Hartley-2 等 7 颗小行星为例,求解了对应偶极子模型的系统参数,为上述小行星引力场内动力学特性的初步分析提供了高效的简化模型。

　　为进一步提高简化模型近似精度,文中详细分析了极子棒模型的动力学特性,包括简化模型受力比与多面体模型对应参数间关系、引力平衡点分布特性与稳定性等。针对极子棒模型,提出了引力梯度近似方法,以 1996 HW1 小行星为例详细讨论了方法的应用和有效性。通过对比分析极子棒模型在近似细长小行星 Gaspra 等与 Eros 的异同,发现极子棒模型适合于近似质量分布关于 ox 轴和 oy 轴较为对称的细长小行星,而在近似 Eros 时效果并不理想。

参考文献

[1] 李俊峰,曾祥远,张韵. 小行星的奇特动力学[J]. 力学与实践,2016,38(6):603-611.

[2] 李俊峰,曾祥远. 不规则小行星引力场内的飞行动力学[J]. 力学进展,2017,47:429-451.

[3] Liu X D,Baoyin H X,Ma X R. Equilibria,periodic orbits around equilibria and heteroclinic connections in the gravity field of a rotating homogeneous cube[J]. Astrophysics and Space Science,2011,333:409-418.

[4] Elipe A,Lara M. A simple model for the chaotic motion around (433) Eros[J]. Journal of the Astronautical Sciences,2003,51(4):391-404.

[5] Hirabayashi M,Morimoto M Y,Yano H,et al. Linear stability of collinear equilibrium points around an asteroid as a two-connected-mass:Application to fast rotating asteroid 2000EB14[J]. Icarus,2010,206(2),780-782.

[6] Bartczak P,Breiter S. Double material segment as the model of irregular bodies[J]. Celestial Mechanics & Dynamical Astronomy,2003,86(4):131-141.

[7] Zeng X Y,Jiang F H,Li J F,et al. Study on the connection between the rotating mass dipole and natural elongated bodies[J]. Astrophysics and Space Science,2015,356(1):29-42.

[8] Scheeres D J,Ostro S J,Hudson R S,et al. Dynamics of orbits close to asteroid 4179 Toutatis[J]. Icarus,1998,132(1):53-79.

[9] Wang X Y,Jiang Y,Gong S P. Analysis of the potential field and equilibrium points of irregular-shaped minor celestial bodies[J]. Astrophysics and Space Science,2014,353:105-121.

[10] Ostro S J,Jurgens R F,Rosema K D,et al. Radar observations of asteroid 1620 Geographos[J]. Icarus,1996,121(1):46-66.

[11] Williams T,Abate M. Capabilities of furlable solar sails for asteroid proximity operations[J]. Journal of Spacecraft and Rockets,2009,46(5):967-975.

[12] Prieto-Llanos T,G-mez-Tierno M A. Stationkeeping at Libration Points of Natural Elongated Bodies[J]. Journal of Guidance,Control,and Dynamics,1994,17(4):787-794.

[13] Romanov V A,Doedel E J. Periodic orbits associated with the libration points of the massive rotating straight segment[J]. International Journal of Bifurcation and Chaos,2014,24(4):1430012.

[14] Riaguas A,Elipe A,Lara M. Periodic orbits around a massive straight segment[J]. Celestial Mechanics and Dynamical Astronomy,1999,73(1/4):169-178.

[15] Murray C D,Dermott S F. Solar system dynamics[M]. Cambridge:Cambridge University Press,1999.

[16] Zeng X Y,Zhang Y L,Yu Y,et al. The dipole segment model for axisymmetrical elongated asteroids[J]. The Astronomical Journal,2018.

[17] Colagrossi A,Ferrari F,Lavagna M,et al. Dynamical evolution about asteroids with high fidelity gravity field and perturbations modeling[C]//AAS 15-637,AAS/AIAA Astrodynamics Specialist Conference,Vail,CO,2015.

[18] Chanut T G G,Aljbaae S,Carruba V. Mascon gravitation model using a shaped polyhedral source[J]. Monthly Notices of the Royal Astronomical Society,2015,450:3742-3749.

[19] Magri C,Howell E S,Nolan M C,et al. Radar and photometric observations and shape modeling of contact binary near-Earth asteroid (8567) 1996 HW1[J]. Icarus,2011,214:210-227.

[20] Scheeres D J,Gaskell R,Abe S,Barnouin-Jha O,et al. The actual dynamical environment about

Itokawa[C]//AIAA 2006-6661，AIAA/AAS Astrodynamics Specialist Conference and Exhibit，Keystone，CO，2006.

[21] Zeng X Y，Alfriend K T. Periodic orbits in the Chermnykh problem[J]. Astrodynamics，2017，1(1)：41-55.

[22] Yeomans D K，Antreasian P G，Barriot J P，et al. Radio science results during the NEAT-Shoemaker spacecraft rendezvous with Eros[J]. Science，2000，289(5487)：2085-2088.

第5章
环绕细长小行星的周期轨道

5.1　引言

为了呼吁世人关注愈发严重的太空垃圾问题,欧空局 ESA 于 2013 年对地球轨道卫星做了一个估算[①]:自 1957 年苏联第一颗人造卫星发射以来,已有 40 多个国家发射了大约 6600 多颗卫星,截至 2013 年约有 3600 颗在轨,其中仅有 1000 颗卫星正常运行,其他均已成为太空垃圾,严重威胁着其他在轨卫星以及未来的发射任务。换个视角,这 6000 多颗卫星虽然数量很大,若按照它们运行轨道形状分类的话,却仅有两类(视地球为理想球体时的二体问题):以地心为圆心的圆轨道和以地心为焦点之一的椭圆轨道。上述轨道满足开普勒轨道定律,在航天探测实践中已发展出一整套较为完善的轨道设计理论。试想将上述轨道的中心天体替换为一颗不规则的小行星,航天器绕飞周期轨道是否仍然存在? 若小行星引力场内存在周期轨道,如何求得周期解、轨道形状还是简单的圆或者椭圆吗? 是否会有新的轨道类型? 轨道稳定性如何? 上述问题正是本章研究内容的出发点。

作为揭示小行星复杂力学环境的重要手段,小行星引力场中周期轨道已受到众多学者的关注。特别地,小行星附近的稳定周期轨道可以选作绕飞航天器的停泊轨道[1,2]。然而,由于小行星-质点动力系统的不可积性、形状各异小行星质量分布非对称等,不规则引力场中周期轨道的求解异常困难。不变流行理论可以给出小行星平衡点附近线性化的扰动周期解(参见 2.5.2 节),但并不适用于大范围周期轨道的求解。小行星引力场中的质点动力学方程(2.5)与限制性三体问题方程具有相同形式(实际引力势函数不同),意味着限制性三体问题中有关周期轨道的研究方法可以为本文提供参考。

在限制性三体问题周期轨道的研究中,人们最初采用摄动法,从系统两天体质量比为零的特殊情况出发,解析延拓求取周期轨道族及其分岔轨道[3]。在 Szebehely 关于限制性三体问题的专著[4]中,一些数值求解的周期轨道也被囊括其中。近年来,Riaguas[5]、Elipe[6] 和 Lara[7] 等研究了细直棒附近的周期轨道。值得注意的是,上述研究工作都考虑了动力学模型的对称性。真实的小行星显然不具有如此良好的对称性,甚至质量分布严重不规则。Lara 和 Pelaez[8] 讨论了一类内蕴微分算法,可以不考虑模型的对称性。他们以限制性三体为例,以远离模型质心的开普勒轨道为初值,应用内蕴微分算法进行数值延拓,获得了多族周期轨道。

本章以偶极子模型近似细长小行星,求解小行星引力场中周期轨道并分析其特性。文中首先给出周期轨道的描述与定义、传递矩阵与单值矩阵的概念,介绍一种不依赖于模型对称性的周期轨道搜索方法以及轨道延拓方法。之后以小行星 1620 Geographos 近似偶极子模型为例,求解周期轨道并分析轨道延拓特性和稳定性等。改变近似偶极子模型的系统参数,针对不同拓扑类型偶极子模型,求解引力场中周期轨道。此后,介绍一类时间最短周期轨道的概念,应用间接法将最优控制问题转化为两点边值问题,打靶求解小行星引力场中周期轨道。

---

①　https://en.wikipedia.org/wiki/Satellite

5.2 环绕周期轨道

5.2.1 周期轨道定义

均匀自旋小行星引力场内质点运动的动力学方程为公式(2.5)或公式(2.12),对于此类二阶自治微分系统,周期解满足如下条件:

$$\exists\, T > 0, \quad \boldsymbol{\xi}(\boldsymbol{r}_0, \boldsymbol{v}_0, t+T) = \boldsymbol{\xi}_0(\boldsymbol{r}_0, \boldsymbol{v}_0, t), \quad \forall\, t \in \mathbb{R} \tag{5.1}$$

式中 $\boldsymbol{r}_0$ 和 $\boldsymbol{v}_0$ 分别为小行星本体坐标系中 $t=0$ 时刻质点的位置和速度矢量,T 为轨道周期。上式中变量 $[\boldsymbol{r}_0, \boldsymbol{v}_0, T]^{\mathrm{T}}$ 完全确定一条周期轨道,其中轨道周期 T 是唯一的,而状态矢量 $[\boldsymbol{r}_0, \boldsymbol{v}_0]^{\mathrm{T}}$ 则可以选取周期轨道上任意一点。在实际讨论中,初始状态变量一般取为周期轨道与选定参考截面的交点,如图 5.1 所示,图中以偶极子模型代替细长小行星。

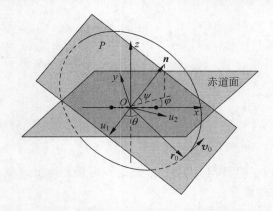

图 5.1 偶极子模型引力场中周期轨道与参考截面示意图

图 5.1 中有两个参考坐标系,分别为小行星本体坐标系 $oxyz$、与参考截面 P 固连的局部坐标系 ou_1u_2n。局部坐标系中平面 ou_1u_2 与截面 P 重合,具有共同法向矢量 $\boldsymbol{n}$。坐标轴 ou_1 位于截面 P 和赤道面的交线,截面 P 内的坐标轴 ou_2 与 ou_1 和 $\boldsymbol{n}$ 形成右手坐标系,满足矢量关系 $\boldsymbol{n}=\boldsymbol{u}_1\times\boldsymbol{u}_2$。截面 P 的法向单位矢量 $\boldsymbol{n}$ 可以由两个空间角 ψ 和 φ 来描述,如图 5.1 所示,具体定义为

$$\boldsymbol{n} = [\cos\psi\cos\varphi, \quad \cos\psi\sin\varphi, \quad \sin\psi]^{\mathrm{T}}, \quad \psi \in \left[-\frac{\pi}{2}, \frac{\pi}{2}\right], \quad \varphi \in [-\pi, \pi) \tag{5.2}$$

由此可得质点初始速度矢量的表达式

$$\boldsymbol{v}_0 = v_0 \cdot \boldsymbol{n} = \| \boldsymbol{v}_0 \| \cdot \boldsymbol{n} \tag{5.3}$$

质点位于截面 P 上的初始位置矢量 $\boldsymbol{r}_0$ 在本体坐标系中表达式为

$$\boldsymbol{r}_0 = \begin{bmatrix} x \\ y \\ z \end{bmatrix} = r_0 \cdot \begin{bmatrix} \sin\varphi\cos\theta + \cos\varphi\sin\psi\sin\theta \\ -\cos\varphi\cos\theta + \sin\varphi\sin\psi\sin\theta \\ -\cos\psi\sin\theta \end{bmatrix} \tag{5.4}$$

式中 θ 为矢量 $\boldsymbol{u}_1$ 和 $\boldsymbol{r}_0$ 之间的夹角,r_0 为位置矢量的幅值。欲搜索经过某一参考截面的所有周期轨道,夹角 θ 的可行域应为 $[-\pi, \pi)$。

5.2.2 传递矩阵与单值矩阵

引入辅助状态向量 $\boldsymbol{\gamma} = [\boldsymbol{r}, \boldsymbol{v}]^{\mathrm{T}}$，质点绕飞小行星时的动力学方程可以简记为

$$\dot{\boldsymbol{\gamma}} = F(\boldsymbol{\gamma}) \tag{5.5}$$

参考 2.5 节平衡点扰动运动方程的推导过程，上式的线性化扰动方程为

$$\delta\dot{\boldsymbol{\gamma}}(t) = \frac{\partial F(\boldsymbol{\gamma})}{\partial \boldsymbol{\gamma}} \cdot \delta\boldsymbol{\gamma}(t) = A(t) \cdot \delta\boldsymbol{\gamma}(t) \tag{5.6}$$

矩阵 $A(t)$ 为方程 $F(\boldsymbol{\gamma})$ 的雅可比矩阵，形式与公式（2.54）相同，其中 3×3 维的 Hessian 矩阵各分量具体表达式[81] 如下：

$$
\begin{cases}
V_{xx} = -1 + \kappa \left\{ (1-\mu) \left[\dfrac{1}{r_1^3} - \dfrac{3(x+\mu)^2}{r_1^5} \right] + \mu \left[\dfrac{1}{r_2^3} - \dfrac{3(x+\mu-1)^2}{r_2^5} \right] \right\} \\[2mm]
V_{yy} = -1 + \kappa \left\{ (1-\mu) \left[\dfrac{1}{r_1^3} - \dfrac{3y^2}{r_1^5} \right] + \mu \left[\dfrac{1}{r_2^3} - \dfrac{3y^2}{r_2^5} \right] \right\} \\[2mm]
V_{zz} = \kappa \left\{ (1-\mu) \left[\dfrac{1}{r_1^3} - \dfrac{3y^2}{r_1^5} \right] + \mu \left[\dfrac{1}{r_2^3} - \dfrac{3y^2}{r_2^5} \right] \right\} \\[2mm]
V_{xy} = V_{yx} = -3\kappa y \left[(1-\mu) \cdot \dfrac{x+\mu}{r_1^5} + \mu \cdot \dfrac{x+\mu-1}{r_2^5} \right] \\[2mm]
V_{xz} = V_{zx} = -3\kappa z \left[(1-\mu) \cdot \dfrac{x+\mu}{r_1^5} + \mu \cdot \dfrac{x+\mu-1}{r_2^5} \right] \\[2mm]
V_{yz} = V_{zy} = -3\kappa yz \left[\dfrac{1-\mu}{r_1^5} + \dfrac{\mu}{r_2^5} \right]
\end{cases}
\tag{5.7}
$$

式中各量参见 2.4 节偶极子模型动力学部分，此处不再重复给出解释。

方程（5.6）积分求解时满足

$$\delta\boldsymbol{\gamma}(t_1) = \boldsymbol{\Phi}(t_1, t_0) \cdot \delta\boldsymbol{\gamma}(t_0) \tag{5.8}$$

式中轨道传播的状态转移矩阵满足关系式

$$\dot{\boldsymbol{\Phi}}(t, t_0) = A(t) \cdot \boldsymbol{\Phi}(t, t_0) \tag{5.9}$$

以及初值性质 $\boldsymbol{\Phi}(t_0, t_0) = \boldsymbol{I}_{6 \times 6}$。假设初始状态矢量为 $\boldsymbol{\gamma}_0$ 的周期轨道运行周期为 T，轨道状态转移矩阵传播一个完整周期 T 所得矩阵即为单值矩阵，定义式为

$$\boldsymbol{K}(T) = \boldsymbol{\Phi}(T, t_0) \tag{5.10}$$

单值矩阵通常以 $\boldsymbol{M}(T)$ 表示，为避免与系统质量 M 混淆，此处以 $\boldsymbol{K}(T)$ 表示。通过分析单值矩阵特征根的分布情况，可以判定轨道的稳定性。研究发现，单值矩阵 $\boldsymbol{K}(T)$ 为辛矩阵，由于小行星均匀自旋的假设会存在至少二重的"+1"特征根。此外，若 λ 是单值矩阵的一个特征值，那么其倒数 λ^{-1}、共轭复数 $\bar{\lambda}$，以及共轭复数的倒数 $\bar{\lambda}^{-1}$，都是与 λ 具有相同重数的特征根。如果单值矩阵的所有特征根均不大于一，周期轨道线性稳定（不足以预测非线性系统时轨道是否稳定）。若任何一个特征值满足 $|\lambda| > 1$，轨道不稳定。

依据单值矩阵特征根的类型，在不考虑二重根"+1"的情况下，其余 4 个特征根在复平面内的分布共有 9 种拓扑类型[10]，如图 5.2 所示。图中 Case-1 为复鞍点，Case-2 为实鞍点，Case-3 和 Case-4 均为退化鞍点，Case-5 为中心鞍点，Case-6 为一般中心，Case-7 和 Case-8 对应退化中心，Case-9 为恒同点。当单值矩阵特征值分布类型为图中 Case-1 至 Case-5 中任一鞍点情况时，周期轨道不稳定。当特征值分布为 Case-6 至 Case-9 中类型时，周期轨道

线性稳定。若将二重根"＋1"考虑在内,六个特征根在复平面的分布类型会更加复杂[11]。

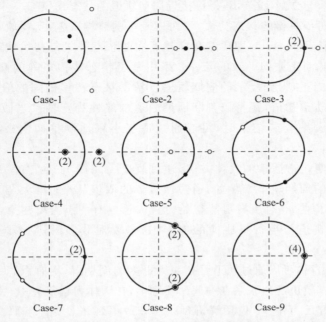

图 5.2 单值矩阵四个特征根在复平面内分布的拓扑类型(不考虑二重根"＋1")

5.2.3 分层网格法与轨道延拓

不考虑简化模型的对称性,采用一类改进的分层网格法[12]来搜寻三维周期轨道。针对细长小行星近似偶极子模型,搜索周期轨道的具体步骤[10]如下:

(1) 给出速度矢量 $\boldsymbol{v}_0$:在可行域内给出确定截面 P 法向单位矢量 $\boldsymbol{n}$ 的两个角度值 ψ 和 φ,再给出初始速度的幅值 v_0,依据公式(5.2)和式(5.3)得到质点的初始速度矢量 $\boldsymbol{v}_0$。

(2) 给出位置矢量 $\boldsymbol{r}_0$:给定质点初始位置矢量的幅值 r_0,其最大值一般不应过大,例如不大于 5LU(LU 为归一化距离单位,1LU 表示偶极子模型两质点间距离)。给定初始位置矢量 $\boldsymbol{r}_0$ 在截面 P 内的方位角 θ,根据公式(5.4)确定初始位置矢量,至此已给出轨道初始状态向量 $\boldsymbol{\gamma}_0 = [\boldsymbol{r}_0, \boldsymbol{v}_0]^\mathrm{T}$。

(3) 检查系统能量 $\widetilde{E}$ 的值:

$$\widetilde{E} = \frac{1}{2} \| \dot{\boldsymbol{r}} + \boldsymbol{\omega} \times \boldsymbol{r} \| + U \tag{5.11}$$

保证系统能量为负值,避免前两步给定的状态初值 $\boldsymbol{\gamma}_0$ 对应双曲逃逸轨道。在 $\widetilde{E} < 0$ 的情况下,对给定初值沿动力学方程进行积分,积分时间设定的足够长(例如,仿真程序中设定为 60π,即小行星自转周期的 30 倍)。积分的终端状态 $\boldsymbol{\gamma}_\mathrm{f} = [\boldsymbol{r}_\mathrm{f}, \boldsymbol{v}_\mathrm{f}]^\mathrm{T}$ 若仍在小行星附近,检查轨迹的截止条件——质点穿越截面 P 时轨道速度方向与截面正法向保持一致(包括多次穿越截面的轨迹)。

(4) 如果质点轨迹终端状态满足截止条件,分析轨道初始状态 $\boldsymbol{\gamma}_0$ 与终端状态 $\boldsymbol{\gamma}_\mathrm{f}$ 的残差,定义为 $\Delta s = \| \boldsymbol{\gamma}_\mathrm{f} - \boldsymbol{\gamma}_0 \|$。如果残差大于期望误差值,该轨道及其对应的状态初值不符合周

期轨道条件,需要退回至第一步更换初值重新计算。如果状态残差小于期望误差,则采用一类打靶算法[13]来进一步减小残差,获得更接近周期轨道的状态初值。

(5)经过上述四步获得的状态初值,均对应较小的终端残差,所得轨道则为"疑似周期轨道"(Potential periodic orbit),即质点在穿越截面时状态矢量与初始状态矢量极为接近,且末态速度满足与截面正法向一致的条件。采用基于状态转移矩阵的微分修正算法[14],对上述轨道进一步修正,得到所求的周期轨道。基于状态转移矩阵的修正算法不仅可以求得更精确的周期轨道初值,还可以判断周期轨道的线性稳定性。当微分修正偶尔不能给出收敛结果或者预期收敛结果时,可以通过适当小幅地调整初值来提高周期解的收敛性。

以上介绍了周期轨道搜索的具体方法,通过改变$[\psi, \varphi, \theta, r_0, v_0]^T$等五个参数,可以得到不同初值时对应的周期轨道。例如,通过改变θ的取值从$-\pi$增大至π,理论上可以得到截面 P 内向径幅值为 r_0 时所有可能初始位置矢量。有一点需要注意,在上述周期轨道搜索中并没有排除轨道与小行星碰撞的情形,这需要对收敛解进一步检查以排除碰撞结果。

在求得周期轨道后,可以通过轨道延拓获得更多的周期解,更有意思的是,不同类型的轨道之间也可以通过轨道延拓联系在一起。实际上,在天体力学研究中,关于保守系统中自然周期轨道族的研究已有不少,包括解析延拓[3]和数值延拓[8]等。参照文献[8]中延拓方法,由公式(5.1)定义的周期轨道在延拓时应满足如下条件:

$$\xi(\boldsymbol{\gamma}_0 + \Delta\boldsymbol{\gamma}_0, T + \Delta T) - (\xi_0 + \Delta\xi_0) = \boldsymbol{0} \tag{5.12}$$

上式要求找到小的增量 $\Delta\boldsymbol{\gamma}_0$ 和 ΔT,使得延拓之后的新轨道 ξ 仍为周期解。将上式在原始周期轨道初值附近展开并略去二阶以上高阶项,可以得到关于状态量和周期的线性方程

$$\left[\frac{\partial \boldsymbol{\gamma}(T)}{\partial \boldsymbol{\gamma}_0} - \boldsymbol{I}_{6\times 6}\right] \cdot \Delta\boldsymbol{\gamma}_0 + \dot{\boldsymbol{\gamma}}(T) \cdot \Delta T = \boldsymbol{0} \tag{5.13}$$

当原始周期轨道各量有了小的增量后,系统对应的雅可比积分相应地改变为

$$\nabla C(\boldsymbol{\gamma}_0) \cdot \Delta\boldsymbol{\gamma}_0 + \Delta C_0 = 0 \tag{5.14}$$

在以往研究中,针对笛卡儿坐标系[15]和 Frenet 标架[8],人们基于一类内蕴微分算法通过状态量的三阶微分求解新轨道所需的增量 $\Delta\boldsymbol{\gamma}_0$ 和 ΔT。书中以雅可比积分的梯度作为轨道延拓方向,具体表达式为

$$\frac{\Delta \boldsymbol{\gamma}_0}{\| \Delta \boldsymbol{\gamma}_0 \|} = \widetilde{\varepsilon} \cdot \nabla C(\boldsymbol{\gamma}_0) = \widetilde{\varepsilon} \cdot \begin{bmatrix} \nabla V_0 \\ \boldsymbol{v}_0 \end{bmatrix} \tag{5.15}$$

式中 $\widetilde{\varepsilon}$ 为一很小的标量参数,表征着轨道延拓的步长。V_0 为原始周期轨道的有效势,$\boldsymbol{v}_0$ 为原始周期轨道在本体坐标系中的速度矢量。

在实际计算过程中,第 i 个周期轨道施加微小状态增量 $\Delta\boldsymbol{\gamma}_0^i$ 后,待求的第 $i+1$ 个周期轨道对应的状态变量为

$$\widetilde{\boldsymbol{\gamma}}_0^{i+1} = \begin{bmatrix} \boldsymbol{r}_0^{i+1} \\ \boldsymbol{v}_0^{i+1} \end{bmatrix} = \boldsymbol{\gamma}_0^i + \Delta\boldsymbol{\gamma}_0^i = \begin{bmatrix} \boldsymbol{r}_0^i \\ \boldsymbol{v}_0^i \end{bmatrix} + \widetilde{\varepsilon} \cdot \begin{bmatrix} \nabla V_0^i \\ \boldsymbol{v}_0^i \end{bmatrix} \tag{5.16}$$

之后采用打靶算法对轨道状态初值和对应周期进行修正,得到第 $i+1$ 条周期轨道真正的初值 $\boldsymbol{\gamma}_0^{i+1}$。实际中求得的 $\boldsymbol{\gamma}_0^{i+1}$ 往往与公式(5.16)中猜测的初值存在一定的误差,同时在打靶求解轨道初值过程中 ΔT^i 也是一维变量。

5.3 小行星 1620 Geographos 绕飞周期轨道

细长小行星 216 Kleopatra 和 25143 Itokawa 等均有类似哑铃一样凹陷的颈部区域,而 1620 Geographos 的颈部区域则是隆起,它的长轴(本体坐标系 ox 轴方向)与短轴的比值高达 2.7[16],使其成为细长小行星的典型代表。Geographos 小行星首次由 A G Wilson 和 R Minkowski 发现,其高精度的多面体模型则来源于 1994 年近距离飞掠地球时的天文观测。图 5.3 给出了 Geographos 小行星多面体模型三视图,它的物理参数和多面体模型等可参见 4.2.2 节,近似偶极子模型[11]参数为 $[\kappa, \mu]^{\mathrm{T}} = [1.158476, 0.440]^{\mathrm{T}}$。

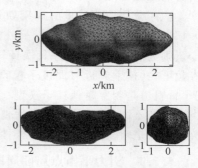

图 5.3 小行星 Geographos 多面体模型三视图

搜索周期轨道时,Geographos 引力场由近似偶极子模型给定,以期为具有相同拓扑类型引力场的一类细长小行星提供参考。第 4 章中求解细长小行星近似偶极子模型时,忽略了小行星内部平衡点,通过逼近外部引力平衡点位置分布求得偶极子近似参数。为了同时研究偶极子模型引力场内周期轨道特性,下文将偶极子模型内部引力平衡点也考虑在内。图 5.4 给出了近似偶极子模型的平衡点及零速度曲面在 oxy 平面内分布(归一化单位),五个平衡点 $E_1 \sim E_5$ 均不稳定。

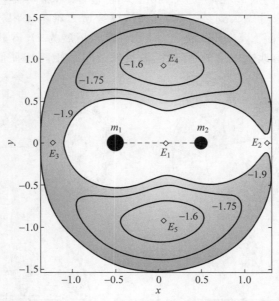

图 5.4 小行星 Geographos 近似偶极子模型平衡点与零速度线分布

图 5.4 中五个平衡点对应的雅可比积分值分别为 $C_{E_1} = -2.3124, C_{E_2} = -1.9036, C_{E_3} = -1.8623, C_{E_4} = C_{E_5} = -1.5314$。由于近似偶极子模型质量比已接近 0.5,平衡点 E_2 和 E_3 的雅可比积分值较为接近。各零速度线对应的雅可比积分值已标注在图中,给出了质点运动的可行区域。例如,当质点运动的雅可比积分值为 -1.9 时(略大于平衡点 E_2 的雅可比

积分值),其不可达区域为图中阴影区域。不可达区域将 oxy 平面近似划分为两个区域,仅有平衡点 E_2 附近联通,即平面 oxy 内运动的质点在偶极子模型附近时,仅可通过平衡点 E_2 附近的联通区域转移至外部宽阔的可行运动区域。

应用分层网格法求解周期轨道时,实际计算中角度 ψ 取以下离散值 $[0, 0.05\pi, 0.1\pi,$ $0.15\pi, 0.2\pi, 0.25\pi, 0.3\pi]^{\mathrm{T}}$,另外的角度 φ 在 $[0, 0.5\pi]$ 区间内按照 0.1π 的步长取值。循环变量则为 θ、r_0 和 v_0,程序每次计算约 100 组初值下的结果,运行时间大约 5 分钟。在上述参数下,共搜索到近似偶极子模型引力场中几千个周期解。首先,对周期轨道进行碰撞检测,看轨道是否穿越偶极子模型;其次分析不同截面时所得周期解是否有类型重复(依据分类方法的不同,筛选轨道的方法也不同)。在上述筛查之后,从保留的周期解中再选择一部分典型轨道,作为下文轨道多样性和复杂性的算例。

5.3.1 引力平衡点局部周期轨道

图 5.5 给出了平衡点 $E_2 \sim E_5$ 附近的多族局部周期轨道,虚线表示某一族周期轨道的起始轨道,其他轨道为改变雅可比积分时延拓所得。小行星 Geographos 以近似偶极子模型代替绘于图中,系统的平衡点不再给出。图中周期轨道类型包括共线平动点 E_2 和 E_3 附近的平面 Lyapunov 轨道、平衡点 E_3 附近的 Halo 轨道、$E_2 \sim E_5$ 附近的垂直 Lyapunov 轨道等。上述轨道与限制性三体问题中各平衡点附近轨道类似,除了展示近似偶极子模型附近局部周期轨道类型外,也间接表明了分层网格搜索方法在搜寻三维周期轨道时的有效性。

根据轨道外形分类时,部分轨道在数值延拓过程中会出现分岔现象,得到不同类型的周期轨道。例如,环绕平衡点 E_3 的平面 Lyapunov 轨道,随着雅可比积分值的增加轨道尺寸会不断增大。当轨道尺寸增大到某一临界值时,继续增大雅可比积分会使得轨道延拓出现分岔,其中一族仍为平面 Lyapunov 轨道,而另一族则拓展为 Halo 轨道。不过上述延拓中轨道外形的变化并没有改变轨道的稳定性,两类轨道单值矩阵特征值分布均对应图 5.2 中

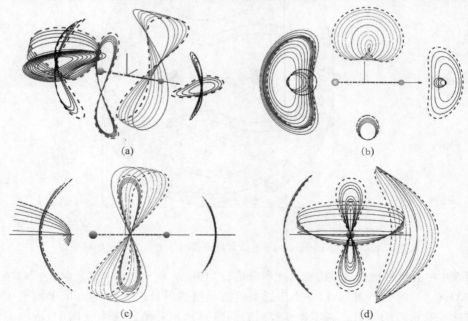

(a)　　　　　　　　(b)

(c)　　　　　　　　(d)

图 5.5　小行星 Geographos 近似偶极子模型平衡点附近局部周期轨道

(a) 3D;(b) oxy;(c) oxz;(d) oyz

的 Case-5，表明二者均不稳定。

轨道延拓过程中周期轨道拓扑类型也有发生改变的情况，即单值矩阵的特征值出现变化。以三角平动点 E_4 附近的三维周期轨道为例，图 5.5(d) 所示为周期轨道在 oyz 平面内的投影，可以看到初始轨道为一条 Halo 轨道（虚线），在一个完整周期内轨道没有交点。随着雅可比积分的增大，周期轨道沿 oy 轴方向的尺寸会不断减小，直至在 oxy 平面内出现自相交的交点，此时对应一条垂直 Lyapunov 轨道。在上述轨道延拓过程中，随着轨道形状的变化，单值矩阵特征根的分布类型也发生了改变，由起始轨道的 Case-2，经 Case-3 最终变化至 Case-4（参见图 5.2），故该族轨道均不稳定。此类轨道在 $E_2 \sim E_5$ 的四个平衡点附近都存在，因为这几个平衡点周围均存在沿 oz 轴的二维稳定流形。对于此算例中的三角平衡点而言，不存在平面 Lyapunov 轨道，因为平衡点附近不存在 oxy 平面内稳定流形。

图 5.6 所示为近似偶极子模型平衡点 E_1 附近周期轨道族，图中五个系统平衡点以菱形符号表示，三维坐标轴并未画出，轨道尺寸以偶极子尺寸为参考。初始轨道为图中虚线所示，对应雅可比积分值为 0.4736（无量纲），随着雅可比积分不断减小，共求得 2807 个周期解，直至轨道尺寸缩减至平衡点 E_1 处。图中示例轨道自初始轨道起，延拓所得的周期解每隔 100 个绘制一条，可以看到轨道倾角不断增大且轨道尺寸逐渐减小

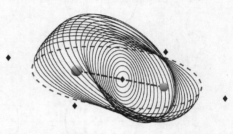

图 5.6　小行星 Geographos 近似偶极子
模型平衡点 E_1 附近周期轨道

的趋势。初始轨道应为小行星表面附近的环绕周期轨道，轨道倾角约 $3\pi/4$ 的周期解对应小行星颈部绕飞轨道，族内其他轨道可为小行星引力场中的星际尘埃运动提供参考。

平衡点 E_1 附近尺寸很小的轨道在实际中不存在或与小行星相撞，此处绘于图中一来保持数值延拓中轨道族的完整性，二来从理论方面研究轨道延拓的拓扑类型变化等。如果增大初始轨道的雅可比积分，轨道倾角进一步减小为零，成为 oxy 平面内一条逆行周期轨道，文中不再讨论。在数值延拓过程中，上述轨道（包括未绘制在图 5.6 中的全部延拓周期解）单值矩阵特征乘子的变化规律如图 5.7 所示。为了能够看清楚特征乘子的变化规律，大于 7 的特征值全部略去，对应的均为不稳定轨道，另外图中特征值拓扑类型的变化规律则单独列于图 5.8 中。

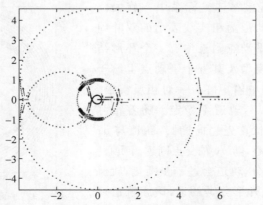

图 5.7　图 5.6 中周期轨道延拓中轨道单值矩阵特征根的变化规律

图 5.8 中略去了周期轨道的二重根"＋1"，绘制了其他四个特征根的变化规律，带方向的箭头标明了特征根移动的方向。该族周期轨道在延拓过程中共发生了 8 次特征根类型的改变，由最初的 Case-6 改变至最终的 Case-5 类型，其中仅有 Case-6 和 Case-8 对应的轨道稳定，其他自 Case-8 之后的周期解均不稳定。一个有意思的现象是，上述轨道在延拓过程中轨道外形随着雅可比积分的减小而缓慢变化，但轨道的拓扑类型却发生了复杂的改变。为了深入研究偶极子模型附近周期轨道延拓特性及其稳定性等，可以对更多类型周期轨道开展类似讨论，以期为理解细长小行星引力场中动力学特性提供参考。

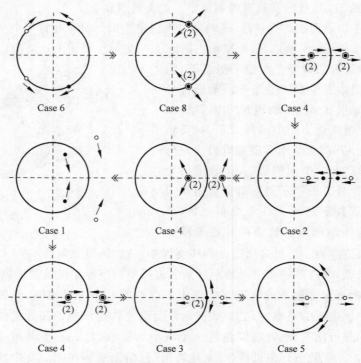

图 5.8　图 5.7 中周期轨道单值矩阵特征根变化时的具体拓扑类型

5.3.2　大范围周期轨道

图 5.9 所示为小行星本体坐标系中一族大范围平面周期轨道，起始轨道为粗实线表示的双叶周期轨道，其在两个三角平动点附近均有一个环形结构，小行星近似偶极子模型及其五个平动点也绘于图中。起始双叶轨道的单值矩阵有一对相反实根、一对复根和二重根"＋1"，轨道不稳定。随着雅可比积分的增大，轨道形状首先趋向椭圆，轨道与 ox 轴的交点会靠近系统质心，与 oy 轴交点则远离质心。如果继续增大雅可比积分，轨道会进一步圆化，轨道尺寸则不断增大。按照外形分类的话，该族轨道可以分为双叶轨道、拟椭圆轨道和近圆轨道。

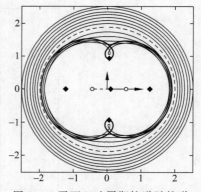

图 5.9　平面双叶周期轨道随轨道
雅可比积分减小时变化情况

仿真发现,图 5.9 中轨道族有一条临界轨道,由加粗的虚线表示。轨道尺寸小于该临界轨道的周期解均不稳定,单值矩阵特征根类型为 Case-5。随着雅可比积分增大,起始轨道逐渐延拓至临界轨道时,特征根类型会出现分岔,由原来不稳定的 Case-5 变为 Case-7,即临界轨道单值矩阵在复平面上存在一对单位圆上的复根和四重根"+1"。再继续增大雅可比积分,轨道尺寸也不断增大使其趋向于近圆轨道,此时所得周期轨道均线性稳定,单值矩阵特征乘子类型为 Case-6。

图 5.10 记录了另外一族周期轨道,初始轨道(并非平面轨道)与 oxy 平面间有一定夹角,在图 5.10(a)和(b)中以加粗虚线表示。当增加轨道的雅可比积分时,轨道倾角会不断增大,直至轨道形状发生变化,由原来简单的空间曲线变为有两个自相交的交点的周期轨道,好似给小行星戴上了一顶"草帽",故暂且称之为"草帽轨道"。继续增大轨道的雅可比积分值,草帽轨道的上下两个环形部分会逐渐靠近 oxy 平面,最终衍化为一条 oxy 平面内的周期轨道。相反,若减小初始轨道的雅可比积分,延拓轨道会保持类似外形且逐渐趋近 oxy 平面。继续减小雅可比积分值,会得到 oxy 平面内的拟椭圆轨道,并最终趋向于近圆轨道,如图 5.10(b)所示。

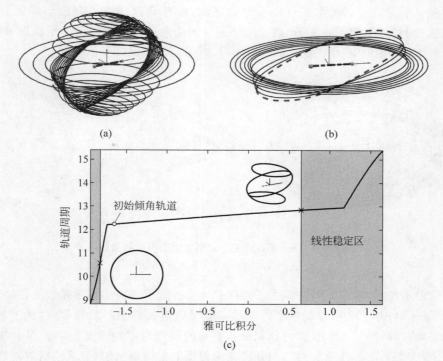

图 5.10 平面双叶周期轨道随雅可比积分减小时变化情况

(a) 增大雅可比积分;(b) 减小雅可比积分;(c) 轨道延拓中周期随雅可比积分值的变化规律(归一化单位)

对于图 5.10 中的初始倾角,无论增大或者减小轨道的雅可比积分值,轨道延拓后最终都将变化为 oxy 平面内的周期轨道。图 5.10(c)给出了轨道周期与雅可比积分之间的关系,初始倾角轨道在图中曲线上以符号"○"表示。图中二者关系曲线为一折线,包括基本为直线的三段线段,两端斜率较大的直线段对应平面周期轨道。如果将 5.10(a)和(b)中的轨道绘于同一图中,二者的某些平面近圆轨道几乎重合,但它们的轨道周期却有很大差别。这是因为增加雅可比积分所得延拓轨道为多圈周期轨道(上下两个环状部分退化至 oxy 平面内,形成三重周期轨道),相比于图 5.10(b)中相同尺寸的单圈周期轨道,图 5.10(a)中多圈周期轨道的轨道周期大约要多出 4 个多小时。

在轨道延拓中,上述周期轨道的稳定性也发生了改变。图 5.10(c)中以符号"×"标注了两条临界轨道,雅可比积分小于 −1.5 的临界轨道是一条平面近圆轨道,而雅可比积分大于 0.5 的临界轨道则是一条草帽轨道,两轨道之间的所有周期轨道均不稳定,单值矩阵特征值分布对应 Case-5。图 5.10(c)中有两个线性稳定区域,左侧稳定区域对应常见的平面逆向近圆轨道,而右侧稳定区域包括两类轨道,斜率较小曲线段对应草帽轨道,拐点后对应平面轨道。在小行星探测中,草帽轨道对小行星观测的覆盖区域明显优于平面近圆轨道,但其非线性稳定性及长期传播特性有待进一步研究。

最后一族示例轨道是类 8 字形轨道,轨道自相交的交点位于平衡点 E_3 附近,轨道分为上下两叶,如图 5.11 所示。该族周期解的初始轨道由加粗虚线表示,不断增大雅可比积分获得图中所示周期轨道族,图 5.11(a)为三维视图,图 5.11(b)为 oxz 平面内投影视图。初始轨道的上叶(沿 oz 轴正向位于 oxy 平面上方)略大于轨道下叶,上下两叶轨道自相交的交点也位于 oxy 平面上方。随着雅可比积分的增大,两叶轨道的交点会逐渐降低直至落入 oxy 平面内。继续增大雅可比积分,轨道上下两叶的交点一直保持在 oxy 平面内,此时上下两叶轨道会互相靠近直至完全落入 oxy 平面内,成为双倍周期的平面轨道。

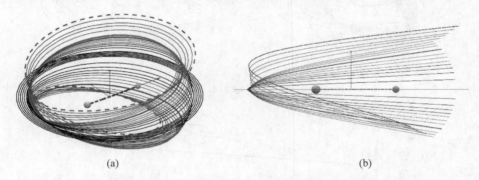

(a)   (b)

图 5.11   增大雅可比积分时类 8 字形周期轨道族
(a) 三维视图;(b) oxz 平面内投影视图

初始轨道不稳定,单值矩阵特征乘子对应 Case-2。数值延拓中临界轨道线性稳定,特征乘子对应 Case-6,图 5.11 中以加粗实线表示。临界轨道具有很好的对称性,关于平面 oxy 和平面 oxz 均对称,继续增大其雅可比积分所获得的周期轨道均线性稳定。在上述延拓过程中,通过增大类 8 字形轨道雅可比积分可以求得平面倍周期轨道,但减小倍周期轨道的雅可比积分并不能延拓回到类 8 字形轨道。也就是说,通过改变轨道能量方式进行轨道延拓时,图 5.11 所示轨道族的延拓是有方向的,同一族轨道如何实现双向延拓仍待讨论。

5.4   其他类型周期轨道

根据平衡点稳定性的不同,偶极子模型可以分为三类:第一类具有五个不稳定的引力平衡点,第二类仅有三个共线的引力平衡点($\kappa \leqslant 0.125$,三角平衡点消失),第三类的五个引力平衡点中两个非共线平衡点线性稳定(参见 2.4 节)。小行星 Geographos 近似偶极子模型[17]属于第一类,本节将拓展上述讨论,进一步分析另外两类偶极子模型引力场中的周期轨道。同样地,书中在已求得的多族周期轨道中,选择性地给出几类,用以分析不同拓扑类型引力场对绕飞周期轨道的影响。

5.4.1 线性稳定平衡点 E_1 绕飞轨道

仿真分析中任取第二类偶极子模型参数为 $[\kappa, \mu]^T = [0.12, 0.5]^T$,该组参数与 Hirabayashi 等[18]近似快速自旋小行星 2004EB14 时基本一致。此时偶极子模型的三角平衡点消失,仅有三个共线平动点,且中间的平衡点 E_1 线性稳定,对应的传递矩阵具有三对纯虚根。图 5.12(a)和(b)给出了 E_1 附近的一族周期轨道,起始轨道由粗虚线表示,图 5.12(a)中轨道为增大雅可比积分延拓所得周期解,图 5.12(b)中为雅可比积分减小时所得周期解。图中偶极子两质点间距离为单位一,与图 5.10 中倾角轨道对比,虽然轨道外形相近,但轨道尺寸要小了很多。

图 5.12 偶极子模型线性稳定平衡点 E_1 附近周期轨道族
(a) 散增大雅可比积分;(b) 减小雅可比积分

在判定周期轨道的稳定性时,除了前文提到的单值矩阵外,还可以采用"稳定指数"[19](Stability index)。我们已经知道,公式(5.10)中单值矩阵的特征根都是成对出现的。对于动力学方程(2.5)一样的哈密顿系统,周期轨道单值矩阵特征根形如 $[\lambda_i, 1/\lambda_i]$ $(i = 1,2,3)$,其中的二重根"+1"对应轨道的正切位移。其他两对特征根满足下式:

$$\prod_{j=1}^{2}(\lambda^2 - k_j\lambda + 1) = 0 \tag{5.17}$$

式中两个稳定指数的定义分别为 $k_1 = \lambda_1 + 1/\lambda_1$ 和 $k_2 = \lambda_2 + 1/\lambda_2$。当稳定指数 k_1 和 k_2 均为实数且 $|k_i| < 2(i = 1,2)$ 时周期轨道线性稳定,当任意一个稳定指数大于 2 时轨道不稳定。若稳定指数 k_1 和 k_2 任意一个达到临界值 ±2 时,周期轨道延拓中有可能发生分岔,得到新的周期轨道类型。

上述稳定指数最初用来分析平面周期轨道的稳定性,分别对应延拓时轨道曲线的主法向和从法向,更多关于 Frenet 标架下轨道延拓的讨论参见文献[61]。采用该方法尝试分析图 5.12 中三维周期轨道的稳定性时,对应稳定指数的变化情况如图 5.13 所示,图中主要给出了稳定指数在 $[-2,2]$ 之间的分布图,整个轨道延拓过程中稳定指数变化规律则作为子图置于图 5.13 中(k_2 的全局变化规律见子图)。图 5.12 中粗虚线表示的起始轨道在图 5.13 中以"☆"标注。图中稳定指数 k_2 与 +2 有两个交点,分别对应两侧线性稳定区域的起始点,即 k_2 到达临界值后轨道稳定性发生了改变。图中 $k_1 = +2$ 也有两点,分别以"○"标注,两临界点之间的轨道均为三维的,经过临界点后轨道退化为平面轨道。随着轨道雅可比积分的不断减小(即图 5.13 中左侧线性稳定区域),两个稳定指数均到达 -2,但仿真中并未发现轨道分岔现象。

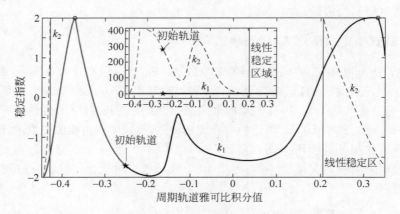

图 5.13　图 5.12 中周期轨道族稳定指数变化规律

此外,在线性稳定平衡点 E_1 附近还求得了一族与图 5.6 中外形类似的周期轨道,它们的稳定性与图 5.6 中轨道完全不同。限于篇幅,此处不再给出图示,仅做简单介绍。该族轨道中平均半径小于 $0.113d$(d 为偶极子特征长度,归一化长度单位)的周期轨道线性稳定,它们已非常靠近平衡点 E_1。增大雅可比积分进行延拓时,轨道平均半径会不断增大至边界值约 $0.675d$。进一步增大雅可比积分时,轨道延拓至偶极子模型附近几乎与两质点相撞。对比该族轨道与图 5.6 中周期轨道知,当平衡点 E_1 线性稳定时,一般对应小行星快速自旋情况,此时 E_1 附近的环绕周期轨道只有在很小范围内线性稳定;当 E_1 不稳定时,近距离环绕周期轨道也不稳定。据此估计,细长小行星颈部绕飞的星际尘埃等应该都不稳定,绕飞一段时间内或撞击小行星表面,或飞离小行星引力场。

5.4.2　线性稳定三角平衡点周期轨道

为了讨论线性稳定三角平动点附近周期轨道,不失一般性地给出一组偶极子参数 $[\kappa,\mu]^T = [30,0.5]^T$,三角平动点线性稳定的条件和稳定区域参见文献[20]。鉴于平衡点 E_4 和 E_5 关于 oxz 平面对称,仅需给出一个平衡点附近周期轨道,另一平衡点附近的周期轨道可以通过对称性获得。图 5.14 给出了两族示例轨道,图 5.14(a)为平衡点 E_5 旁垂直 Lyapunov 轨道,图 5.14(b)为 E_4 附近平面 Lyapunov 轨道,对应的偶极子模型也绘于图中。

图 5.14(a)中起始轨道为尺寸最大的周期轨道,由粗虚线表示,轨道周期约 6.34 TU(归一化时间单位),几乎为 2∶1 共振轨道,单值矩阵特征值类型为 Case-5。轨道虽然不稳定,但其最大特征值的幅值相对较小,因此质点沿该轨道运行时依然可以在平衡点附近保持一段时间。减小雅可比积分时,周期轨道会沿着轨道尺寸不断减小的趋势延拓,直至图中粗实线表示的临界轨道。继续减小雅可比积分所求解的周期轨道尺寸更小,均为线性稳定周期解。同样地,图 5.14(b)中临界轨道也采用粗实线表示,轨道尺寸小于临界轨道的周期解均线性稳定。不同的是,图 5.14(b)中起始轨道为靠近平衡点 E_4 处尺寸最小的轨道,该轨道族由起始轨道不断增大雅可比积分所得,轨道周期从 7.783 TU 逐渐减小至 7.038 TU,

轨道尺寸越大周期越小。

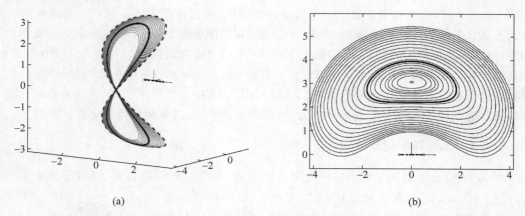

(a)　　　　　　　　　　　　　(b)

图 5.14　三角平衡点 E5 和 E4 附近周期轨道族

（a）E_5 附近垂直 Lyapunov 轨道；（b）E_4 附近平面 Lyapunov 轨道

在以往有关太阳－地球或者地球-月球限制性三体问题研究中,航天探测往往关注靠近较小天体(如地月系统中的月球)的共线平动点 L_1 和 L_2[21-23],而系统中三角平动点则更多地用于天体力学研究中,包括特洛伊小行星的发现[4]以及研究土星卫星运动规律[24]等。由于三角平动点距离两主天体较远,并不适合开展主天体探测任务,故少有研究。然而综合本节有关线性稳定平衡点附近周期轨道的研究,在小行星探测中三角平衡点附近绕飞轨道比共线平衡点处应更加实用。

图 5.15 所示为另外一族新型周期轨道,线性稳定的三角平动点 E_4 以符号"×"表示,图中坐标采用归一化单位长度,偶极子模型未画出。起始周期轨道由粗虚线表示,对应雅可比积分值为－14.42,轨道周期约 13.30 TU(均为归一化单位),该轨道周期约为图 5.14(b)中相同尺寸轨道周期的两倍。随着雅可比积分的增大,起始轨道沿 oy 轴最远端会不断靠近平衡点 E_4,逐渐形成一个封闭的内层环。轨道靠近偶极子一侧(沿 oy 轴 E_4 下方)先远离 E_4 到达边界值后再次靠近平衡点。

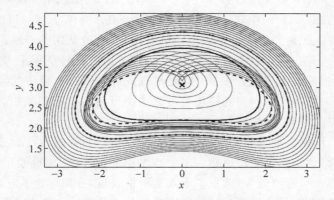

图 5.15　本体坐标系下线性稳定平衡点 E_4 附近周期轨道族

当轨道雅可比积分值增大到－14.20 时,内层环形轨道与外层轨道恰好重合,对应图 5.15 中粗实线标注的第一条临界轨道,是一个轨道周期为 14.87 TU 的倍周期轨道。若继续增大雅可比积分,倍周期轨道的尺寸不断增大但会保持倍周期的属性。当轨道雅可比积分增大到-13.96时,延拓轨道获得图中第二条临界轨道,由加粗带点实线表示。轨道雅可比积分大于第二条临界轨道的周期解全部线性稳定,亦即图中第二条临界轨道外侧的周期轨道均线性稳定,单值矩阵特征乘子类型为Case-6。上述倍周期轨道外形与图5.14(b)中类似,但其稳定性变化规律几乎相反。图5.14(b)和图5.15中两类平衡点附近周期轨道,为航天探测轨道任务设计提供了更多的选择。另有与图5.15中相似外形轨道,在增大雅可比积分时轨道靠近偶极子一侧会形成内层环,此处不再多做介绍,感兴趣的读者可尝试求解。

5.4.3　其他新型周期轨道

图5.16给出了偶极子模型线性稳定平衡点E_4附近一族周期轨道,偶极子参数依然为$[\kappa,\mu]^{\mathrm{T}}=[30,0.5]^{\mathrm{T}}$,起始轨道由粗虚线表示,形如马鞍面的边界曲线。起始轨道的周期约12.51 TU,几乎为偶极子自旋周期的两倍,雅可比积分约为-13.93。当减小轨道雅可比积分进行数值延拓时,轨道形状会不断被拉平,直至成为oxy平面内的周期轨道,再进一步减小雅可比积分时,数值延拓很难再进行。

当增大起始轨道的雅可比积分时,鞍形曲线的中点(即与oyz平面交点)会沿oz轴方向增大,而曲线对称分布的两端点则会沿oz轴负向移动,同时两端点不断靠近oyz平面。轨道延拓的最终结果是关于oyz对

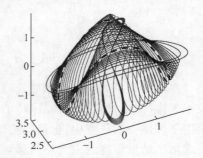

图5.16　本体坐标系下线性稳定平衡点E_4附近三维周期轨道族

称的两叶完全重合,得到一类倍周期的垂直Lyapunov轨道,轨道周期约为12.59 TU,几乎为图5.14(a)中相同尺寸轨道周期的两倍。图5.16中的鞍形轨道将平面Lyapunov轨道和倍周期的垂直Lyapunov轨道通过延拓成功联系在一起。特别地,除了延拓所得平面轨道外,图5.16中所有轨道均线性稳定,具有Case-6类型的单值矩阵特征根。

书中给出的最后一族示例轨道如图5.17所示,是外形像中国结一样的大范围空间周期轨道,中间的偶极子模型参数依然为$[\kappa,\mu]^{\mathrm{T}}=[30,0.5]^{\mathrm{T}}$。图5.17(a)和(b)中起始轨道相同,由粗实线表示,图5.17(a)中轨道族为减小雅可比积分所得,图5.17(b)中轨道族为增大雅可比积分值所得。无论是增大还是减小雅可比积分,轨道延拓的最终结果都是oxy平面内的周期轨道。对于图5.17中所求整族周期轨道,单值矩阵特征根类型一致,对应不稳定的Case-5,但特征根的最大值不大于9。因此,轨道虽然不稳定,但依然可以绕飞小行星一段时间,可以作为未来小行星探测的备选轨道之一。更多关于小行星引力场中周期轨道的讨论亦可参见文献[12]和文献[25]。

以上是应用分层网格搜索算法仿真求解的周期轨道,再通过改变轨道雅可比积分的方式进行数值延拓,得到整个周期轨道族。书中在求得的近40族周期轨道中,略去了简单的平面逆行轨道和部分草帽轨道等,选取了十几族示例轨道,分别讨论了它们的数值延拓特性和轨道稳定性等,对于细长小行星附近周期轨道的分析具有一定意义,同时可为未来小行星探测轨道设计提供参考。

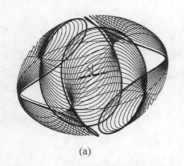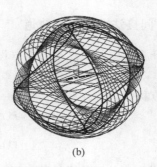

(a)　　　　　　　　　　　　　　　(b)

图 5.17　偶极子模型引力场中环绕周期轨道族
(a) 减小雅可比积分；(b) 增大雅可比积分

5.5　最优控制方法求解周期轨道

作为现代控制理论的核心，最优控制（Optimal control）是在满足一定约束条件下，致力于寻求使得优化性能指标取极值的最优控制策略。最优控制理论是 20 世纪 50 年代在空间技术推动下发展起来的，以美国学者贝尔曼（Richard E. Bellman）动态规划和苏联学者庞特里亚金（Lev S. Pontryagin）极大值原理为代表的两类常用方法，有效地解决了控制有闭集约束的变分问题[26]。在航天探测任务设计中，最优控制问题往往能够给出时间最短转移轨道[27]或者燃料最优控制策略[28]等，为任务规划提供了有效的参考。

对于小行星引力场中的自然周期轨道，质点运动过程中并没有实际的控制量，不存在类似于航天器轨道转移过程中推进系统输出的控制加速度，而是只有质点运动的状态变量。因此，书中仅是借鉴最优控制问题的求解方法，尝试建立周期轨道搜索时的优化模型，再通过数值方法求取周期解。对于一个最优控制问题而言，一般有三类求解方法，包括直接法、间接法和混合法。

直接法是将状态变量和（或）控制变量在控制区间（如规定时间内）按一定规律离散，求解系统满足动态约束条件或代数约束条件（同时满足终端约束和性能指标取极值）时的控制序列。直接法简单直观，通常能够给出问题的可行解，但很难求得最优解。间接法[29]通过引入拉格朗日乘子和协态变量，将原最优控制问题转化为一个两点边值问题（two point boundary value problem，TPBVP）或有内点约束时的多点边值问题（multi-point boundary value problem，MPBVP），应用打靶法求解状态－协态微分方程组的解来获得最优轨线和最优控制策略。

间接法满足最优控制中的一阶变分必要条件，能够给出问题的极值或最值，但由于引入的协态变量没有实际的物理意义且收敛域很小，在 TPBVP 或 MPBVP 求解过程中往往面临协态变量初值敏感甚至不收敛的困难[30]。为了提高协态变量初值猜测效率或化解初值敏感困难，部分学者提出了有限差分近似法[31]和协态变量归一化[13]等技术，另一部分学者则转向了混合法[32,33]，将两点或多点边值问题进一步转化为非线性规划问题。顾名思义，混合法是将直接法和间接法综合考虑，引入协态微分方程后，应用直接法求解离散的状态-协态微分方程组。关于最优控制问题求解方法的详细讨论，可参见李俊峰等专著[34]或者文献[28]。

5.5.1 间接法求解周期轨道

对于保守系统中的质点动力学方程(2.12),质点在本体坐标系中的速度矢量满足

$$\boldsymbol{v}(t) = \dot{\boldsymbol{r}}(t) = [v_x(t), v_y(t), v_z(t)]^{\mathrm{T}} \tag{5.18}$$

从而将状态方程(2.12)改写为

$$\begin{cases} \dot{\boldsymbol{r}}(t) = \boldsymbol{v}(t) \\ \dot{\boldsymbol{r}}(t) = \dfrac{\partial V}{\partial \boldsymbol{r}} - 2\,\boldsymbol{\omega} \times \dot{\boldsymbol{r}} \end{cases} \tag{5.19}$$

此动力学方程中并无实际控制量,而是仅包含状态矢量 $\boldsymbol{\gamma}(t) = [\boldsymbol{r}(t), \boldsymbol{v}(t)]^{\mathrm{T}}$ 的六维一阶微分方程组。

假设某一周期轨道上质点在 t_0 时刻的状态满足初态约束方程

$$\boldsymbol{\Psi}_0 = \boldsymbol{\gamma}(t_0) - \boldsymbol{\gamma}_0 = \begin{bmatrix} \boldsymbol{r}(t_0) - \boldsymbol{r}_0 \\ \boldsymbol{v}(t_0) - \boldsymbol{v}_0 \end{bmatrix} = \boldsymbol{0} \tag{5.20}$$

式中 $\boldsymbol{r}_0$ 和 $\boldsymbol{v}_0$ 为 t_0 时刻在周期轨道上任选一点的位置和速度矢量,一般为已知变量。质点在轨道上运行至 t_f 时刻时满足末态约束方程

$$\boldsymbol{\Psi}_f = \boldsymbol{\gamma}(t_f) - \boldsymbol{\gamma}_f = \begin{bmatrix} \boldsymbol{r}(t_f) - \boldsymbol{r}_f \\ \boldsymbol{v}(t_f) - \boldsymbol{v}_f \end{bmatrix} = \boldsymbol{0} \tag{5.21}$$

对于周期轨道而言,文中 t_f 时刻恰好为一个轨道周期 T。因此,末态时刻状态变量应满足如下关系式:

$$\boldsymbol{\gamma}_f - \boldsymbol{\gamma}_0 = \begin{bmatrix} \boldsymbol{r}_f - \boldsymbol{r}_0 \\ \boldsymbol{v}_f - \boldsymbol{v}_0 \end{bmatrix} = \boldsymbol{0} \tag{5.22}$$

应用最优控制方法搜索周期轨道时,最大化如下拉格朗日型性能指标:

$$J = -\int_{t_0}^{t_f} \lambda_0 \cdot \mathrm{d}t = -\lambda_0 \int_{t_0}^{t_f} \mathrm{d}t \tag{5.23}$$

式中 λ_0 是一个新引入的常值参数,在以往现代控制理论参考书[26,29]中多取为 1,其具体作用将在下文中协态变量归一化时详细介绍。书中采用间接法求解最优控制问题,引入拉格朗日乘子向量 $\boldsymbol{\lambda}(t) = [\boldsymbol{\lambda}_r(t), \boldsymbol{\lambda}_v(t)]^{\mathrm{T}}$,定义 Hamilton 函数

$$H(\boldsymbol{r}, \boldsymbol{v}, \boldsymbol{\lambda}, t) = -\lambda_0 + \boldsymbol{\lambda}^{\mathrm{T}}(t) \cdot \dot{\boldsymbol{\gamma}}(t) = -\lambda_0 + \boldsymbol{\lambda}_r^{\mathrm{T}} \cdot \boldsymbol{v} + \boldsymbol{\lambda}_v^{\mathrm{T}} \cdot \left(\frac{\partial V}{\partial \boldsymbol{r}} - 2\,\boldsymbol{\omega} \times \dot{\boldsymbol{r}} \right) \tag{5.24}$$

则增广性能指标可记为

$$\begin{aligned} \hat{J} &= \int_{t_0}^{t_f} [H(\boldsymbol{r}, \boldsymbol{v}, \boldsymbol{\lambda}, t) - \boldsymbol{\lambda}^{\mathrm{T}}(t) \cdot \dot{\boldsymbol{\gamma}}(t)] \mathrm{d}t \\ &= -\boldsymbol{\lambda}^{\mathrm{T}}(t_f) \cdot \boldsymbol{\gamma}(t_f) + \boldsymbol{\lambda}^{\mathrm{T}}(t_0) \cdot \boldsymbol{\gamma}(t_0) + \int_{t_0}^{t_f} [H(\boldsymbol{r}, \boldsymbol{v}, \boldsymbol{\lambda}, t) + \dot{\boldsymbol{\lambda}}^{\mathrm{T}}(t) \cdot \boldsymbol{\gamma}(t)] \mathrm{d}t \end{aligned} \tag{5.25}$$

上式对 $\boldsymbol{\lambda}^{\mathrm{T}}(t) \cdot \dot{\boldsymbol{\gamma}}(t)$ 项做了分部积分。求解最优控制时对上式进行变分,有

$$\begin{aligned} \delta\hat{J} = &-\boldsymbol{\lambda}^{\mathrm{T}}(t_f) \cdot \delta\boldsymbol{\gamma}(t_f) + \boldsymbol{\lambda}^{\mathrm{T}}(t_0) \cdot \delta\boldsymbol{\gamma}(t_0) + \\ &\int_{t_0}^{t_f} \left\{ \left(\frac{\partial H(\boldsymbol{r}, \boldsymbol{v}, \boldsymbol{\lambda}, t)}{\partial \boldsymbol{\gamma}^{\mathrm{T}}(t)} + \dot{\boldsymbol{\lambda}}(t) \right) \cdot \delta\boldsymbol{\gamma}(t) \right\} \mathrm{d}t - \\ &H(t_0)\delta t_0 + H(t_f)\delta t_f \end{aligned} \tag{5.26}$$

最优控制取极值时的驻点条件对应上式取零值,其中周期轨道搜索时质点运动的初始

时刻、运动状态初值、终端状态均为定值,终端时刻 t_f(即待求轨道周期)自由。由此可得协态微分方程

$$\dot{\boldsymbol{\lambda}}(t) = -\frac{\partial H(\boldsymbol{r},\boldsymbol{v},\boldsymbol{\lambda},t)}{\partial \boldsymbol{\gamma}^{\mathrm{T}}(t)} \tag{5.27}$$

以及静态条件

$$H(t_f) = 0 \tag{5.28}$$

将式(5.24)中 Hamiltion 函数代入式(5.27),可得 Euler-Lagrange 方程具体形式

$$\begin{cases} \dot{\boldsymbol{\lambda}}_r(t) = -\dfrac{\partial H(\boldsymbol{r},\boldsymbol{v},\boldsymbol{\lambda},t)}{\partial \boldsymbol{r}^{\mathrm{T}}(t)} = \nabla\nabla V \cdot \boldsymbol{\lambda}_v(t) \\[2mm] \dot{\boldsymbol{\lambda}}_v(t) = -\dfrac{\partial H(\boldsymbol{r},\boldsymbol{v},\boldsymbol{\lambda},t)}{\partial \boldsymbol{v}^{\mathrm{T}}(t)} = -\boldsymbol{\lambda}_r(t) - 2\boldsymbol{\omega}\times\boldsymbol{\lambda}_v(t) \end{cases} \tag{5.29}$$

式中速度的协态变量 $\boldsymbol{\lambda}_v(t)$ 又称作主矢量[35](primer vector),在航天器转移轨道设计问题中决定着最优控制变量的方向[36]。

考虑到间接法求解时的初值敏感问题,书中采用协态变量归一化技术[29]来提高打靶收敛效率。将优化性能指标(5.23)中的常值 λ_0 与协态变量 $\boldsymbol{\lambda}(t)$ 统一看作拉格朗日乘子。注意到系统的状态方程(5.19)、协态方程(5.29)、性能指标(5.23)、Hamiltion 函数(5.24)、状态约束(5.20)和(5.21)关于增广拉格朗日乘子 $[\lambda_0,\boldsymbol{\lambda}_r(t),\boldsymbol{\lambda}_v(t)]^{\mathrm{T}}$ 都是齐次的,即乘以或者除以一个常值 λ_0 并不改变问题实际。鉴于此,重新定义拉格朗日乘子

$$[\lambda_0,\boldsymbol{\lambda}_r(t),\boldsymbol{\lambda}_v(t)]^{\mathrm{T}} := \frac{[\lambda_0,\boldsymbol{\lambda}_r(t),\boldsymbol{\lambda}_v(t)]^{\mathrm{T}}}{\sqrt{\lambda_0^2 + \boldsymbol{\lambda}_r^{\mathrm{T}}(t_0)\cdot\boldsymbol{\lambda}_r(t_0) + \boldsymbol{\lambda}_v^{\mathrm{T}}(t_0)\cdot\boldsymbol{\lambda}_v(t_0)}} \tag{5.30}$$

显然,归一化的拉格朗日乘子应满足关系式

$$\boldsymbol{\Psi}_\lambda = \|\boldsymbol{\lambda}(t_0)\| - 1 = 0 \tag{5.31}$$

其中协态初值的二范数具体表达式为

$$\|\boldsymbol{\lambda}(t_0)\| = \lambda_0^2 + \boldsymbol{\lambda}_r^{\mathrm{T}}(t_0)\cdot\boldsymbol{\lambda}_r(t_0) + \boldsymbol{\lambda}_v^{\mathrm{T}}(t_0)\cdot\boldsymbol{\lambda}_v(t_0) \tag{5.32}$$

上式即为常值参数 λ_0 对应的打靶方程,将协态变量初值限制在一个高维单位球面上(式(5.32)对应 7 维球面),文献[28]尝试给出了归一化技术的一种几何解释。

至此,应用间接法将搜索周期轨道的最优控制问题成功转化为一个两点边值问题,总结如下:在给定质点运动的初始状态时,搜索满足等式(5.31)中 7 维增广协态变量初值以及飞行时间 t_f,在满足终端状态约束(5.22)和静态条件(5.28)情况下,质点运行轨道沿状态和协态微分方程传播过程中使得 t_f 最小。在求解过程中,为了减小计算量并进一步提高解的收敛性,书中轨道初始时刻选在 oxz 平面内,如图 5.18 所示,公式(5.20)中初态约束重新表达为

$$\begin{cases} \boldsymbol{r}_0 = [x_0,\quad 0,\quad z_0]^{\mathrm{T}} \\ \boldsymbol{v}_0 = [0,\quad v_{y0},\quad 0]^{\mathrm{T}} \end{cases} \tag{5.33}$$

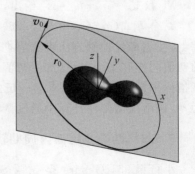

图 5.18 小行星本体坐标系中穿越 oxz 平面的周期轨道示意图

式中 x_0 和 z_0 任意给定。初始速度 v_{y0} 是待猜测变量,对应 t_0 时刻的横截条件(transversality condition)为

$$\lambda_{vy}(t_0) = 0 \tag{5.34}$$

最终的 TPBVP 简单整理如下：这是一个包含 12 维一阶非线性方程组（状态方程(5.19)和协态方程(5.29)）的两点边值问题，待猜测变量共计 8 维，分别为 λ_0、$\lambda_r(t_0)$、$\lambda_{vx}(t_0)$、$\lambda_{vz}(t_0)$、v_{y0} 以及轨道周期 $T(T=t_f)$，对应的打靶方程亦是 8 维：

$$\begin{bmatrix} \boldsymbol{\Psi}_f \\ \boldsymbol{\Psi}_\lambda \\ H(t_f) \end{bmatrix} = \begin{bmatrix} \boldsymbol{r}(t_f) - \boldsymbol{r}_0 \\ \boldsymbol{v}(t_f) - \boldsymbol{v}_0 \\ \parallel \boldsymbol{\lambda}(t_0) \parallel - 1 \\ H(t_f) \end{bmatrix} = \boldsymbol{0} \tag{5.35}$$

公式(5.32)中协态变量初值位于 7 维单位球面上，结合式(5.34)知仅需猜测 6 维协态初值。由于它们的可行域均为 $[0,1]$，实际计算中可由 5 个独立角度的组合三角函数给出，表达式如下：

$$\begin{cases} \lambda_{rx}(t_0) = \cos\alpha_1 \cdot \cos\alpha_2 \cdot \cos\alpha_3 \cdot \cos\alpha_4 \\ \lambda_{ry}(t_0) = \cos\alpha_1 \cdot \cos\alpha_2 \cdot \cos\alpha_3 \cdot \sin\alpha_4 \\ \lambda_{ry}(t_0) = \cos\alpha_1 \cdot \cos\alpha_2 \cdot \sin\alpha_3 \\ \lambda_{vx}(t_0) = \cos\alpha_1 \cdot \sin\alpha_2 \cdot \cos\alpha_5 \\ \lambda_{vx}(t_0) = \cos\alpha_1 \cdot \sin\alpha_2 \cdot \sin\alpha_5 \\ \lambda_0 = \sin\alpha_1 \end{cases} \tag{5.36}$$

式中各角度的定义域分别为

$$\begin{cases} \alpha_{1,2} = \dfrac{\pi}{2} \cdot X_{1,2} \\ \alpha_3 = \pi \cdot \left(X_3 - \dfrac{1}{2} \right) \\ \alpha_{4,5} = 2\pi \cdot X_{4,5} \end{cases} \tag{5.37}$$

其中新引入的变量 $X_i(i=1,2,\cdots,7)$ 是定义在 $[0,1]$ 区间上的打靶初值。上式中 5 个角度赋值时用到了 $X_1 \sim X_5$，X_6 和 X_7 则分别对应周期 T 和 v_{y0} 的初值，其赋值形式由 $T = a_1 + b_1 \cdot X_6$ 和 $v_{y0} = a_2 + b_2 \cdot X_7$ 给出，可变系数 a_j 和 $b_j(j=1,2)$ 根据具体问题适当调整。

结合等式(5.34)，由式(5.36)和式(5.37)给出的协态变量初值自然满足约束(5.31)。综上，应用最优控制方法求解周期轨道时，TBPVP 中打靶方程(5.35)共有 8 维，需要猜测的初值同样有 8 个，但这 8 个初值由 7 个 $[0,1]$ 区间内的变量给出。特别需要注意一点，性能指标中常值参数 λ_0 要求为一正值，但式(5.36)中定义包含零值，即当 $X_1=0$ 时 λ_0 的值也为零，该情况需要在计算中通过调整 X_1 的值排除，不过到目前为止仿真计算中尚未遇到。

5.5.2 两类赤道面内周期轨道

小行星 951 Gaspra 是一颗 S 型主带小行星，"伽利略号"探测器曾于 1991 年飞越 Gaspra 并拍照。它的大小约为 $18.2\mathrm{km} \times 10.5\mathrm{km} \times 8.9\mathrm{km}$，平均半径 6.1km，平均密度估计为 $2.7 \times 10^3 \mathrm{kg/m^3}$，系统总质量 $(2 \sim 3) \times 10^{16} \mathrm{kg}$[①]。Gaspra 运行在偏心率为 0.174 的椭圆轨道上，轨道倾角较小为 4.102°，轨道半长轴 2.21 AU，近日点 1.825 AU，远日点约 2.594 AU，

---

① https://en.wikipedia.org/wiki/951_Gaspra

绕太阳运行一个周期的时间为 3.28 年。鉴于其轨道介于火星和木星轨道之间,在研究 Gaspra 附近周期轨道时,太阳引力摄动和光压摄动暂时忽略不计。Gaspra 自旋周期约 7.042 小时,多面体模型所得引力平衡点如图 5.19 所示,图中以符号"○"表示,具体坐标参见表 4.1。

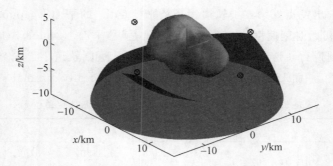

图 5.19 小行星 Gaspra 近似偶极子模型平衡点与零速度曲面(o 为多面体平衡点)

由表 4.3 知,Gaspra 近似偶极子模型参数为 $[\kappa,\mu]^{\mathrm{T}}=[5.3814,0.2496]^{\mathrm{T}}$,偶极子特征长度 d 为 7.765km,所得平衡点分布绘于图 5.19 中,以符号"×"表示,近似偶极子模型对应的零速度曲面($z\leqslant0$)一并示于图中。可见,近似偶极子模型与多面体模型平衡点分布较为一致,图中 Gaspra 多面体模型包含 2522 个顶点和 5040 个三角形侧面。实际上,小行星 Gaspra 近似偶极子模型的拓扑类型与 5.3 节中 Geographos 一样,均具有 5 个不稳定的引力平衡点,且平衡点稳定性类型完全一致(参见表 4.6)。因此,Gaspra 引力场的周期轨道理论上应该与 5.3 节中所求周期解类似。

应用最优控制方法首先给出 Gaspra 引力场中一类简单周期轨道。假设质点在 oxz 平面内初始位置矢量 $\boldsymbol{r}_0=[-2.2,0,0]^{\mathrm{T}}$,轨道周期设定为 $T=t_f=0.2+10\times X_6$,沿 oy 轴方向初速度 $v_{y0}=0.1+5\times X_7$,上述变量均采用归一化单位,其他协态变量初值按式(5.36)和式(5.37)猜测给出。采用一类改进打靶算法[29]求解上述两点边值问题,得到两类周期轨道,如图 5.20 所示,Gaspra 多面体模型以及近似偶极子模型的四个平衡点作为参考绘于图中。

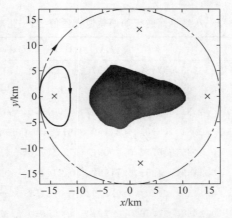

图 5.20 平面 Lyapunov 轨道和平面逆行近圆周期轨道

图 5.20 中大范围周期轨道为近圆逆行周期轨道(点划线表示),轨道初始时刻状态变量和协态变量均列于表 5.1,最右侧一列 C 表示轨道雅可比积分。轨道周期为 3.6491,转化为实际量纲约 4.09h;轨道雅可比积分为 2.284,对应实际量纲时约 $8.46\mathrm{m}^2/\mathrm{s}^2$,因为 Gaspra 小行星 $(\omega\mathrm{d})^2$ 的值为 $3.7\mathrm{m}^2/\mathrm{s}^2$。初始时刻质点沿 oy 轴轨道速度为 $7.32\mathrm{m/s}$,转换单位 $\omega\mathrm{d}$ 为 $1.92\mathrm{m/s}$。同一出发点处第二类轨道为环绕平衡点 E_1 的平面 Lyapunov 轨道,轨道周期为 6.4876h,轨道初始时刻速度为 $1.52\mathrm{m/s}$。也就是说,平面 Lyapunov 轨道尺寸虽小,但其轨道周期大于近圆逆行轨道,因为其出发时刻的速度比近圆轨道小了 $5.8\mathrm{m/s}$。从时间最短周期轨道概念出发,平面 Lyapunov 轨道为局部最优解(Locally optimal solution)。

表 5.1　图 5.20 中两类周期轨道变量值(归一化单位)

	$[\boldsymbol{r}_0;\ \boldsymbol{v}_0]$	协态初值 $[\boldsymbol{\lambda}_r(t_0);\ \boldsymbol{\lambda}_v(t_0)]$	T	C
近圆逆行	$[-2.2,0,0;\ 0,3.8023,0]$	$[-0.2588,\ -0.3459,\ -0.3792;$ $0.1875,0,-0.7403]$	3.6491	2.2840
Lyapunov	$[-2.2,0,0;\ 0,0.7901,0]$	$[-0.2446,0.1107,0.1580;\ -0.5606,$ $0,0.3785]$	5.7885	-4.6328

从另一个角度看,最优控制模型的引入将两类不同轨道联系在一起。若航天器探测 Gaspra 小行星时运行在其中某一条轨道上,在轨道初始时刻施加相应的脉冲增量便可以转移至另一轨道。例如,当航天器在平面 Lyapunov 轨道运行几个周期后,当其穿越 ox 轴时沿 oy 轴方向施加 $5.8\mathrm{m/s}$ 的脉冲增量,理论上可以成功转移至大范围近圆轨道上。上述轨道求解时打靶程序的误差设定为 10^{-8},所得收敛解精度已足够,不再需要局部迭代。为了排除上例中的平面 Lyapunov 轨道,可以将搜索时轨道周期重新设定为 $T=t_f=0.2+5\times X_6$,从而保证所得收敛解一定是近圆逆行周期轨道。

以上两类轨道中,平面逆行近圆轨道线性稳定,而平面 Lyapunov 轨道不稳定。从航天探测轨道设计角度看,近圆轨道更为适合,长期运行时轨道保持所需的燃料消耗较低。为了进一步说明最优控制方法在轨道搜索中的有效性,表 5.2 列出了 8 组不同初始位置的平面逆行近圆轨道。

表 5.2　八组平面逆行周期轨道变量值(归一化单位)

$[\boldsymbol{r}_0;\ \boldsymbol{v}_0]$	$[\boldsymbol{\lambda}_r(t_0);\ \boldsymbol{\lambda}_v(t_0)]$	T	C
$[-2.1,0,0;\ 0,3.7446,0]$	$[0.0283,0.3437,-0.0576;\ -0.2261,0,0.1829]$	3.5388	2.1534
$[-2.0,0,0;\ 0,3.6907,0]$	$[-0.9359,0.0906,0.0548;\ -0.1245,0,-0.0004]$	3.4230	2.0163
$[-1.9,0,0;\ 0,3.6413,0]$	$[0.4031,0.0267,-0.1057;\ 0.0072,0,-0.9022]$	3.3003	1.8722
$[-1.8,0,0;\ 0,3.5973,0]$	$[-0.8191,-0.0404,-0.3367;\ -0.0057,0,-0.4617]$	3.1705	1.7203
$[-1.7,0,0;\ 0,3.5596,0]$	$[0.5835,0.6712,0.2009;\ -0.3457,0,-0.1699]$	3.0333	1.5596
$[-1.6,0,0;\ 0,3.5297,0]$	$[0.2489,0.4257,0.7192;\ -0.2144,0,-0.4457]$	2.8885	1.3894
$[-1.5,0,0;\ 0,3.5093,0]$	$[0.1467,0.4202,-0.5292;\ -0.2159,0,-0.2843]$	2.7363	1.2088
$[-1.4,0,0;\ 0,3.5010,0]$	$[0.2833,0.7756,0.0979;\ -0.3556,0,0.3769]$	2.5767	1.0166

表 5.2 中初始时刻质点距离小行星质心的幅值由 2.1 逐渐减小至 1.4(归一化单位),最后 $[\boldsymbol{r}_0;\ \boldsymbol{v}_0]^{\mathrm{T}}=[-1.4,0,0;\ 0,3.5010,0]^{\mathrm{T}}$ 的一组轨道已经非常接近 Gaspra 小行星表面。随着轨道半径的不断减小(步长为 0.1),轨道周期和轨道雅可比积分值均呈现出有规律的减小趋势,然而协态变量初值并未出现类似的变化规律,这也表明了协态变量初值的敏感性。文中求解非线性方程组时的打靶程序说明参见文献[29]及其引文,各收敛解在普通个人电脑上均在一分钟内获得,特此说明。

5.5.3 倾角轨道及其延拓

与求解平面周期轨道相比,倾角轨道的搜索更加困难,虽然只是式(5.33)中 z_0 不再取零值。图 5.21 中收敛解为不断调整初始时刻轨道位置矢量所得,对应 $\boldsymbol{r}_0=[-2.651,0,1.0658]^{\mathrm{T}}$,轨道倾角约为 22°,后续有必要进一步改进程序,以期获得更多收敛解。图中周期轨道起始点以符号"◇"标注,收敛解的协态变量初值为 $\boldsymbol{\lambda}_r(t_0)=[-0.0476,0.2262,-0.0528]^{\mathrm{T}}$ 和 $\boldsymbol{\lambda}_v(t_0)=[-0.2689,0.0,-0.2494]^{\mathrm{T}}$。初始时刻沿 oy 轴方向轨道速度为 2.52m/s,轨道周期为 14.01h,几乎为 Gaspra 自旋周期的两倍。

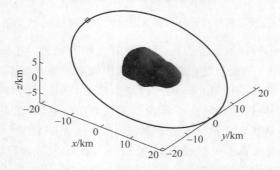

图 5.21 小行星 Gaspra 近似偶极子模型引力场中倾角周期轨道

为了获得 Gaspra 小行星引力场中更多倾角轨道,采用公式(5.12)~式(5.16)中轨道延拓方法,所得收敛周期解绘于图 5.22 中,延拓中所用初始周期轨道由虚线表示,对应图 5.21 中倾角轨道。当初始轨道的雅可比积分由 $-16.92\mathrm{m}^2/\mathrm{s}^2$ 增大至 $-14.88\mathrm{m}^2/\mathrm{s}^2$ 时,平均轨道倾角会由原来的 22° 增加至 38°,而减小雅可比积分时,轨道倾角会不断减小直至成为 oxy 平面内的周期轨道,倾角轨道延拓至平面轨道时雅可比积分的临界值约为 $-17.99\mathrm{m}^2/\mathrm{s}^2$。

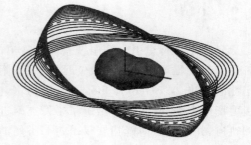

图 5.22 倾角周期轨道改变雅可比积分时延拓所得周期轨道族

图 5.23 给出了倾角轨道延拓过程中轨道周期 T、轨道沿 oy 轴方向初始速度 v_{y0} 在轨道雅可比积分变化时的规律,以符号"○"表示初始倾角轨道。图中左侧阴影区域为延拓所得平面周期轨道,雅可比积分值小于 $-17.99\mathrm{m}^2/\mathrm{s}^2$。在轨道雅可比积分变化过程中,倾角轨道的周期几乎保持不变,直至倾角轨道延拓为平面轨道时,轨道周期才会随着雅克比积分的减小而减小。在轨道雅可比积分由 $-17.99\mathrm{m}^2/\mathrm{s}^2$ 增加至 $-14.88\mathrm{m}^2/\mathrm{s}^2$ 过程中,倾角轨道初始

速度由 $2.9\mathrm{m/s}$ 逐渐减小至 $1.75\mathrm{m/s}$。该族轨道中倾角轨道不稳定，平面周期轨道线性稳定。

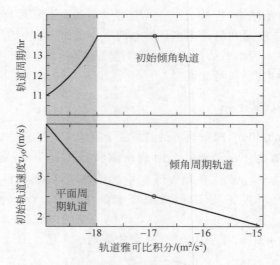

图 5.23　改变雅可比积分延拓轨道时轨道周期和 v_{y0} 的变化规律

对比 5.3 节中 Geographos 近似偶极子模型附近周期轨道，图 5.20 中平面 Lyapunov 轨道与图 5.5 中平衡点 E_1 附近轨道类似，图 5.21 中倾角轨道与图 5.10(b) 中类似，Gaspra 算例中平面周期轨道与图 5.9 中延拓所得近圆周期轨道类似。由于间接法求解中初值敏感性问题，目前很难像分层网格搜索算法那样获得多族周期轨道，即便是求解一个简单的倾角轨道仍需要手动调整初始状态变量。有意思的是，在最优控制模型中将平面逆行近圆周期轨道与平衡点附近平面 Lyapunov 轨道联系起来。二者作为时间最优周期轨道的两个极值，可以在相同出发位置处通过施加速度增量实现轨道转移，这在改变轨道雅可比积分的延拓方法之外，提供了另一种轨道联系的方式。

5.6　小结

介绍了小行星引力场中搜索周期轨道的两类方法，分别为分层网格法和最优控制方法，讨论了改变雅可比积分的轨道延拓算法，阐述了通过单值矩阵和稳定指数判定周期轨道稳定性的方法。以 Geographos 小行星为例，应用分层网格法搜索得到小行星近似偶极子模型引力场中多类周期轨道，给出了平衡点附近局部周期轨道以及大范围周期轨道等十多类示例轨道，并通过数值延拓获得了每一类周期解对应轨道族。数值延拓过程建立了不同轨道族之间的联系，包括倾角轨道与平面周期轨道、倾角轨道与草帽轨道、共线平衡点附近平面 Lyapunov 轨道与 Halo 轨道等。通过改变偶极子模型参数，讨论了偶极子不同拓扑类型时引力场中周期轨道特性。

基于最优控制理论，针对小行星引力场中周期轨道搜索问题，建立最小周期轨道优化模型，应用间接法将最优控制模型转化为一个两点边值问题，打靶求解状态−协态微分方程组的解来获得周期轨道。通过引入协态变量归一化技术降低协态初值敏感性，共解得小行星 Gaspra（近似偶极子模型）引力场中三类周期轨道，包括平衡点 E_1 附近平面 Lyapunov 轨道、平面逆行近圆轨道、倾角轨道,三类轨道与 Geographos 附近对应周期轨道类似。在最优控制模型下,平面 Lyapunov 轨道为对应平面逆行近圆轨道的局部最优解,可以在两轨道相切位置处通过施加脉冲增量实现二者间轨道转移。

参考文献

[1] Scheeres D J. Close proximity operations for implementing mitigation strategies[C]//2004 Planetary Defense Conference: Protecting Earth from Asteroids,2004,AIAA 2004-1445: 1-11.

[2] Scheeres D J. Close proximity dynamics and control about asteroids[C]//2014 American Control Conference,Portland,Oregon,US,2014: 1584-1598.

[3] Hénon M. Generating families in the restricted three-body problem[M]. Germany: Springer-Verlag Berlin Heidelberg,1997.

[4] Szebehely V. Theory of orbits: The restricted problem of three bodies[M]. New York: Academic Press, 1967.

[5] Riaguas A, Elipe A, Lara M. Periodic orbits around amassive straight segment[J]. Celestial Mechanics and Dynamical Astronomy,1999,73: 169-178.

[6] Elipe A, Lara M. A simple model for the chaotic motion around (433) Eros[J]. Journal of the Astronautical Sciences,2003,51(4): 391-404.

[7] Lara M,Scheeres D J. Stability bounds for three-dimensional notion close to asteroids[J]. Journal of the Astronautical Sciences,2002,50: 389-409.

[8] Lara M, Pelaez J. On the numerical continuation of periodic orbits: An intrinsic, 3-dimensional, differential,predictor-corrector algorithm[J]. Astronomy & Astrophysics,2002,389: 692-701.

[9] Yang H W, Zeng X Y, Baoyin H X. Feasible region and stability analysis for hovering around elongated asteroids with low thrust[J]. Research in Astronomy and Astrophysics,2015,15(9): 1571-1586.

[10] Zeng X Y,Alfriend K T. Periodic orbits in the Chermnykh problem[J]. Astrodynamics,2017,1(1): 41-55.

[11] Jiang Y, Yu Y, Baoyin H X. Topological classifications and bifurcations of periodic orbits in the potential field of highly irregular-shaped celestial bodies[J]. Nonlinear Dynamics,2015,81: 119-140.

[12] Yu Y, Baoyin H X. Generating families of 3D periodic orbits about asteroids[J]. Monthly Notices of the Royal Astronomical Society,2012,427: 872-881.

[13] Jiang F H, Li J F, Baoyin H X. Practical techniques for low-thrust trajectory optimization with homotopic approach[J]. Journal of Guidance,Control and Dynamics,2012,35(1): 245-258.

[14] Hu W D,Scheeres D J. Periodic orbits in rotating second degree and order gravity fields[J]. Chinese Journal of Astronomy and Astrophysics,2008,8(1): 108-118.

[15] Deprit A. Intrinsic variational equations in three dimensions[J]. Celestial Mechanics and Dynamical Astronomy,1981,24: 185-193.

[16] Ostro S J,Jurgens R F,Rosema K D. Radar observations of asteroid 1620 Geographos[J]. Icarus, 1996,121: 46-66.

[17] Zeng X Y,Jiang F H,Li J F,Baoyin H X. Study on the connection between the rotating mass dipole and natural elongated bodies[J]. Astrophysics and Space Science,2015,356(1): 29-42.

[18] Hirabayashi M,Morimoto M Y,Yano H,et al. Linear stability of collinear equilibrium points around an asteroid as a two-connected-mass: Application to fast rotating asteroid 2000EB14[J]. Icarus, 2010,206(2),780-782.

[19] Broucke R. Stability of periodic orbits in the elliptic, restricted three-body problem[J]. AIAA Journal,1969,7(6): 1003-1009.

[20] Prieto-Llanos T,Gómez-Tierno M A. Stationkeeping at Libration Points of Natural Elongated Bodies [J]. Journal of Guidance,Control,and Dynamics,1994,17(4): 787-794.

[21] Farquhar R W. Station-keeping in the vicinity of collinear libration points with an application to a lunar communications problem[C]//AAS Science and Technology Series: Space Flight Mechanics Specialist Symposium,New York,1966: 519-535.

[22] Farquhar R W,Kamel A A. Quasi-periodic orbits about the translunar libration point[J]. Celestial Mechanics and Dynamical Astronomy,1973,7(4): 458-473.

[23] Farquhar R W. The flight of ISEE-3/ICE: Origins,mission history and a legacy[J]. Journal of the Astronautical Sciences,1998,49(1): 23-73.

[24] Oberti P,Vienne A. An upgraded theory for Helene, Telesto, and Calypso[J]. Astronomy & Astrophysics,2003,397: 353-359.

[25] Yu Y,Baoyin H X,Jiang Y. Constructing the natural families of periodic orbits near irregular bodies [J]. Monthly Notices of the Royal Astronomical Society,2015,453: 3269-3277.

[26] 胡寿松. 自动控制原理[M]. 6 版. 北京:科学出版社,2013.

[27] Zeng X Y,Gong S P,Li J F. Fast solar sail rendezvous mission to near Earth asteroids[J]. Acta Astronautica,2014,105: 40-56.

[28] 郭铁丁. 深空探测小推力轨迹优化的间接法与伪谱法研究[D]. 北京:清华大学,2012.

[29] Bryson A E,Ho Y C. Applied optimal control[M]. Blaisdell Publishing Corporation,1969,ISBN: 69-10425.

[30] 李俊峰,蒋方华. 连续小推力航天器的深空探测轨道优化方法综述[J]. 力学与实践,2011,33(3): 1-6.

[31] Dixon L C W,Biggs M C. The advantages of adjoint-control transformations when determining optimal trajectories by Pontryagin'smaximum principle[J]. Aeronautical Journal,1976,76(735): 169-174.

[32] Kluver C A,Pierson B L. Optimal low-thrust Earth-Moon transfers with a switching function structure[J]. Journal of the Astronautical Sciences,1994,42(3): 269-283.

[33] Gao Y. Advances in low-thrust trajectory optimization and flightmechanics [D]. University ofMissouri,2003.

[34] 李俊峰,宝音贺西,蒋方华. 深空探测动力学与控制[M]. 北京:清华大学出版社,2014.

[35] Lawden D F. Optimal trajectories for space navigation [M]. London, United Kingdom: Butterworths,1963.

[36] Zeng X Y,Alfriend K T,Vadali S R. Solar sail planar multireversal periodic orbits[J]. Journal of Guidance,Control,and Dynamics,2014,37(2): 674-681.

第6章

广义甩摆与太阳帆悬停

6.1 引言

坐地日行八万里,巡天遥看一千河。诗句艺术地描绘了地球自转的景象:身处赤道随地球自转一圈(约 24 小时),即可完成"遥看一千河"的壮举。若站在一颗小行星上不动,随着小行星自转一圈或许仅需几个小时便可尽掠银河美景。文献[1]中关注的 23 颗小天体中,仅有 N8 Proteus(26.9h)、1P/Halley(52.8h)、9P/Tempel(40.7h)三颗小天体自转周期大于地球,其余 20 颗小行星自转周期均小于 24h。特别地,小行星 1998 KY26 自转周期仅为 0.178h①,不到 11min 便自转一周。受快速自旋的影响,小行星 KY26 不存在外部引力平衡点,仅有一个内部平衡点,其他大多数小行星则具有 4 个外部引力平衡点[1]。小行星快速自旋的不规则引力场,除了对引力平衡点和环绕周期轨道的影响外,是否还有其他不同于地球自转的动力学特性?

发射航天器探测小行星时,若想航天器与小行星表面一点保持相对静止,有两种选择:一是将航天器置于小行星引力平衡点处,鉴于大多数平衡点不稳定,需要提供速度增量完成轨道保持。二是将航天器置于非引力平衡点处,与小行星表面某点保持相对位置固定,通过航天器主动控制完成与小行星同步自转。大多数小行星存在有限个孤立的平衡点,若探测器要对非平衡点覆盖的特定区域进行长时间的固定观测,第二种选择提供了有效的解决途径,称之为本体悬停飞行。本体悬停飞行不同于传统的轨道保持或轨道修正,是在航天器主动控制下产生的一类连续受控运动形式,本质上一类特殊的人工引力平衡点。实际上,小行星微弱的引力为实现悬停飞行提供了可能,使得航天器以可接受的燃料消耗,完成小行星本体系中固定点处的长时间探测。

本章主要讨论两类与小行星自旋相关的特殊轨道——广义甩摆轨道和本体悬停轨道。研究内容如下:①介绍甩摆轨道概念,分析小行星引力场中广义甩摆轨道动力学机理和特性;②建立本体悬停飞行动力学模型,引入太阳帆的概念,分析航天器控制力和小行星复杂力学环境对悬停轨道的影响。

6.2 广义甩摆

甩摆轨道(Swing-by trajectory),又称引力辅助、引力弹弓效应[2]、近旁转向、天体借力飞行等,是深空探测中已经多次使用过的一种轨道设计技术[3]。其理论研究可追溯到 20 世纪中期,是在轨道设计过程中使得航天器经过甩摆天体附近,利用天体引力改变航天器的速度,从而缩短任务时间或减少燃料消耗等。其中,借力天体一般为大行星或其较大质量的卫星,特殊情况下也可以是太阳[4]。

为了简单说明行星甩摆轨道的原理,图 6.1 给出了

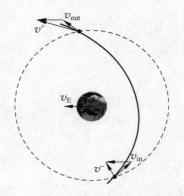

图 6.1 地球近旁引力甩摆轨道示意图

_____

① https://en.wikipedia.org/wiki/1998_KY26

航天器利用地球引力甩摆时的一条示意轨道。其中,地球在惯性系下的(日心轨道)速度设为 v_E,探测器进入及飞离地球引力影响球时的速度分别设为 v_{in} 和 v_{out},基于能量守恒定律,应有关系式 $\| v_{in} \| = \| v_{out} \|$。由几何关系可知,在行星影响球边缘处探测器在惯性系下的速度为

$$\begin{cases} v^- = v_{in} + v_E \\ v^+ = v_{out} + v_E \end{cases} \tag{6.1}$$

则探测器此次甩摆中获得的速度增量为

$$\Delta v = v^+ - v^- = v_{out} - v_{in} \tag{6.2}$$

即经过一次引力甩摆,探测器相对借力行星的速度幅值并未改变,而是改变了它在惯性系中的速度。

与传统引力辅助不同,广义甩摆轨道是不规则小天体附近的一种短期动力学行为,是绕飞质点运动轨迹周期与小天体的自旋周期在短期内相等或近似相等时而发生机械能改变的一种力学现象。小行星附近绕飞质点有可能在较短时间内撞击到小行星表面或逃离其引力场。Scheeres 等[5]最早基于二阶二次引力场研究了 Castalia 附近的共振轨道、捕获轨道及逃逸轨道。作为广义甩摆轨道的特例,短期捕获及逃逸轨道最早见于 Miller 与 Scheeres 的通信中[5],并指出这是小天体短期内清除引力场内异物、捕获粒子至其表面等的重要动力学机制。

最近,Yu 等[6]基于多面体引力场建模方法,研究了 216 Kleopatra 小行星附近短期作用轨道(Resonant orbit)及逃逸轨道等,Wang 等[7]则根据轨道形状作了归类分析。此外,在 DAWN 探测器的设计中,NASA 将 4 Vesta 引力场中 1:1 共振轨道的危险工况排除在外[8]。上述轨道作为广义甩摆轨道的特例,足以表明该动力学行为在任务设计中的重要性。同时,对于广义甩摆轨道的研究,有利于进一步揭示小行星引力场内的动力学特性,为人们更好地了解小天体及未来探测任务设计提供参考。

6.2.1 甩摆轨道能量方程

从轨道能量入手分析广义甩摆轨道的成因时,可以通过引入能量变化率来分析甩摆时能量变化的趋势,具体分析质点经过小行星随体系中不同区域时轨道能量的变化情况。之后,以解析的方式揭示单次甩摆轨道能量变化的动力学机理,并依据雅可比积分来区分质点甩摆后的轨道类型。采用偶极子模型近似均匀自旋细长小行星引力场分布,绕飞质点动力学方程为式(2.5),对应雅可比积分(2.10),则质点在小行星质心惯性系 $O_A X_A Y_A Z_A$ 中运动的机械能为

$$E = \frac{1}{2} \| \dot{r} + \omega \times r \|^2 + U = \frac{1}{2} \| \dot{r} + \omega \times r \|^2 - \kappa \left(\frac{1-\mu}{r_1} + \frac{\mu}{r_2} \right) \tag{6.3}$$

式中右端第一项为质点在惯性系中的动能,第二项为引力势能。将雅可比积分代入上式并化简可得

$$E = C + \omega \times L \tag{6.4}$$

轨道角动量 L 的定义为

$$L = r \times (\omega \times r + \dot{r}) \tag{6.5}$$

上面两式中轨道能量及角动量均是采用随体系 $oxyz$ 中的量表示出来的,对应的轨道

能量变化率为

$$p(\boldsymbol{r}) = \frac{\mathrm{d}E}{\mathrm{d}t} = \frac{\mathrm{d}C}{\mathrm{d}t} + \dot{\boldsymbol{\omega}}^{\mathrm{T}} \cdot \boldsymbol{L} + \boldsymbol{\omega}^{\mathrm{T}} \cdot \frac{\mathrm{d}\boldsymbol{L}}{\mathrm{d}t} = \boldsymbol{\omega}^{\mathrm{T}} \cdot \frac{\mathrm{d}\boldsymbol{L}}{\mathrm{d}t} \tag{6.6}$$

将角动量定义式(6.5)代入上式得

$$p(\boldsymbol{r}) = \boldsymbol{\omega}^{\mathrm{T}} \cdot (-\boldsymbol{r} \times \nabla U) = -(\boldsymbol{\omega} \times \boldsymbol{r})^{\mathrm{T}} \cdot \nabla U \tag{6.7}$$

上式表明,当中心天体确定后,引力场内的能量变化率仅与质点在其随体系下的向径相关。图 6.2 以小行星 951 Gaspra 近似偶极子模型为例,给出了小行星赤道面内能量变化率的分布图,其中近似偶极子模型参数取自表 4.3,$[\kappa,\mu]^{\mathrm{T}} = [5.3814, 0.2496]^{\mathrm{T}}$。

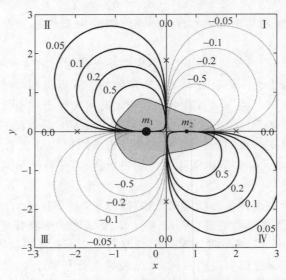

图 6.2　小行星 Gaspra 近似偶极子模型赤道面内能量变化率

小行星 Gaspra 外形以及近似偶极子模型均绘于图 6.2 中,符号"×"表示 4 个外部引力平衡点,图中各量采用归一化单位。由图 6.2 可知:

(1) 近似偶极子模型外部存在 4 个引力平衡点且全部位于能量变化率为零的直线上。非中心引力场内存在两条相互垂直的 $p=0$ 直线,它们的交点为 $[0.5-\mu, 0]$。

(2) 两条 $p=0$ 的直线将赤道面划分为四个象限 Ⅰ、Ⅱ、Ⅲ、Ⅳ,如图 6.2 所示。依据能量变化率的定义式(6.7),p 在 Ⅰ、Ⅲ 象限为负值而在 Ⅱ、Ⅳ 象限取正值。随着质点与中心天体距离的不断加大,能量变化率的幅值 $|p|$ 会逐渐减小。

(3) 周期轨道不可能存在于图 6.2 中单一象限里,因为质点在 Ⅰ 或 Ⅲ 象限时机械能会不断减小而撞击到小天体表面,其在 Ⅱ 或 Ⅳ 象限运动时能量会不断增大而逃离小天体的引力场。为此,质点若要在小行星附近保持周期或长期运动时,至少要跨越两个具有不同号 p 值的象限。

(4) 在距离小行星表面较远处,轨道能量几乎为常值,对应的轨道能量变化率趋近于零。例如,图 6.2 中距离质心 $3d$(d 为偶极子模型两质点间距离,亦为归一化长度单位)处 p 值约为 0.05,仅有 Gaspra 表面处 $p=1.5$(图中未画出)的 3%。上述结论与实际情况是一致的,表明小天体的不规则引力会随着距离的增加而对质点的影响越来越弱。直观地理解为小天体的引力影响球边界处,小行星可以看作质点,绕飞航天器的轨道设计可简化为二体问题处理。这也为文献[9]中研究小行星附近轨道时,采用较远处的二体圆轨道作为迭代初值提供了理论解释。

上述部分结论与 Scheeres[5] 和 Yu[6] 等关于小天体附近轨道动力学的研究一致。相比于二阶二次引力场及多面体方法描述的引力场,书中采用的偶极子模型能够更加直观地得到四个象限的划分以及能量变化率的谱图。特别地,通过改变 μ 和 κ 的值,比如取表 4.3 中不同组合,就可以得到不同小行星附近的能量变化率分布图。另外,图 6.2 中所示 $p=0$ 直线与小天体共有 4 个交点,暂时忽略小天体表面地形的影响,仅从能量变化率的角度看,小天体在 $y=0$ 附近的极区为比较理想的着陆区域,而非直观理解上的颈部区域。

考虑小行星赤道面内逆时针运行的轨道,广义甩摆时轨道瞬时周期与小天体自转周期通常在短期内成简单整数比关系,如 2/3、3/4、1/1、3/1 等。当质点在 I 或 III 象限产生甩摆作用时,系统能量有可能出现大幅衰减,使得原来的双曲轨道转变为椭圆轨道,进而将质点(暂时)捕获至小天体引力场内。相反地,若质点在 II 或 IV 象限出现甩摆,极有可能从原来的环绕轨道在短时间(如小天体一个自转周期)内转变为双曲轨道,进而逃离小天体引力束缚。上述甩摆一般作用时间较短,而且受到小天体不规则引力场的影响,很难准确预测下一次甩摆发生的时刻。因此,下文将研究重点放在周期比近似为 1:1 的单次甩摆轨道上。

6.2.2 单次甩摆动力学机理

质点在小行星引力场中发生甩摆时,若其轨道瞬时周期与小天体自旋周期在短时间内近似满足 1:1 的关系,称之为单次甩摆轨道。在小天体随体系看,质点在甩摆作用的短期内仿佛悬停在了小天体某一点上方,为此,单次甩摆轨道应满足

$$\dot{\boldsymbol{r}}_s \approx \boldsymbol{0} \tag{6.8}$$

即随体系下的相对速度近似为零,$\boldsymbol{r}_s$ 为小行星质心指向绕飞质点的向径,下标 s 取 swingby 首字母。假设甩摆有效作用时间为 t_s(一较短时间),由于相对速度基本不变,轨道能量的变化可近似表达为

$$\Delta E \approx p(\boldsymbol{r}_s) \cdot t_s = -(\boldsymbol{\omega} \times \boldsymbol{r}_s)^{\mathrm{T}} \cdot \nabla U \cdot t_s \tag{6.9}$$

上式清晰反映了广义甩摆轨道的动力学机理:甩摆导致轨道能量增加的原因,是小天体不规则引力场在质点的牵连速度方向持续做功。此处,容易给出随体系下轨道的牵连速度

$$\boldsymbol{v}_e = \boldsymbol{\omega} \times \boldsymbol{r}_s \tag{6.10}$$

为了分析雅可比积分 C 对甩摆轨道的影响,可将式(2.10)代入式(6.4),得到

$$E = C + \|\boldsymbol{v}_e\|^2 + \|\boldsymbol{v}_e\| \cdot \|\dot{\boldsymbol{r}}_s\| \cdot \cos\theta \tag{6.11}$$

式中 θ 为随体系下相对速度与牵连速度的夹角,定义域为 $[-\pi, \pi)$。对于惯性系中沿逆时针环绕小天体的轨道,一般称为顺行轨道,对应 θ 的可行域会缩减为 $(-\pi/2, \pi/2)$。从上式可知,单次甩摆轨道的能量范围为

$$\begin{cases} E_{\min} = C + \|\boldsymbol{v}_e\|^2 - \|\boldsymbol{v}_e\| \cdot \|\dot{\boldsymbol{r}}_s\| \\ E_{\max} = C + \|\boldsymbol{v}_e\|^2 + \|\boldsymbol{v}_e\| \cdot \|\dot{\boldsymbol{r}}_s\| \end{cases} \tag{6.12}$$

将式(6.8)代入上式,可得甩摆时刻临界能量值为

$$E_{\otimes} = C + \|\boldsymbol{v}_e\|^2 \tag{6.13}$$

将雅可比积分定义(2.10)代入上式,整理可得

$$E_{\otimes} = \frac{\| \boldsymbol{v}_{\mathrm{e}} \|^2}{2} - \kappa\left(\frac{1-\mu}{r_1} + \frac{\mu}{r_2}\right) = \frac{x^2 + y^2}{2} - \kappa\left(\frac{1-\mu}{r_1} + \frac{\mu}{r_2}\right) \tag{6.14}$$

可以看到,临界能量值仅与随体系下质点的相对位置有关,即确定了小行星引力场中一个空间标量场,对应的零能量曲面将引力场划分为两个区域。图 6.3 以偶极子($\mu=0.5$ 和 $\kappa=1.0$)为例,绘制了赤道面内临界能量的零值曲线以及部分零速度线,图中采用归一化单位。

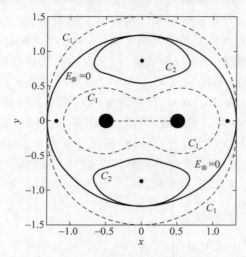

图 6.3　偶极子($\mu=0.5$ 和 $\kappa=1.0$)赤道面内临界能量零值曲线和零速度线

根据图 6.3 中零能量线与零速度线之间的相对位置关系,可以得到以下结论:

(1) $C < C_1$ 时:质点在小天体引力场内的可行运动区域被划分为孤立的两块。在距离小天体较远的位置,轨道能量为正值,对应轨道类似于二体问题中的双曲轨道。若此时甩摆发生在 Ⅱ 或 Ⅳ 象限,质点会被进一步加速而逃离小天体引力场。另外的可行运动区域极为靠近小天体表面甚至已到小天体内部,书中不再考虑。

(2) $C_1 < C < C_2$ 时:质点可行运动区域位于图 6.3 中 C_1 对应两条虚线所夹区域并去除 C_2 零速度线包围的封闭区域,小天体的两个共线平动点即位于此区域内。质点在该区域内发生甩摆时,后续轨道依赖于甩摆的位置及初始雅可比积分等,无法判定甩摆后是否逃逸或撞击到小天体表面。另外,本例中系统 4 个外部引力平衡点均位于零能量线内部,意味着即使平衡点不稳定,质点运动受轨道能量的约束也会在其附近保持一段时间。

(3) $C > C_2$ 时:位于该区域内的质点能量均为负值,对应于二体轨道下的椭圆轨道。若甩摆发生在 Ⅰ 或 Ⅲ 象限,轨道能量会降低而导致质点减速。

6.3　广义甩摆参数化讨论

6.3.1　近拱点对甩摆轨道的影响

以简单偶极子模型($\mu=0.5$ 和 $\kappa=1.0$)为例,给出一条广义甩摆轨道。在给定参数下,偶极子引力场分布关于随体系三个坐标平面均对称,因此赤道面内 Ⅱ、Ⅳ 象限以及 Ⅰ、Ⅲ 象限分别关于原点对称,对应能量变化率幅值在离质心相同距离处相等。仿真中以近拱点在

第Ⅱ象限的甩摆轨道为例,在惯性系 $O_A X_A Y_A Z_A$ 中轨迹如图 6.4(a)所示,假设初始 $t=0$ 时刻小行星随体系与 $O_A X_A Y_A Z_A$ 重合。归一化单位制下示例轨道雅可比积分为 -1.6,在惯性系中轨道近拱点坐标为$[-0.8766, 0.8806, 0.0]^T$,此处坐标距离单位为 DU$=d$。为了突出显示甩摆作用对轨道能量变化的影响,图中以实线绘制了质点经过近拱点附近时轨迹,以虚线表示其他阶段轨迹,同时给出了小行星(近似偶极子模型)在 $t=0$ 时刻姿态。

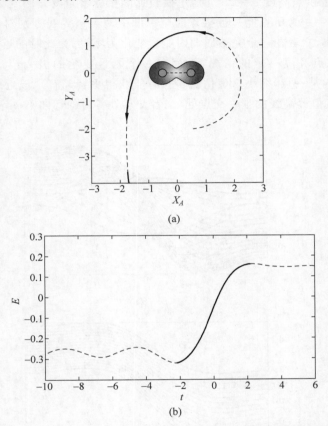

(a)

(b)

图 6.4 偶极子($\mu=0.5$ 和 $\kappa=1.0$)赤道面内临界能量零值曲线和零速度线
(a) 小行星质心惯性参考系中甩摆轨道;(b) 甩摆轨道能量变化

图 6.4(b)给出了甩摆轨道对应的能量变化曲线,可以看到轨道能量从最初的负值经甩摆后大幅增加,达到正值后逃离引力场。在归一化量纲下,小天体自旋一周的时间为 2π TU,图中实线所示甩摆作用时间约为 4 TU,即质点在小天体一个自旋周期内从环绕轨道改变为双曲轨道。相反,若该甩摆轨道的近拱点位于第Ⅰ或Ⅲ象限,坐标为$[0.8766,$ $0.8806, 0.0]^T$ 或$[-0.8766, -0.8806, 0.0]^T$,质点将从一个双曲轨道被(临时)捕获至一个环绕轨道。下面将以近拱点位于第Ⅱ象限内轨道为例,进一步分析近拱点位置对甩摆轨道的影响。

图 6.3 中零能量曲线与 ox 轴交点为$[\pm 1.326, 0, 0]^T$,与 oy 轴交点为$[\pm 1.228, 0, 0]^T$ (参见公式(2.41),注意长度单位均为 DU$=d$)。近拱点位于能量零值曲线附近的甩摆轨道更容易发生轨道性态的变化,即从环绕轨道转变为逃逸轨道等。为此,仿真中近拱点高度的变化范围取为$[1.2, 1.35]$,涵盖了上述零能量线对应的两个边界值。为研究第Ⅱ象限甩摆

轨道(特指近拱点位于第 Ⅱ 象限),定义一个新的角度 φ,为近拱点向径 r_s 与 oy 轴负方向的夹角,若近拱点以 N 表示,则其在随体系中的坐标(赤道面内忽略 $z_N = 0$)可以表示为

$$\begin{cases} x_N = - \parallel r_s \parallel \cdot \cos\varphi \\ y_N = \parallel r_s \parallel \cdot \sin\varphi \end{cases}, \quad \varphi \in \left[0, \frac{\pi}{2}\right] \tag{6.15}$$

图 6.5(a)为近拱点高度 $r_s = 1.3$ 时,甩摆轨道能量随着角度 φ 的变化趋势,仿真中 φ 的步长取为 0.02π,$t = 0$ 为质点经过近拱点时刻。图中两条边界线分别对应 $\varphi = 0$ 和 $\varphi = \pi/2$ 时的能量变化曲线,二者在一个完整周期内能量变化为零,因为此时的近拱点恰好位于 $p = 0$ 直线上。在近拱点高度一定的情况下,存在一个能量变化的极大值,对应角度 φ^* 约为 0.22π(或其邻域内某一点,缩小 φ 值仿真步长有望获得更精确解),该近拱点应位于半径为 1.3 的圆与某一 p 值等高线的唯一交点处(二者交点处各自的切向不一定重合,故称为唯一交点,而非切点)。

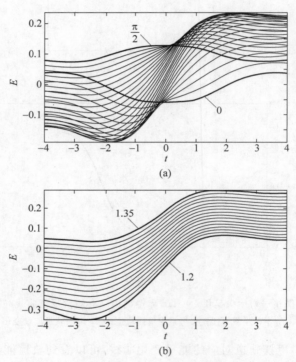

图 6.5 近拱点高度对单次甩摆轨道能量变化的影响

(a) $\varphi \in [0, \pi/2]$ 且 $r_s = 1.3$;(b) $\varphi = 0.33\pi$ 且 $r_s \in [1.2, 1.35]$

图 6.5(b)给出了甩摆轨道近拱点向径与 oy 轴方向夹角 φ 为定值 0.33π 时(任取定义域内除 $\varphi = 0$ 和 $\varphi = \pi/2$ 以外的值),轨道能量随近拱点高度 r_s 的变化趋势,仿真中 r_s 变化步长取为 0.01,使其从 1.2 一直增加到 1.35。随着近拱点不断抬高,轨道初始能量不断增加,但甩摆带来的能量增加值在不断减小。能量增量的最大值取自近拱点最低的轨道,因为近拱点处对应的能量变化率 p 值最大。可以预见,轨道近拱点高度不断降低的过程中,一定存在着某一个临界轨道,经过甩摆作用后轨道总能量为零,对应着传统意义下的抛物线轨道。若此时继续减小 r_s 的值,那么轨道经过甩摆后总能量虽然会增加,但依然为负值,无法

逃离小天体引力场。

上述仿真中广义甩摆轨道的能量增量分布整理于图 6.6 中,图中除 $\varphi=0$ 和 $\varphi=\pi/2$ 两种情况外,还有一些"×"落在了横轴上,即对应的轨道能量增量为零。这些结果有两种情况,一是甩摆轨道的初始轨道为非环绕轨道,而是有可能从小天体表面甚至内部出发的轨道;二是在给定的近拱点处无法形成单次甩摆轨道。为了排除这两类轨道,书中统一将它们的能量增量设为零值[10]。

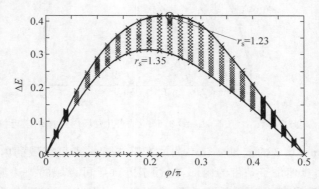

图 6.6   偶极子($\mu=0.5$ 和 $\kappa=1.0$)赤道面内临界能量零值曲线和零速度线

图 6.6 中所示能量增量下边界均为 $r_s=1.35$ 时的值,上边界则是不同近拱点高度处能量增量最大值拟合所得。其中,能量增量 ΔE 的最大值约为 0.42,对应 $r_s=1.23$、$\varphi=0.24\pi$。图中 $\varphi\in[0.12\pi,0.3\pi]$ 的小区域内,甩摆轨道的能量增量最小值仍不低于 0.25,这个归一化单位制下的增量值已经相当大,对应着甩摆后的双曲轨道。因此,上述区域应是稳定绕飞航天器轨道设计时的危险区域。当然,若航天器欲逃离小行星引力场,则可施加控制量,使得航天器转移至该区域,之后通过小天体的甩摆作用飞离引力场,达到节省燃料之目的。

6.3.2   小行星附近逃逸轨道

小行星附近轨道可以大致归为三类:长期绕飞轨道、逃逸轨道和表面撞击轨道。运行在初始绕飞轨道上的质点,有可能经过单次甩摆作用后改变至逃逸轨道,称该类轨道为自然逃逸轨道或抛射轨道(natural ejecting orbits),是小行星在短期内清除引力场内粒子或异物等的重要动力学机制。显然,该类轨道初始时刻轨道能量为负值,经过短期甩摆作用后能量改变为正值。书中以第 II 象限内单次甩摆轨道为例,对上述逃逸轨道进行分析。

图 6.7 所示为小行星(近似偶极子模型)随体系下第 II 象限内逃逸轨道的近拱点分布情况,取 $\mu=0.5$ 保证 II 和 IV 象限的对称性。图中共给出了三种不同 κ 值时仿真结果,分别为 3、6 和 9,图中虚线表示三种情况下相同能量变化率 $p=0.2$ 的曲线。月牙状的阴影区域是所求逃逸轨道近拱点可行域,沿径向的外边界为 $E_\otimes=0$ 曲线(排除了初始轨道能量大于零的情况),而内边界则是由仿真求解各点拟合而成的曲线。

图 6.7 表明,逃逸轨道的近拱点位于一个狭长的带状区域内,近拱点高度会随着 κ 的增加而远离中心天体,同时该区域的带宽也会变窄。这是因为 κ 的增加意味着小行星引力场强度越来越大,使得绕飞质点逃离引力场变得更加困难。另外,随着 κ 的增大,逃逸轨道能量增量会越来越小,这可以从图中近拱点的分布区域与能量变化率曲线的相对位置关系获

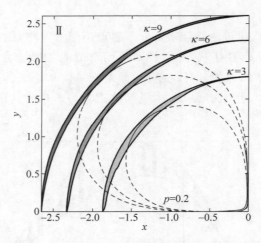

图 6.7 偶极子参数 $\mu=0.5$ 和 $\kappa=[3,6,9]^{\mathrm{T}}$ 时引力场内逃逸轨道近拱点分布

得。例如，$\kappa=9$ 时，$p=0.2$ 的能量变化率曲线几乎与近拱点可行域的内边界相切，而 $\kappa=3$ 时 $p=0.2$ 曲线很明显地位于条带的内部，接近于近拱点可行域的外边界。图 6.2 已表明，距离小行星表面越近，甩摆作用后轨道能量增量越大。因此，κ 值越小的天体（一般对应着更大的自旋角速度），其引力场内的质点越容易逃离，这与快速自旋小行星引力场内质点运动趋向于更不稳定的结论一致。

研究质量比 μ 对抛射轨道的影响时，仿真中取固定值 $\kappa=3$，μ 取不同的离散值 $[0.1,0.2,0.3,0.4,0.5]^{\mathrm{T}}$。图 6.8 给出了这些数据对应的 $E_{\otimes}=0$ 曲线和能量变化率 $p=0.2$ 的曲线。由于五组数据的 κ 值相同，相应的能量曲线 $E_{\otimes}=0$ 几乎重合，只有微小的差别。然而，受 μ 的影响，各组的能量变化率曲线有着明显区别，而且同一 μ 值时第 II 和 IV 象限内的 p 曲线分布也不再相同。随着 μ 的减小，图 6.8 中所示 $p=0.2$ 曲线会不断右移而偏离系统质心，同时其有效作用半径也在不断减小。因此，除 $\mu=0.5$ 情况外，近拱点在第 IV 象限内 $[|x_{\mathrm{N}}|,-|y_{\mathrm{N}}|]^{\mathrm{T}}$ 处的甩摆轨道能量增量要大于其关于原点对称的第 II 象限内近拱点为 $[-|x_{\mathrm{N}}|,|y_{\mathrm{N}}|]^{\mathrm{T}}$ 的轨道。实际上，基于图 6.2 得到的结论(1)，上述轨道对应能量增量相同时的甩摆轨道近拱点应为 $[1-2\mu-|x_{\mathrm{N}}|,-|y_{\mathrm{N}}|]^{\mathrm{T}}$。上式亦说明 $\mu=0.5$ 时关于原点对称的近拱点处甩摆轨道能量增量相同。

单次甩摆轨道近拱点给定时，如在第 II 象限靠近 $E_{\otimes}=0$ 的区域，系统质量比 μ 越大甩摆轨道的能量增量也越大。其原因可以从小行星的外形入手，较大的 μ 值意味着小行星外形更不规则，而更趋近于细长形，而较小的 μ 值说明小行星更接近球体。公式(6.9)已表明，甩摆轨道能量改变的原因是小行星不规则引力在轨道牵连速度方向持续做功，因此，当 μ 不断减小而趋近于零时，甩摆导致的能量增量也会不断减小。以第 IV 象限为例，在 $\mu\geqslant0.2$ 时能量变化率 $p=0.2$ 曲线在距离质心较远处均处在 $E_{\geqslant}=0$ 曲线附近，而 $\mu=0.1$ 时能量变化率曲线的两个分支在 II 或 IV 象限内均与 $E_{\otimes}=0$ 曲线存在较大距离。这意味着 $\mu=0.1$ 的偶极子系统抛射轨道可行解会很少，甚至无法形成抛射轨道。

为了验证上述分析，图 6.9(a) 给出了一族随体系下单次甩摆轨道（区别于惯性系中图 6.4(a)），它们具有相同的近拱点，为第 II 象限内广义甩摆轨道，意味着轨道能量会有所增加，图 6.9(b) 中绘制了它们对应的轨道能量变化曲线。可以看到，$\mu=0.1$ 和 0.2 的两个

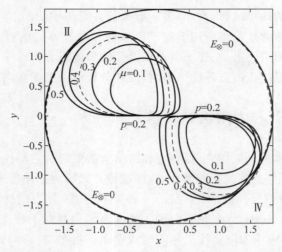

图 6.8　参数 $\kappa=3$ 的偶极子在 $\mu=[0.1,0.2,0.3,0.4,0.5]^{\mathrm{T}}$ 时零能量曲线和 $p=0.2$ 曲线

算例中,甩摆后轨道的总能量有所增加但依然为负值,意味着这两条轨道都未能形成抛射轨道。其他三条轨道在甩摆后总能量均大于零,即质点在经过甩摆后沿抛射轨道逃离小行星引力场。

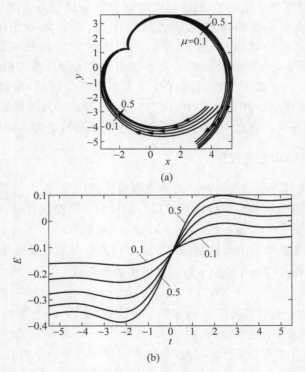

图 6.9　近似偶极子模型随体系中相同近拱点处的单次甩摆轨道及其能量变化
(a) 近拱点在第 Ⅱ 象限的单次甩摆轨道;(b) 单次甩摆轨道对应能量变化

综上,对于给定的目标小行星,在求得其引力场分布的情况下,可以仿真求解引力场内抛射轨道的近拱点分布区域。该区域对于绕飞航天器而言是危险区域,而对于逃离小行星

引力场又是借力飞行的理想地带,为此,需在航天器探测任务设计之初分析该区域的分布及可能对航天器轨道的影响。书中应用偶极子模型近似细长小行星引力场,在研究引力场内质点运动时忽略了太阳引力摄动、光压摄动以及其他天体引力摄动等,而这些摄动有可能对上述轨道的稳定性及甩摆近拱点等产生影响,后续分析中可考虑在内。

6.4 本体悬停飞行与太阳帆航天器

探测器在对小天体进行采样或着陆探测时,一般需要提供主动控制,使得航天器在一段时间内与小天体表面某一点保持相对静止,这种探测方式称为悬停探测。小行星悬停探测是指航天器与小行星的相对位置保持不变的一种探测方式,分为惯性系悬停(heliostationary flight)和本体系悬停[11](body-fixed hovering)。惯性系悬停是航天器保持在太阳与小行星系统的拉格朗日点处,一般作为限制性三体问题或希尔问题处理。本体系悬停是航天器相对单颗小行星表面某一特定点保持相对位置不变,即在小行星随体系下的位置保持不变,可用于载人登陆小行星以及小行星采样返回任务等[12]。书中主要讨论本体系悬停(简称"本体悬停"),研究太阳帆航天器相对小行星的悬停飞行问题。

当航天器处在小行星的引力平衡点处时,悬停探测不需要消耗燃料,类似于地球静止轨道卫星。当悬停位置不在平衡点时,航天器需要提供主动控制力来保持悬停。相比于传统航天器,太阳帆[13]具有不需要消耗化学燃料的优势,依靠太阳光压力(Solar radiation pressure force,SRP force)提供推力(或控制力),能够完成长时间的小行星悬停探测。Morrow 等[14]分析了小行星附近太阳帆航天器运动的动力学性质,并给出了稳定的太阳同步轨道等。Williams[15]讨论了小行星随体系下太阳帆悬停问题,得到了可行悬停探测区域。上述研究均采用球形小行星假设,而小天体的非球形摄动对于附近轨道有着很大影响。同时,对于小行星不规则弱引力场,太阳帆不同光压模型对轨道的影响也应考虑在内。

6.4.1 悬停飞行动力学建模

航天器在小行星引力场内运动的动力学方程由公式(2.4)给出,当忽略太阳光压和其他天体引力摄动,仅考虑均匀自旋小行星不规则引力和航天器控制力时,动力学方程简化为

$$\ddot{r} + 2\,\boldsymbol{\omega} \times \dot{r} + \boldsymbol{\omega} \times (\boldsymbol{\omega} \times \boldsymbol{r}) = -\,\nabla U(\boldsymbol{r}) + \boldsymbol{a}_{\mathrm{C}} \tag{6.16}$$

式中 $\boldsymbol{a}_{\mathrm{C}}$ 为航天器推进系统提供的控制加速度。本体悬停时航天器在小行星随体系 $oxyz$ 中的位置保持不变,即在 $\ddot{r} = \dot{r} = \mathbf{0}$ 情况下控制加速度满足条件

$$\boldsymbol{a}_{\mathrm{C}} = \nabla U(\boldsymbol{r}) + \boldsymbol{\omega} \times (\boldsymbol{\omega} \times \boldsymbol{r}) = \nabla V(\boldsymbol{r}) \tag{6.17}$$

上式即为本体悬停飞行需要求解的方程,当控制加速度 $\boldsymbol{a}_{\mathrm{C}}$ 为零时,所得悬停点恰好为小行星有效势梯度的零点,即小行星引力平衡点。当 $\boldsymbol{a}_{\mathrm{C}}$ 不为零时,所得悬停点本质上为一类人工引力平衡点,通过提供控制加速度,实现质点在小行星非自然引力平衡点处的持续稳定飞行。

在人类开展深空探测活动中,早期的航天器均采用比冲较小①($I_{\mathrm{sp}} \sim 300\mathrm{s}$)的脉冲推力发动机,导致任务时间长且代价高。随着探测范围的不断扩大,为了克服长航时等技术困难

---

① https://en.wikipedia.org/wiki/Specific_impulse

并尽量降低任务开支，人们发明了比冲较大（$I_{sp} \sim 3000s$）的连续小推力发动机。随着探测距离的进一步增大（如 100AU 以上任务），部分研究人员开始关注比冲无限大的无燃料推进系统，包括但不限于磁帆、电帆、太阳帆等，其中太阳帆发展最为成熟[16]。

6.4.2　太阳帆航天器

太阳帆航天器的推进系统为太阳帆（Solar sail），通常是一类大型薄膜结构。太阳帆通过与撞击帆面的太阳光子进行动量交换产生推力，称之为太阳光压力。通过光子连续不断地撞击，太阳光压力持续加速太阳帆，随着时间累积可使航天器获得很大的速度增量。由于单个光子所携带动量非常小，为了产生足够的推力，帆膜表面积应尽量大且质量轻，因此，太阳帆一般由大面积的轻质薄膜和支撑结构组成。太阳帆不需要消耗燃料并能够提供连续推力，在深空探测方面具有独特优势。

太阳帆概念早在 20 世纪 20 年代由苏联科学家 Tsiolkovsky 等提出[17]，限于当时航天科技发展水平，太阳帆推进虽然有趣但不实际，并未引起大量关注。1958 年 Richard Garwin 在学术杂志上发表了第一篇关于太阳帆的文章[18]。此后，关于太阳帆的研究逐渐出现在工程文献和学术论文中。直到 20 世纪 70 年代末，NASA-JPL 开展哈雷彗星交会任务研究[19]，太阳帆才真正得到航天界的重视。哈雷彗星轨道倾角为 162° 左右，运行在一个逆行的大椭圆轨道上（注：太阳系内大行星的逆时针运动方向为顺行）。在 JPL 任务初步设计方案中，需要一个表面积 800m×800m 的太阳帆，通过靠近太阳的螺旋攀升轨道（Cranking phase）增加轨道倾角而形成逆向轨道，再与哈雷彗星交会。相比于当时的电推进技术，太阳帆还未成熟到几年内可以直接应用于工程实际的程度，因此，NASA 最终放弃了对这项研究的资助。尽管如此，该项目的研究依然在世界范围内掀起了太阳帆理论研究和工程试验的热潮。

1992 年，俄罗斯成功进行了"旗帜 2 号"（Znamya 2）反射镜试验，于 1993 年 2 月在太空展开了一个直径为 20m 的自旋太阳帆。1996 年，美国在航天飞机上完成了直径为 14m 的充气天线展开试验，验证了大型充气结构空间展开的可行性。1999 年德国航天局 DLR 组织实施了 20m×20m 太阳帆地面展开试验[20]。2004 年，日本宇航局 JAXA 分别在 122km 和 169km 的轨道进行了太阳帆展开试验。2004 年和 2005 年，NASA 分别资助两个不同机构独立开展小型太阳帆的地面展开试验。2005 年 6 月，第一颗太阳帆任务"宇宙 1 号"（Cosmos-1）由俄罗斯核潜艇在水下发射，由于火箭助推器故障导致任务失败。

2010 年 5 月 21 日，日本成功发射了世界上第一颗太阳帆空间探测器"伊卡洛斯"（IKAROS）①。该太阳帆航天器总质量为 310kg，其中太阳帆帆膜质量 15kg（包括端部集中质量块），与金星探测器"拂晓"号（Akatsuki）由日本 H-IIA F17 火箭一起发射。进入预定轨道后，"伊卡洛斯"采用自旋方式展开了一个 14m×14m 的方形太阳帆，如图 6.10（a）所示。经过多年努力，NASA-Ames 研究中心与合作伙伴研制了一颗小型太阳帆 NanoSail-D。该星于 2008 年发射，由于火箭原因导致任务失败。NASA 很快又开发了 NanoSail-D2②，于 2010 年 11 月 20 日成功发射。这颗小太阳帆由名为 FASTSAT 的微小卫星在轨释放，体积

---

① https://en.wikipedia.org/wiki/IKAROS

② https://en.wikipedia.org/wiki/NanoSail-D2

大小与一块面包相当(0.1m×0.1m×0.33m),重约 4.1kg,展开后为一个约 10m² 的方形太阳帆,如图 6.10(b)所示。

 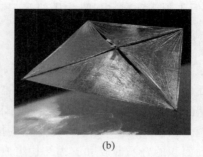

(a)　　　　　　　　　　　　　　(b)

图 6.10　日本 IKAROS 太阳帆实拍图(a)和美国 NanoSail-D2 艺术构想图(b)

限于目前科技发展水平,成功飞行的两颗太阳帆特征加速度(Characteristic acceleration)均很小,IKAROS 特征加速度约为 0.0059mm/s²,NanoSail-D2 的稍高一点为 0.0178mm/s²。特征加速度定义为太阳帆在 1 AU 处帆面垂直太阳入射光时产生的光压加速度。2015 年成功完成在轨展开试验的 LightSail-1(亦称 LightSail-A[①])特征加速度量级与 NanoSail-D2 相当,约为 0.0652mm/s²。NASA 曾经资助的 Sunjammer 任务[②](于 2014 年 10 月取消)预计发射一颗表面积 1200m² 的太阳帆,其特征加速度达到了 0.2153mm/s²。随着科技发展和工业制造水平的提高,若特征加速度达到 3mm/s² 以上,太阳帆航天器便能够形成一类特殊的角动量翻转(angular momentum reversal)逆向轨道[21-23],使得航天器通过光压甩摆[24]加速逃离太阳引力场或形成特殊的周期轨道等[25,26]。

6.4.3　太阳帆简化模型

太阳光子在撞击帆面时,会同时发生镜面反射和漫反射,且有一小部分被吸收。太阳帆为大型薄膜类空间结构,一般需要在轨展开,由此带来的帆面褶皱以及在轨运行时的结构振动等,都会使得实际帆面与理想反射的平面太阳帆存在差别。为此,研究人员提出了多种太阳帆简化模型,包括最简单的理想模型(idealmodel)、光学模型(opticalmodel)、参数模型(parametricmodel)以及效率更高的光子推力器(solar photon thrust)等。下文以光学模型为例,对太阳帆建模的过程进行一个简要介绍,更多关于模型的讨论可以参阅文献[13]。

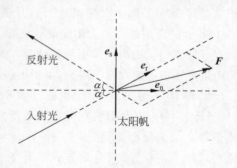

图 6.11　非理想太阳帆光学模型示意图

非理想太阳帆光学模型需要考虑帆面对太阳入射光的反射、吸收和重辐射(emission,又称"二次辐射",指太阳帆将吸收的光子再次发射出去),不考虑帆面的褶皱和热变形等。假设太阳帆在空间展开后为平面,视太阳为点光源,且入射光为平行光,如图 6.11 所示。图中 e_n 为太阳帆的帆面法

①　https://en.wikipedia.org/wiki/LightSail_2

②　https://en.wikipedia.org/wiki/Sunjammer_(spacecraft)

向单位矢量,则太阳光压力可表示为

$$\boldsymbol{F} = F_n \cdot \boldsymbol{e}_n + F_s \cdot \boldsymbol{e}_s \tag{6.18}$$

式中 $\boldsymbol{e}_s$ 为沿帆面方向与 $\boldsymbol{e}_n$ 垂直的单位矢量,与入射光和 $\boldsymbol{e}_n$ 同一平面内,参见图6.11。两个方向的光压力幅值分别为

$$\begin{cases} F_n = PA\cos\alpha\left[(1+\rho s)\cos\alpha + B_f(1-s)\rho + (1-\rho)\dfrac{\varepsilon_f B_f - \varepsilon_b B_b}{\varepsilon_f + \varepsilon_b}\right] \\ F_s = PA(1-\rho s)\cos\alpha\sin\alpha \end{cases} \tag{6.19}$$

其中 P 为当地光压强度, A 为太阳帆的表面积,姿态角 α 为入射光方向和帆面法向夹角,称为倾斜角(cone angle); ρ 为太阳帆正面的反射率, s 为镜面反射系数; B_f、B_b 分别为帆正面和反面的非朗伯体系数(Non-Lambertian coefficient); ε_f、ε_b 分别为帆正面和反面的重辐射系数[27]。在距离太阳1AU处太阳光压 P 约为 4.56×10^{-11} N/m²。

若已知太阳帆航天器总质量为 m,包括帆面质量、有效载荷以及执行机构质量等,则太阳帆能够提供的光压加速度 $\boldsymbol{f}_{SRP}$ 为

$$\boldsymbol{f}_{SRP} = \frac{\boldsymbol{F}_{SRP}}{m} \tag{6.20}$$

当太阳帆帆面垂直于入射光方向时,光压加速度取得最大值。定义太阳帆光压因子 β 为特征光压加速度与当地日心引力加速度的比值,表征着太阳帆的推进性能。为后续问题求解方便,联立式(6.18)和式(6.20),应用光压因子 β 将太阳帆光压加速度表达为

$$\boldsymbol{f}_{SRP} = \frac{\boldsymbol{F}_{SRP}}{m} = \beta \cdot \frac{\mu_{sun}}{R_{AU}^2} \cdot \cos\alpha[b_1\boldsymbol{e}_r + (b_2\cos\alpha + b_3)\boldsymbol{e}_n] \tag{6.21}$$

其中, μ_{sun} 为太阳引力常数(1.3271244×10^{11} km³/s²), R_{AU} 为航天器与太阳间距离, $\boldsymbol{e}_r$ 为太阳指向航天器位置矢量的单位向量。各系数 $b_i(i=1,2,3)$ 的定义分别为

$$\begin{cases} b_1 = \dfrac{1-s\rho}{s} \\ b_2 = s\rho \\ b_3 = \dfrac{1}{2}\left[B_f(1-s)\rho + (1-\rho)\dfrac{\varepsilon_f B_f - \varepsilon_b B_b}{\varepsilon_f + \varepsilon_b}\right] \end{cases} \tag{6.22}$$

当太阳帆参数 $\rho=1$ 且 $s=1$ 时,上式中 $b_1=b_3=0$, $b_2=1$,式(6.21)退化为理想太阳帆模型表达式。以 NASA 试验的正面镀铝反面镀铬的太阳帆为例,各参数分别为 $\rho=0.88$, $s=0.94$, $B_f=0.79$, $B_b=0.55$, $\varepsilon_f=0.05$, $\varepsilon_b=0.55$,将各参数代入式(6.22),可得三个系数分别为 $b_1=0.0864$, $b_2=0.8272$, $b_3=-0.0054$。为了对比太阳帆不同模型对悬停轨道的影响,将理想模型、光学模型、参数模型及光子推力器的光压加速度表达为统一形式

$$\boldsymbol{f}_{SRP} = \frac{\beta}{2} \cdot \frac{\mu_{sun}}{R_{AU}^2} \cdot \cos^{p-q}\alpha[(1-q)\bar{b}_1\boldsymbol{e}_r + \cdots(q\bar{b}_1 + \bar{b}_2\cos^{(3q+1)}\alpha + \bar{b}_3\cos^{2q}\alpha)\boldsymbol{e}_n] \tag{6.23}$$

式中不同光压模型对应的系数 $[p, q, \bar{b}_1, \bar{b}_2, \bar{b}_3]^T$ 列于表6.1中[28]。对比式(6.23)和式(6.21)可知,表6.1中的系数 $\bar{b}_i(i=1,2,3)$ 应为式(6.11)中对应系数 $b_i(i=1,2,3)$ 的两倍。

表 6.1 太阳帆不同光压模型系数

模 型 系 数	p	q	$\overline{b}_1$	$\overline{b}_2$	$\overline{b}_3$
理想模型	1	0	0	2	0
光学模型	1	0	0.1728	1.6544	-0.0109
参数模型	1	1	-0.5885	-0.1598	2.5646
光子推力器	0	0	0	2	0

特别地,当太阳帆光压因子不再为常值,可由 $\beta(t)$ 表示,其值由太阳帆的有效面质比 $\sigma(t)$ 决定

$$\beta(t) = \frac{\sigma^*}{\sigma(t)} = \sigma^* \cdot \frac{A(t)}{m}, \quad \beta(t) \leqslant \beta_{\max} \tag{6.24}$$

式中特征面质比 σ^* 是一个常数 $(1.53\mathrm{g/m^2})$,m 与式 (6.20) 中含义相同,$A(t)$ 表示 t 时刻太阳帆的有效反射面积。$\beta_{\max}$ 为太阳帆最大光压因子,对应着最大有效反射面积。时变光压因子可以在不改变帆面整体姿态(即帆面法向 $\boldsymbol{n}$ 的空间指向不变)的情况下实现,比如采用 Cosmos-1[①] 的设计方法。Cosmos-1 太阳帆在轨展开后有 8 片分开的叶片式(vane)帆面,可以独立调整关于中心对称的两片叶片,这意味着在不改变帆面整体姿态的情况下可以改变帆面的有效反射面积。例如,当帆面与入射光垂直时,将其中 4 片调整为与入射光平行,则有效反射面积 $A(t)$ 减小为原来的一半,相应地光压因子也变为原来的一半。此外,IKAROS 姿态控制中采用的电致变反射率贴片[18]也可(在一定范围内)实现光压因子时变的要求,未来有望开展更多研究。

6.5 悬停探测球形小行星

求解太阳帆航天器在小行星附近悬停运动时,建立惯性参考系 $IXYZ$,如图 6.12 所示。坐标轴 IZ 沿小行星自旋角速度 $\boldsymbol{\omega}$ 方向,IX 轴沿太阳入射光在小行星赤道面内的投影方向,IY 轴位于小行星赤道平面内且与另外两轴形成右手坐标系。小行星随体系 $oxyz$(参见 2.2.1 节)在任务初始时刻 $(t=0)$ 与惯性系 $IXYZ$ 重合,之后随小行星自旋而周期性的旋转,则从随体系到惯性系的转换矩阵为

$$\boldsymbol{C}_1(t) = \begin{bmatrix} \cos\theta_1(t) & -\sin\theta_1(t) & 0 \\ \sin\theta_1(t) & \cos\theta_1(t) & 0 \\ 0 & 0 & 1 \end{bmatrix} \tag{6.25}$$

式中 $\theta_1(t)$ 为赤道面内 ox 轴与 IX 轴夹角 $(\theta_1(t) \in [0, 2\pi])$,如图 6.12 所示。严格来讲,$IXYZ$ 并非完全不动的惯性系,但相比于(大部分)小行星自旋周期的几个小时,该参考性可以近似认为是惯性系。例如,运行在 2AU 以远日心圆轨道上的小行星,轨道周期在 1000 天以上,与其自旋周期相差 10^3 量级。小行星自旋一周,太阳入射光在小行星表面的投影偏离初始位置约为 $0.1°$,该偏差对于小行星附近短期运动可暂时忽略不计。

为方便描述太阳帆光压加速度,建立图 6.12 中入射光坐标系 $se_xe_ye_z$,se_x 轴沿入射光

---

① https://en.wikipedia.org/wiki/Cosmos_1

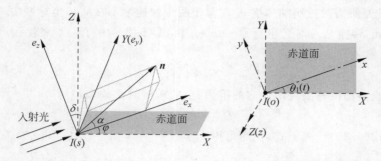

图 6.12　参考惯性系 $IXYZ$、小行星随体系 $oxyz$ 与太阳帆姿态角

方向，se_y 轴与 IY 轴重合，se_z 轴垂直于 se_xe_y 平面并构成右手坐标系。从惯性系到 $se_xe_ye_z$ 的转换矩阵为

$$
C_2 = \begin{bmatrix} \cos\varphi & 0 & \sin\varphi \\ 0 & 1 & 0 \\ -\sin\varphi & 0 & \cos\varphi \end{bmatrix}, \quad \varphi \in \left[-\frac{\pi}{2}, \frac{\pi}{2} \right] \tag{6.26}
$$

式中 φ 为太阳相对小行星的纬度角（短时悬停近似为常值），当 $\varphi = 0$ 时太阳位于小行星赤道面所在平面内，当 $\varphi = \pi/2$ 时太阳位于小行星的南极上空。显然，在坐标系 $se_xe_ye_z$ 中，入射光单位矢量与 se_x 轴方向重合，恒为 $e_x^s = [1, 0, 0]^T$，上标 s 表示入射光坐标系。

6.5.1　太阳帆悬停动力学

对于均匀自旋小行星，转换矩阵(6.25)中角度满足 $\theta_1(t) = \omega t$。当太阳帆悬停在小行星引力场中位置 r 处时，由公式(6.17)知所需光压加速度为

$$
a_C = \nabla U(r) + \omega \times (\omega \times r) = \begin{bmatrix} U_x \\ U_y \\ U_z \end{bmatrix} - \begin{bmatrix} \omega^2 & 0 & 0 \\ 0 & \omega^2 & 0 \\ 0 & 0 & 0 \end{bmatrix} \begin{bmatrix} x \\ y \\ z \end{bmatrix} \tag{6.27}
$$

其中太阳帆位置矢量 r 可由球坐标表示为

$$
r = \begin{bmatrix} x \\ y \\ z \end{bmatrix} = r \cdot \begin{bmatrix} \cos\lambda\cos\theta \\ \cos\lambda\sin\theta \\ \sin\lambda \end{bmatrix} \tag{6.28}
$$

式中 r 为位置矢量幅值，λ 和 θ 分别为航天器在小行星随体系中的纬度角和经度角，定义域为 $\lambda \in [-\pi/2, \pi/2]$ 和 $\theta \in [0, 2\pi)$，且经度角满足关系式 $\theta(t) = \theta_0 + \theta_1(t) = \theta_0 + \omega t$。假设小行星为均质球体，引力场内 r 处的加速度可进一步表达为

$$
\nabla U(r) = \begin{bmatrix} U_x \\ U_y \\ U_z \end{bmatrix} = \frac{\mu_{\text{ast}}}{r^3} r = \frac{\mu_{\text{ast}}}{r^2} \cdot \begin{bmatrix} \cos\lambda\cos\theta \\ \cos\lambda\sin\theta \\ \sin\lambda \end{bmatrix} \tag{6.29}
$$

常值 μ_{ast} 为小行星引力常数。将式(6.28)和式(6.29)代入式(6.27)，可得悬停飞行时太阳帆光压加速度在小行星本体系 $oxyz$ 中表达式

$$
a_C = \left[\left(\frac{\mu_{\text{ast}}}{r^2} - \omega^2 r \right)\cos\lambda\cos\theta, \left(\frac{\mu_{\text{ast}}}{r^2} - \omega^2 r \right)\cos\lambda\sin\theta, \frac{\mu_{\text{ast}}}{r^2}\sin\lambda \right]^T \tag{6.30}
$$

最终，太阳帆航天器能够在位置 r 处悬停探测小行星的条件为：太阳帆光压加速度

f_{SRP}能够满足悬停所需的控制加速度a_C。鉴于两个加速度不在同一坐标系中,为方便求解,将式(6.20)中a_C转换至入射光坐标系$se_xe_ye_z$中,式(6.23)中f_{SRP}本来就在入射光坐标系中,由此可得悬停条件为

$$f_{\text{SRP}} = C_2 \cdot C_1(t) \cdot a_C \tag{6.31}$$

由于太阳帆只能够提供背离太阳方向的推力,上式求解时必须满足约束

$$f_{\text{SRP}}^{\text{T}} \cdot e_x^s \geqslant 0 \tag{6.32}$$

将式(6.30)和式(6.31)代入上式,化简可得

$$f_{\text{SRP}}^{\text{T}} \cdot e_x^s = \left(\frac{\mu_{\text{ast}}}{r^2} - \omega^2 r\right)\cos\lambda\cos\varphi\cos\theta + \frac{\mu_{\text{ast}}}{r^2}\sin\lambda\sin\varphi \geqslant 0 \tag{6.33}$$

若航天器在小行星一个自转周期内保持悬停,则$\theta(t)$将覆盖0到2π的所有值,即$\cos\theta \in [-1,1]$。为保证约束式(6.33)成立,上式中第二项$\mu_{\text{ast}}\sin\lambda \sin\varphi/r^2$须恒为正值,知$\lambda$和$\varphi$的符号必须相同。也就是说,要保证航天器的悬停探测可行,太阳帆航天器与太阳必须位于目标小行星赤道面的两侧。

图6.11中单位矢量e_n与图6.12中单位矢量n指代同一方向,均表示太阳帆帆面法向单位矢量。太阳帆是一类典型的姿轨耦合控制系统,太阳帆航天器轨道机动是通过调整太阳帆姿态完成的。因此,在研究太阳帆轨道动力学时,同样需要用到太阳帆姿态描述。对于理想太阳帆而言,帆面法向单位矢量是一个重要的姿态描述变量,通常由倾斜角α和时钟角δ(Clock angle)表示,如图6.12所示。在入射光坐标系中,单位矢量n可定义为

$$n = [\cos\alpha, \quad \sin\alpha\sin\delta, \quad \sin\alpha\cos\delta]^{\text{T}} \tag{6.34}$$

两角度的定义域分别为$\alpha \in [0, \pi/2]$和$\delta \in [0, 2\pi)$。对于理想太阳帆,式(6.23)中光压加速度退化为

$$f_{\text{SRP}} = \beta \cdot \frac{\mu_{\text{sun}}}{R_{\text{AU}}^2} \cdot \cos^2\alpha \cdot n \tag{6.35}$$

至此,球形小行星假设下太阳帆悬停探测问题可以归结为如下描述:在满足太阳帆光压加速度约束(6.33)情况下,求得等式(6.31)的可行解。式(6.31)为三维非线性方程组,包含三个控制变量$[\beta, \alpha, \delta]^{\text{T}}$,无法解析求解。对于指定悬停位置$r$,小行星自转一周时有$\theta_1 \in [0, 2\pi)$,若存在一组控制量$[\beta, \alpha, \delta]^{\text{T}}$使得式(6.31)在任意时刻$t$成立,则悬停可行;否则,太阳帆不能完成一个完成周期的悬停飞行。采用打靶算法[29]求解上述非线性方程组时,θ_1遍历$[0, 2\pi)$内所有值,计算过程中偶尔会出现一些不合理的收敛解,需要将其合理化,主要是太阳帆姿态角α和δ的取值问题。在满足$0 < \beta \leqslant \beta_{\text{max}}$的条件下,有两种情况需要更正,分别为

$$\begin{cases} \alpha \in (-\pi/2, 0] \\ \delta > 0 \end{cases} \Rightarrow \begin{cases} \alpha = |\alpha| \\ \delta = \text{mod}(\pi + \delta, 2\pi) \end{cases} \tag{6.36}$$

和

$$\begin{cases} \alpha \in (0, \pi/2] \\ \delta \in (-2\pi, 0] \end{cases} \Rightarrow \begin{cases} \alpha = \alpha \\ \delta = \text{mod}(2\pi + \delta, 2\pi) \end{cases} \tag{6.37}$$

式中,mod为求模函数。

分析太阳帆模型、面质比以及悬停半径等对悬停轨道的影响时,仿真算例所用数据与文献[15]中相同,目标小行星位于主小行星带的圆轨道上,轨道半径设为2.7 AU,轨道周期

为 1620.5d。小行星直径为 1.0km,密度为 $2.4 \times 10^3 \mathrm{kg/m^3}$,自转周期为 9h。在小行星一个自转周期内,$\theta_1$ 从 0 增加到 2π,太阳入射光相对小行星偏差角度为 $0.08°$,在该条件下 $IXYZ$ 坐标系满足惯性系假设。研究表明,近期能够实现的太阳帆任务要求光压加速度在 $0.5 \mathrm{mm/s^2}$ 量级[30]。为此,仿真中太阳帆光压因子取为 0.153,对应光压加速度约为 $0.9 \mathrm{mm/s^2}$,其面质比为 $10\mathrm{g/m^2}$,太阳纬度角暂取为 $60°$。

6.5.2 太阳帆模型对悬停轨道的影响

图 6.13 给出了不同模型下太阳帆航天器的可行悬停探测区域。在球形小行星假设下,不同经度处的可行悬停区域相同。因此,图中给出的 oxz 面内悬停区域代表了小行星所有经度处的可行悬停区域。太阳纬度角为 $60°$ 时,太阳位于小行星赤道面的南侧,根据式(6.33),可行悬停区域位于小行星北半球上空。由图可知,光子推力器(下简称"SPT 帆")的可行悬停区域最大,因为相比其他太阳帆模型,SPT 帆的推进能力更强,它的推力幅值与 $\cos\alpha$ 成正比。理想太阳帆可行悬停区域大于光学模型和参数模型,故在应用理想模型进行任务设计时,通常引入一个模型误差权重系数,用于补偿理想模型与实际太阳帆之间的设计误差。光学模型与参数模型的系数相差较大,但二者的可行区域几乎重合。

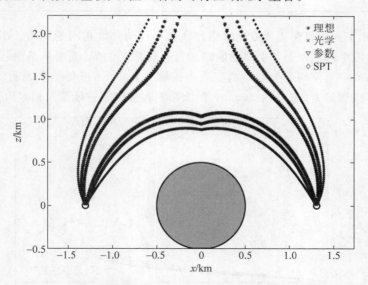

图 6.13   球形小行星假设下不同太阳帆模型可行悬停飞行区域

上述四类太阳帆模型(模型参数见表 6.1)可行悬停区域起始点相同,均为小行星赤道面内引力平衡点,类似于地球同步轨道,其轨道半径 r_{syn} 为 1.31km($r_{\mathrm{syn}} = \sqrt[3]{\mu_{\mathrm{ast}}/\omega^2}$)。当悬停点位于小行星极地上空时,小行星自转引起的离心力为零,太阳帆光压力只需平衡小行星引力。对于式(6.35)中的理想太阳帆,可以解析地得到最小悬停半径为

$$r_{\min} = \sqrt{\frac{\mu_{\mathrm{ast}}}{\beta_{\max} \cdot \dfrac{\mu_{\mathrm{sun}}}{R_{\mathrm{AU}}^2} \cdot \sin^2\varphi}} \tag{6.38}$$

代入数值解得 $r_{\min}$ 约为 0.95km。光学模型与参数模型可行悬停区域中最小悬停半径约为 1.03km;光子推力器能够形成的最小悬停半径约为 0.88km,距离小行星表面最近。仿真

发现,当理想模型增加一个非理想权重系数 0.85 时,计算结果与光学模型极为接近。因此,初步估算时采用带有权重系数的理想模型,可以得到与非理想光学模型较为接近的结果[15]。鉴于上述悬停区域的差别,在实际任务设计时,需要考虑太阳帆模型误差对任务的影响。尤其是可行悬停区域边界处,理想模型可行的悬停轨道,实际太阳帆可能无法完成悬停任务。

太阳帆面质比 σ 决定着系统的推进能力,最大有效面积取四组不同值时,对应的 σ_{min} 列于表 6.2 中。其中,最小面质比为 $4\mathrm{g/m^2}$,对应着最大的特征加速度约为 $2.27\mathrm{mm/s^2}$,由式(6.38)知太阳帆此时的最小悬停半径约为 0.6km,距离小行星表面仅有 100m 的高度。若非设计着陆轨道,该悬停轨道高度已非常低,为保证探测器与小行星有一定安全距离,轨道高度不应再低,这也是仿真分析中将 $4\mathrm{g/m^2}$ 设为 σ_{min} 最小值的原因。

表 6.2　太阳帆不同面质比时悬停轨道半径的最小值

$\sigma_{min}/(\mathrm{g/m^2})$	4	6	8	10
β_{max}	0.3825	0.2550	0.1913	0.1530
$a_{cmax}/(\mathrm{mm/s^2})$	2.2682	1.5122	1.1344	0.9073
$r_{min}/(\mathrm{km})$	0.599	0.734	0.848	0.947

图 6.14 揭示了太阳帆面质比变化时悬停轨道半径与纬度角间的关系。小行星同步轨道高度为 1.31km,图中所示位于其上部的曲线为可行区域外边界,下面几条曲线为不同面质比时的内边界。仿真中悬停轨道纬度角的变化步长取为 0.002π,所得结果表明,$\sigma_{min}=4\mathrm{g/m^2}$ 的太阳帆可行悬停区域最大,与 $\sigma_{min}=10\mathrm{g/m^2}$ 的太阳帆在极区轨道处最大相差约 0.35km。

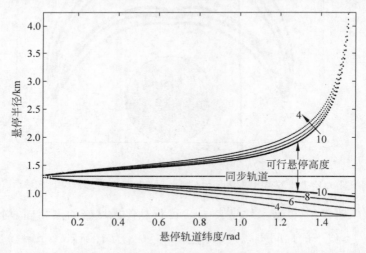

图 6.14　太阳帆不同面质比时悬停轨道半径与悬停轨道纬度角间关系

当悬停轨道纬度给定时,由图 6.14 可知,随着 σ_{min} 的增大悬停轨道可行域的内外边界都会有所增加,但增大的幅值并不明显。例如,当悬停纬度 $\lambda=0.264\pi$ 时,$\sigma_{min}=4\mathrm{g/m^2}$ 的内边界约为 0.94km,而 $\sigma_{min}=10\mathrm{g/m^2}$ 的内边界为 1.11km。后者相差的 170m 悬停高度可使太阳帆航天器系统质量提升为前者的 2.5 倍,意味着能够携带更多的探测设备等有效载荷。因此,在进行轨道设计时,悬停轨道可行范围与系统质量间需要权衡。例如,在悬停轨道高度要求不是很苛刻的情况下,可行范围的略微缩减可带来系统质量的成倍增加,这在探测任务中应是更为理想的选择。

6.5.3 小行星自转周期与悬停半径

小行星数目众多且自旋速度不尽相同,针对同一小行星,书中通过改变自旋速度分析该项对悬停轨道的影响。仿真中将小行星原自旋周期 9h 改变为 15h,采用太阳帆理想模型且面质比为 $10g/m^2$,两种情况下的悬停探测区域如图 6.15 所示。小行星自旋周期为 9h,静止轨道高度为 1.31km,15h 则对应 1.84km,二者可行悬停探测区域在赤道面内的起始点不同,但在极区的悬停轨道最小半径相同,均为 0.95km。从图中可以看到,当悬停轨道纬度角 λ 超过 0.205π 后,两种情况下的悬停探测区域开始出现重叠,不过自旋速度较慢的小行星(15h)对应的悬停探测区域要大于自旋周期为 9h 的区域。也就是说,在其他条件完全相同的情况下,对于自旋较慢的小行星,其高纬度地区的悬停轨道会有更多的选择。

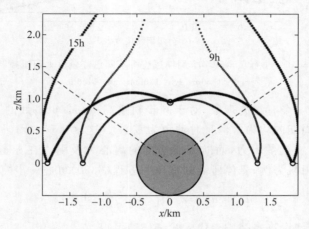

图 6.15 小行星自旋角速度对悬停轨道的影响

在实际控制过程中,太阳帆通过调整帆面姿态来改变推力的大小和方向,进而改变航天器的运行轨道。分析悬停轨道半径对太阳帆姿态控制律的影响时,不失一般性,取悬停纬度角为 $\pi/4$,太阳帆最小面质比为 $10g/m^2$,小行星参数与 6.5.1 节中相同,求得悬停轨道可行范围为 1116~1522m。在此可行域内选取三组不同高度处悬停轨道,说明悬停半径的影响,分别为 1156m、1306m 和 1456m,其中 1306m 为小行星引力平衡点高度。

对于球形小行星,悬停轨道关于 IXZ 平面对称,使得太阳帆姿态控制律关于 IXZ 平面也对称。不妨将太阳帆随小行星自旋一周过程中悬停轨道的控制律离散为 $2n+1$ 个点(n 为正整数),此处 n 取 500,对应自旋角度变化步长为 0.002π,则后半周期的控制律可由前半周期完全确定

$$\begin{cases} \beta(n+1) = \beta(n-1) \\ \alpha(n+1) = \alpha(n-1) \\ \delta(n+1) = 2\pi - \delta(n-1) \end{cases} \tag{6.39}$$

式中右端项对应的前半周期控制律如图 6.16 所示,包括太阳帆姿态角及其光压因子,其中高轨悬停(1456m)的时钟角变化律 δ_{out} 在子图中给出。由图可知,三种情况下光压因子的最大值均小于 0.153,满足约束条件。对于高轨及低轨(1156m)悬停,太阳帆光压因子及姿态角在整个周期内都在变化,以满足悬停轨道对控制力的要求。

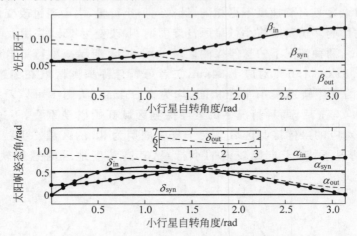

图 6.16　小行星自转半个周期过程中不同悬停轨道太阳帆控制律

in: 1156m; syn: 1306m; out: 1456m

图 6.16 中还有一个有趣的现象,对于同步轨道高度(1306m)处的悬停轨道,太阳帆的三个控制量在整个周期内均为常值且时钟角为零[31]。这意味着太阳帆只需提供沿 $+IZ$ 方向的推力来平衡 IZ 方向的引力,而航天器所受的离心力及引力在赤道面内的投影则自相抵消。若以理想太阳帆为例,悬停所需的加速度方程(6.30)可进一步简化为

$$\boldsymbol{a}_{\text{C}} = \boldsymbol{a}_{\text{syn}} = \begin{bmatrix} 0, & 0, & \dfrac{\mu_{\text{ast}}}{r_{\text{syn}}^2}\sin\lambda \end{bmatrix}^{\text{T}} \tag{6.40}$$

太阳帆时钟角 δ 为零时,将式(6.34)代入式(6.35)可得

$$\boldsymbol{f}_{\text{SRP}} = \beta \cdot \dfrac{\mu_{\text{sun}}}{R_{AU}^2} \cdot \cos^2\alpha \cdot [\cos\alpha, \quad 0, \quad \sin\alpha]^{\text{T}} \tag{6.41}$$

为满足悬停探测的控制加速度要求,式(6.41)中太阳帆提供的加速度应与式(6.40)中要求的一致。另外,对于同步轨道高度处悬停轨道,太阳帆只需提供沿 $+IZ$ 方向推力,倾斜角 α 与小行星黄赤交角 φ 之间应满足关系式

$$\alpha = \frac{\pi}{2} - \varphi \tag{6.42}$$

将上式代入式(6.41),再将式(6.41)和式(6.40)同时代入悬停轨道求解条件式(6.31),得到

$$\beta_{\text{syn}} = \frac{\mu_{\text{ast}}}{\mu_{\text{sun}}} \cdot \frac{R_{AU}^2}{r_{\text{syn}}^2} \cdot \frac{\sin\lambda}{\sin^2\varphi} \tag{6.43}$$

对于图 6.16 中算例,依据上式可得悬停所需光压因子为 0.057。上述同步轨道高度处悬停轨道的性质,对于太阳帆悬停探测任务而言非常有利。理论上来讲,目标小行星选定后,光压因子为常值意味着太阳帆的有效反射面积可以近似为常值,仅需留有一小部分光压调制区作为姿态调整使用。其次,帆面姿态角在整个周期中为常值,意味着帆面的姿态在满足悬停轨道要求后,理论上无需再进行姿态调整。

6.6 悬停探测细长小行星

实际小行星多为不规则外形,有必要进一步研究不规则引力场内太阳帆悬停探测的可行性。图 6.17 给出了太阳帆在细长小行星引力场内运行时的参考坐标系及其姿态角定义,分析中以偶极子近似细长小行星[32]。图中参考系 $IXYZ$ 为惯性系,坐标原点位于系统质心,IZ 轴沿小行星自旋角速度方向,IX 轴由偶极子 m_1 指向 m_2,IY 轴位于小行星赤道平面内且与另外两轴形成右手系。由于小行星自旋周期与轨道周期间的量级差别,可将 $IXYZ$ 坐标系作为惯性参考系。小行星随体系为 $oxyz$,在任务初始时刻($t=0$)与惯性系 $IXYZ$ 重合,之后随小行星自旋而周期性地旋转。为方便表示太阳帆光压加速度及姿态角等,定义入射光坐标系 $se_xe_ye_z$,其中 se_x 轴正向沿入射光方向,se_y 轴与图中 IY 轴重合,se_z 轴与另外两轴构成右手系。

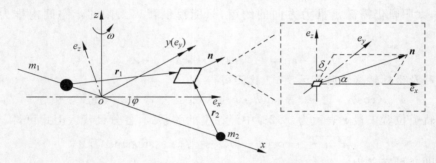

图 6.17　细长小行星随体系和入射光坐标系

太阳帆航天器在细长小行星附近悬停飞行,所需控制加速度依然由式(6.17)给出。考虑到小行星近似偶极子模型的归一化问题,当采用式(2.41)中无量纲单位时,所需控制加速度记为

$$\bar{a}_C = \frac{a_C}{\omega^2 d} = \nabla V\left(\frac{r}{d}\right) \tag{6.44}$$

上式中小行星自旋角速度 ω 和偶极子特征长度 d 定义与 2.4 节相同,注意有效势亦为归一化单位,对应表达式为式(2.46)。由 6.5.2 节分析知理想太阳帆模型与光学模型等悬停结果存在一定差异,为此,本节采用简化的非理想太阳帆模型,其在入射光坐标系中光压加速度为

$$\boldsymbol{f}_{SRP} = \eta \cdot \beta \cdot \frac{\mu_{sun}}{R_{AU}^2} \cdot (\boldsymbol{e}_x^T \cdot \boldsymbol{n})^2 \cdot \boldsymbol{n} = \eta \cdot \beta \cdot \frac{\mu_{sun}}{R_{AU}^2} \cdot \cos^2\alpha \cdot \boldsymbol{n} \tag{6.45}$$

式中常值 η 为权重系数,反映非理想太阳帆模型与理想模型间误差,一般取为 0.85,该值在 6.5.2 节仿真中也得到验证。式中其他各变量含义与公式(6.35)中完全相同,为了与式(6.44)中归一化控制加速度保持单位统一,可将式(6.45)中太阳帆光压加速度也表达为

$$\bar{\boldsymbol{f}}_{SRP} = \frac{\boldsymbol{f}_{SRP}}{\omega^2 d} \tag{6.46}$$

将有效势式(2.46)代入式(6.44),得到悬停所需加速度分量形式

$$\bar{a}_C = \begin{bmatrix} \left\{ \kappa \left[\dfrac{1-\mu}{r_1^3}\left(1+\dfrac{\mu}{x}\right) + \dfrac{\mu}{r_2^3}\left(1-\dfrac{1-\mu}{x}\right) \right] - 1 \right\} \cdot x \\[3mm] \left\{ \kappa \left(\dfrac{1-\mu}{r_1^3} + \dfrac{\mu}{r_2^3} \right) - 1 \right\} \cdot y \\[3mm] \kappa \left(\dfrac{1-\mu}{r_1^3} + \dfrac{\mu}{r_2^3} \right) \cdot z \end{bmatrix} = \begin{bmatrix} c_x \cdot x \\ c_y \cdot y \\ c_z \cdot z \end{bmatrix} \tag{6.47}$$

其中,新引入的辅助变量 c_x、c_y 和 c_z 分别为式中三个位置坐标分量前对应的系数表达式。上式中加速度应与式(6.46)中太阳帆实际提供的加速度相同,航天器才能完成本体悬停飞行。为此,将式(6.47)中加速度转换至入射光坐标系中,并建立关系

$$\bar{f}_{SRP} - C_2 \cdot C_1(t) \cdot \bar{a}_C = \mathbf{0} \tag{6.48}$$

式中转换矩阵 $C_1(t)$,C_2 与式(6.25)和式(6.26)中定义相同。上式依然为一个三维非线性方程组,在小行星完整自旋一周情况下,方程的每一个解都对应着一条悬停轨道——即小天体引力场内相对星体表面的一个不动点。

同样,太阳帆仍需满足推力方向的约束,只能提供背离太阳的半空间内推力,约束方程为

$$\bar{f}_{SRP}^T \cdot \boldsymbol{e}_x^s = (C_2 \cdot C_1(t) \cdot \bar{a}_C)^T \cdot \boldsymbol{e}_x^s \geqslant 0 \tag{6.49}$$

将式(6.47)及坐标转换矩阵代入上式,化简可得

$$(\cos\theta_1 \cdot c_x \cdot x - \sin\theta_1 \cdot c_y \cdot y)\cos\varphi + c_z \cdot z \cdot \sin\varphi \geqslant 0 \tag{6.50}$$

若将悬停轨道位置矢量 r 表示为(6.28)中经纬度的关系式,各分量代入上式可得

$$\sqrt{\tau_1^2 + \tau_2^2} \cdot \cos(\theta_1 + \theta_p) + c_z \cdot r \cdot \sin\lambda\sin\varphi \geqslant 0 \tag{6.51}$$

式中两辅助变量定义为

$$\begin{cases} \tau_1 = c_x \cdot r\cos\lambda\cos\theta_0 \cos\varphi \\ \tau_2 = c_y \cdot r\cos\lambda\sin\theta_0 \cos\varphi \end{cases} \tag{6.52}$$

角度 θ_p 则满足关系式

$$\tan\theta_p = \frac{c_y}{c_x}\tan\theta_0 \tag{6.53}$$

在航天器悬停飞行过程中,小行星自转一周对应式(6.51)中 θ_1 从 0 连续增大到 2π。当悬停飞行多圈时 θ_1 重复性周期变化,式(6.51)中第一项受 $\cos(\theta_1 + \theta_p)$ 的影响会出现周期性符号变化。为了保证式(6.51)的值非负,其左端第二项应始终为正号,且幅值不小于第一项[33]。由式(6.47)知 c_z 为正,悬停半径幅值 r 显然为正,因此只需满足 $\sin\lambda\sin\varphi$ 乘积为正即可。两个角度的定义域相同,均为 $[-\pi/2, \pi/2]$,在此区间上正弦函数单调,故两角度应为同号。以 $\lambda = \varphi = \pi/2$ 为例,此时太阳位于小行星南极上空,而航天器则悬停在小行星北极上空。由此可知,太阳帆悬停探测细长小行星时也需要与太阳分处小行星赤道面两侧,该结论与球形小行星假设下悬停轨道要求一致。

6.6.1　太阳帆航天器可行悬停轨道

假设一颗主带小行星运行在轨道半径为 2.7AU 的圆轨道上,轨道周期 1620d。小行星为细长形,引力场分布由近似偶极子模型描述,模型特征长度 d 为 1km,质量比 μ 为 0.5,自转周期 T_{ast} 为 5h。取偶极子模型受力比 κ 的值为 1,则小行星系统质量为

$$M = \frac{\kappa\omega^2 d^3}{G} = \frac{\kappa d^3}{G} \cdot \left(\frac{2\pi}{T_{\text{ast}}}\right)^2 = \frac{4\kappa\pi^2 d^3}{GT_{\text{ast}}^2} \qquad (6.54)$$

代入数值得 1.826×10^{12} kg。太阳帆最大光压因子 $\beta_{\max}$ 取为 0.25,非理想模型权重系数 η 为 0.85,按公式(6.45)得 1AU 处最大光压加速度为 1.26mm/s²,在主带 2.7AU 轨道处最大幅值为 0.17mm/s²。

图 6.18 给出了 oxz 平面($\theta_0 = 0$)和 oyz 平面($\theta_0 = \pi/2$)内太阳帆悬停轨道的可行区域,仿真中太阳纬度角 φ 暂取 $\pi/2$。对于图中由近似偶极子模型表示的细长小行星,共线平动点 E_2 和 E_3 关于 oy 轴对称地分布于 ox 轴上,距离质心 1.2km。三角平动点 E_4 和 E_5 关于 ox 轴对称地分布于 oy 轴上,距离质心 0.87km。以 oxz 平面内悬停轨道为例,可行悬停区域的起点分别为平衡点 E_2 和 E_3,故又称作共线悬停区(Collinear region),最小悬停半径约为 0.5km,位于内部平衡点 E_1(本例中与原点 o 重合)正上方。作为特例,此时 $x = y = 0$,由式(6.48)知原点正上方的最小悬停半径 r_{oz} 应满足等式

$$\frac{2\mu\kappa \cdot r_{oz}}{(\sqrt{\mu^2 + r_{oz}^2})^3} = \eta \cdot \beta_{\max} \cdot \frac{\mu_{\text{sun}}}{R_{\text{AU}}^2} \cdot \frac{\sin^2\varphi}{\omega^2 d} \qquad (6.55)$$

即图 6.18 中两个可行悬停区域交线的最低点。类似地,悬停区域的起点为两个三角平衡点时称作三角悬停区(Triangular region),此算例中位于 oyz 平面内。当小行星关于 oyz 平面不对称时,三角悬停区依然存在,平行于 oyz 平面但不再位于 oyz 平面内。算例中只给出了两个特殊平面内悬停轨道的可行区域,实际上在非赤道面内的其他区域也应存在可行悬停轨道,使得太阳帆能够保持悬停,感兴趣的读者可继续研究。

图 6.18 细长小行星近似偶极子随体系 oxz 和 oyz 平面内可行悬停区域

小行星在轨运行时,太阳纬度角 φ 的影响因素有两个:一个是小行星轨道倾角(orbital inclination)为 i,一个是小行星的黄赤交角(obliquity of the ecliptic)为 ϑ。例如,若一颗小行星轨道倾角恰好为零,则太阳纬度角的最大值等于其黄赤交角;若该小行星自转轴又恰好垂直于黄道平面($\vartheta = 0$),那么太阳纬度角将一直为零。若小行星轨道倾角 i 的值为 $\pi/2$,太阳纬度角将随着小行星轨道运行而不断变化,最大值为 $\pi/2$,零值在小行星穿越黄道面时获得。已经观测到的小行星,黄赤交角范围几乎覆盖 $[-\pi/2, \pi/2]$ 整个区间[34],且小行星轨道倾角范围广泛。为此,有必要研究太阳纬度角对悬停轨道的影响,以此揭示小行星长周期轨道运动对近距离悬停飞行的影响。采用细长小行星近似偶极子模型时,引力场关于小行

星赤道面对称分布,仅需讨论太阳纬度角的半区间[0,π/2]。

图 6.19 所示为不同太阳纬度角时小行星随体系 oyz 平面内悬停轨道可行区域。图中假设小行星轨道倾角为 π/2,保证小行星围绕太阳运行时能够覆盖所有纬度角。在小行星圆轨道假设下,仿真中仅需讨论如图 6.19(a)的 1/4 轨道周期。作为初期研究,书中仅分析 5 个代表性工况 $S_1 \sim S_5$,分别对应太阳纬度角$[0, \pi/6, \pi/4, \pi/3, \pi/2]^T$,并以此作为 ϑ 和 i 非零情形下组合出的特殊工况。在小行星由黄道面运行至太阳极区的过程中,太阳帆可行悬停探测区域不断扩大。由式(6.51)知,太阳帆不可能在小行星赤道面内实现本体悬停,因为对于 S_1 中 $\varphi = 0$ 的情形,$\cos(\theta_1 + \theta_p)$ 符号周期性变化时左端第二项始终为零,无法满足非负的等式约束。这也是图 6.19(b)中仅有其他四种工况悬停区域的原因,S_2 和 S_3 时可行悬停轨道位于两片独立的花瓣形区域内,起始点均为小行星赤道面内三角平动点。当太阳纬度角增大到 S_4 的 π/3 时,两个独立的悬停区域在小行星北极上空相互连通,并随着 φ 值增大到 π/2 的过程使得北极悬停点不断降低。后续研究可将小行星轨道偏心率考虑在内,使得问题更接近实际。

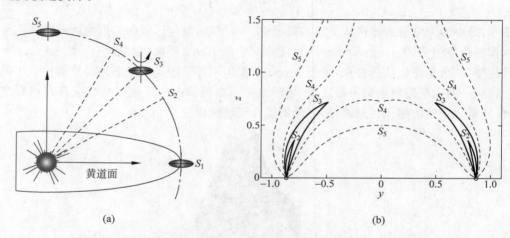

(a)　　　　　　　　　　　　　　　(b)

图 6.19　太阳纬度角对小行星随体系 oyz 平面内太阳帆悬停轨道的影响
(a) 五种太阳纬度角示意图;(b) 五种情况对应悬停飞行区域

除太阳纬度角外,太阳帆光压因子是悬停轨道的另一个重要影响因素。仿真中 β_{max} 取不大于 0.25 的四组数据$[0.15, 0.185, 0.2, 0.25]^T$,权重系数 η 依然为常值 0.85,太阳纬度角取为 π/2。图 6.20 展示了悬停飞行可行区域随着 β_{max} 减小时的变化情况,图 6.20(a)中为起点在共线平动点 E_2 和 E_3 处的共线悬停区,图 6.20(b)中对应三角悬停区。图中可行悬停区域变化总体趋势一致,随着太阳帆光压因子的减小,可行悬停区域不断缩小。在 2.7AU 处 $\beta_{max} = 0.25$ 时太阳帆光压加速度为 0.17mm/s^2,当 β_{max} 减小至 0.15 时对应的加速度为 0.1mm/s^2。$\beta_{max} = 0.25$ 的太阳帆能够形成的共线悬停区最大,为 oxz 平面内小行星北极上空的一个连通区域。随着光压因子的降低,图 6.20(a)中可行悬停区域缩减为 oxz 平面内三块相互独立的区域。以 $\beta_{max} = 0.15$ 情况为例,共线悬停区为图中阴影区域——两块与共线平衡点相连的对称区域,一块位于小行星北极上空的区域。由 $\beta_{max} = 0.185$ 的可行悬停区域,不难看出从连通区域缩减为三块独立区域的变化趋势。

太阳帆光压因子越高,可行悬停区域越大。然而,对于帆面尺寸和帆膜质量(包括支持

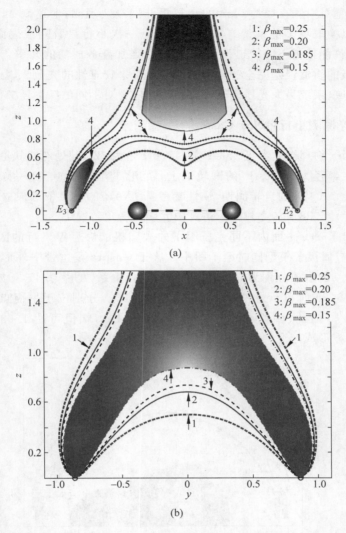

图 6.20 太阳帆光压因子 β_{max} 取不同值时可行悬停飞行区域($\varphi = \pi/2$)

(a) 共线悬停区；(b) 三角悬停区

系统)一定的太阳帆,光压因子的提高意味着航天器系统有效载荷的减少,即航天器所能携带的有效科学仪器会相应减少。因此,在应用太阳帆航天器悬停探测小行星时,需要在可行悬停区域(即悬停轨道设计)和系统有效载荷间做出权衡。例如,光压因子 $\beta_{max} = 0.15$ 的太阳帆理论上能够实现小行星极区观测任务,沿 oz 轴方向最小悬停半径约为 0.713km(对应三角悬停区),如表 6.3 所示。表中结果均由数值仿真求得,对于 $\beta_{max} = 0.25$ 的太阳帆,最小悬停半径为 0.501km,距离小行星表面靠近了 $30\% \sim 40\%$。

表 6.3 太阳帆光压因子取不同值时 oz 轴上悬停轨道最小半径

β_{max}	0.15	0.185	0.2	0.25
共线悬停区 r_{min}/km	0.883	0.736	0.681	0.501
三角悬停区 r_{min}/km	0.713	0.665	0.641	0.501

若探测任务是对一颗直径约 5km 的小行星开展极区观测,上述 0.2km 的悬停高度差距可以忽略,用以换取更多的系统有效载荷。若是一次小行星着陆或表面采样任务,那么 0.2km 的距离或许能使得下降轨道设计更为容易,增加任务成功的几率。从日本"隼鸟号"任务看,百米量级的轨道误差完全有可能给着陆器带来灾难性的失败。因此,航天器有效载荷与可行悬停区域(系统最大光压因子)间的权衡,应针对不同的探测任务作出选择。

6.6.2 悬停探测小行星 951 Gaspra

小行星 Gaspra 物理性质参见 5.5.2 节,黄赤交角为 $72°$,此处忽略轨道偏心率和轨道倾角,假设它运行在半径为 2.21AU 的圆轨道上,轨道周期为 1200.02d(实际椭圆轨道时约 1199.647d),相比 7.042h 的自转周期,惯性参考系 $IXYZ$ 的假设依然成立。近似偶极子模型参数为 $[\kappa,\mu]^T=[5.3814,0.2496]^T$,仿真中太阳纬度角暂取 $72°$。

图 6.21 给出了 oxz 平面内不同光压因子的太阳帆能够悬停飞行的区域,Gaspra 小行星的一部分及对应偶极子模型同时绘于图中。鉴于 Gaspra 是主带中外形尺寸较大的一颗小天体,算例中 β_{max} 的取值分别为 0.25、0.5 和 1.0(权重系数 $\eta=0.85$)。如图 6.21 中阴影区所示,当 $\beta_{max}=0.25$ 时可行悬停区为两块隔离的区域,分别位于平衡点 E_2 和 E_3 附近。随着 β_{max} 增大到 1.0 时,太阳帆在 2.21AU 处的最大推力幅值可达 $1.032mm/s^2$,能够在 Gaspra 赤道面上方形成连通的可行探测区域。

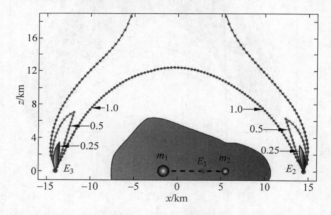

图 6.21 太阳帆不同光压因子时 Gaspra 随体系 oxz 平面内共线悬停区

实际上,光压因子 $\beta_{max}=1.0$ 太阳帆已经是高性能推进系统[35],在 1AU 处光压加速度高达 $5.04mm/s^2(\eta=0.85)$,近期内仍难以实现。忽略其他摄动及非理想模型约束时,该太阳帆在 1AU 处能够完全平衡掉太阳的引力,实现太阳静止轨道。仿真中采用如此高性能的太阳帆,一是由于小行星 Gaspra 较大的自身引力(等效球形小行星平均半径 6.1km),二是 Gaspra 距离太阳较远。当航天器悬停在 Gaspra 小行星北极最小半径 12.38km 处时,太阳帆提供的光压加速度为 $0.99mm/s^2$。同时,由于 Gaspra 质量的非均匀分布,近似偶极子模型 m_1 一侧的可行悬停区域要略大于 m_2 一侧。

小行星 Gaspra 随体系中三角悬停区如图 6.22 所示,悬停区起点位于赤道面内两个三角平衡点 E_4 和 E_5,对于近似偶极子模型,该区域关于 oxz 平面对称分布且平行于 oyz 平面。三角悬停区在赤道面投影为一条线段,与 ox 轴交点坐标与三角平衡点 ox 坐标相同,由 4.2.2 节知坐标值约为 1.944km。悬停区域变化趋势与共线悬停区类似,对于 $\beta_{max}=[0.25,0.5]^T$ 两种情况,三角悬停区为相互独立的两块区域,而当 $\beta_{max}=1.0$ 时,悬停区域变为一整块连通区域。

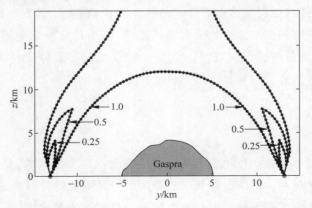

图 6.22 太阳帆不同光压因子时 Gaspra 随体系中三角悬停区(垂直于赤道面)

小行星 Gaspra 在围绕太阳运行过程中,太阳纬度角不断变化,由 6.6.1 节知太阳纬度角的改变对悬停区域有很大影响。图 6.23(a)给出了 Gaspra 在黄道面内运行时太阳纬度角的变化情况,在圆轨道假设下,仅需考虑四分之一周期。Gaspra 绕太阳运行一圈为 1200.02d,故向径每天扫过日心角度约 0.18°。假设初始时刻太阳纬度角 φ 与其黄赤交角相同,则 66.7d 后 φ 值降为 60°,之后每 83.3d φ 值减少 15°,即经过 233.3d,太阳纬度角由初值 72°逐渐减小至 30°。对应每一个太阳纬度角,书中以平衡点 E_4 附近悬停区域的变化说明 φ 值的影响。随着太阳纬度角不断减小,太阳帆在 Gaspra 引力场中的可行悬停区域不断缩小。对于图中以"☆"标注的悬停点,在太阳纬度角大于 45°前都是可行的:即通过调整太阳帆的光压因子和帆面姿态等,在 φ 值由 72°降低至 45°前,航天器有将近 150d 可以在此位置悬停飞行,这对于自转周期 7.042h 的 Gaspra 已是一个相当长的探测时长。

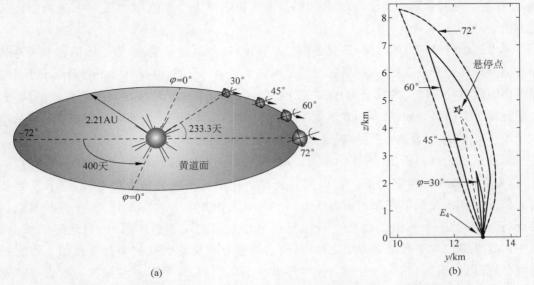

(a)

(b)

图 6.23 小行星 Gaspra 轨道运动对平衡点 E_4 附近悬停飞行区域的影响

(a)小行星 Gaspra 轨道运动中太阳纬度角的变化;(b)三角悬停区变化

除共线悬停区(oxz 平面内)和三角悬停区(位于/平行于 oyz 平面)外,小行星赤道面以外的其他位置理论上(对于太阳帆而言)也存在可行悬停区域,这些悬停区形状如何? 航天器在这些区域内飞行时,控制加速度需要满足什么规律,在实际任务中是否可行? 此外,上述研究中悬停飞行所需控制加速度均由太阳帆提供,应用目前深空探测中常用的连续小推力发动机,同样可得到悬停探测区域[36]。这些研究仅给出了悬停飞行的动力学,轨道的稳定性以及轨道保持等仍有待探究。

6.7　小结

广义甩摆轨道是不规则小行星引力场内有趣的质点动力学现象,是小行星清除引力场内异物的重要动力学机制。广义甩摆轨道能量的改变是不规则引力场在质点牵连速度方向持续做功引起的。文中应用偶极子模型近似细长小行星引力场分布,从能量增量的角度入手,得到了小行星随体系下能量变化率分布图谱,将引力场划分为 4 个象限,并指明近拱点位于 Ⅱ、Ⅳ 象限的轨道经过甩摆作用后能量会增加,而近拱点位于 Ⅰ、Ⅲ 象限内轨道甩摆后能量会减少。

近拱点分布对甩摆轨道有重要影响,近拱点距离小行星表面越近,相应甩摆轨道能量增量幅值越大。质点从环绕飞行状态经单次甩摆而逃离小行星引力场的轨道,称为抛射轨道或逃逸轨道,数值仿真发现该类轨道近拱点分布于 Ⅱ 或 Ⅳ 象限内狭长的带状区域。上述区域紧邻零值能量曲面的内侧,是航天器绕飞轨道的危险区域。

太阳帆是一种新型航天推进系统,依靠帆面反射太阳光子产生的光压力提供推力,在目前无燃料推进方式中发展最为成熟。在球形小行星假设下求解了悬停探测轨道,并分别讨论了太阳帆模型、光压因子、小行星自旋角速度和悬停半径等对悬停飞行的影响。仿真发现,在赤道面外同步轨道高度处,悬停飞行所需太阳帆推力为常值,方向沿小行星自旋角速度方向。

考虑到小行星不规则外形,研究了细长小行星(近似偶极子模型)附近太阳帆航天器悬停探测可行性。分析表明,太阳帆在小行星本体系悬停飞行时,需要与太阳分别位于小行星赤道面的两侧。求解了共线悬停区和三角悬停区,分析了太阳纬度角对悬停区域的影响。在小行星及太阳帆参数确定后,发现太阳纬度角越大,太阳帆的可行悬停区域越大。最后以主带小行星 Gaspra 为例,进一步验证了悬停探测的可行性。

不积跬步无以至千里,不积小流无以成江河。一项伟大的科研工作如同一座辉煌的大厦,需要一砖一瓦堆砌而成。它们都需要经历一个从平凡到伟大的过程,之后又会随着人们认识和研究的不断深入而再次走向平凡。无论是牛顿力学的创立,还是相对论的发展,都经历过一个相似的过程。目前小行星相关研究工作渐次展开,但还远未成熟。书中内容唯愿撷取小行星动力学之冰山一角,期待更多理论研究与小行星探测工程实践相结合,促进行星科学、宇航科学与技术等学科不断发展,为我国深空探测与航天强国建设奠定基础。

参考文献

[1] Wang X Y, Jiang Y, Gong S P. Analysis of the potential field and equilibrium points of irregular-shaped minor celestial bodies[J]. Astrophysics and Space Science, 2014, 353: 105-121.

[2] Sims J A, Longushi J M, Staugler A J. V_{∞} leveraging for interplanetary missions: Multiple-revolution orbit techniques[J]. Journal of Guidance, Control and Dynamics, 1997, 20(3): 409-415.

[3] 李俊峰, 宝音贺西, 蒋方华. 深空探测动力学与控制[M]. 北京: 清华大学出版社, 2014.

[4] Zeng X Y, Alfriend K T, Li J F, et al. Optimal solar sail trajectory analysis for interstellar missions[J]. Journal of the Astronautical Sciences, 2012, 59(3): 502-516.

[5] Scheeres D J, Ostro S J, Hudson R S, et al. Orbits close to asteroid 4769 Castalia[J]. Icarus, 1996, 121: 67-87.

[6] Yu Y, Baoyin H X. Resonant orbits in the vicinity of asteroid 216 Kleopatra[J]. Astrophysics and Space Science, 2013, 343(1): 75-82.

[7] Wang X Y, Gong S P, Li J F. Amethod for classifying orbits near asteroids[J]. Acta Mechanica Sinica, 2014, 30(3): 316-325.

[8] Tricarico P, Sykes M V. The dynamical environment of Dawn at Vesta[J]. Planetary and Space Science, 2010, 58: 12-38.

[9] Elipe A, Lara M. A simple model for the chaotic motion around (433) Eros[J]. Journal of Astronomy Science, 2003, 51(4): 391-404.

[10] Zeng X Y, Fang B D, Li J F, et al. Generalized flyby trajectories around elongated minor celestial bodies as a rotating mass dipole[J]. Acta Mechanica Sinica, 2015, 32(3): 535-545.

[11] 李俊峰, 曾祥远. 不规则小行星引力场内的飞行动力学[J]. 力学进展, 2017, 47: 429-451.

[12] Scheeres D J. Orbital mechanics about small bodies[J]. Acta Astronautica, 2012, 7: 1-14.

[13] McInnes C R. Solar sailing: technology, dynamics and mission applications[M]. London: Springer Praxis, 1999.

[14] Morrow E, Scheeres D J, Lubin D. Solar sail orbit operations at asteroids[J]. Journal of Spacecraft and Rockets, 2001, 38(2): 279-286.

[15] Williams T, Abate M. Capabilities of furlable solar sails for asteroid proximity operations[J]. Journal of Spacecraft and Rockets, 2009, 46(5): 967-975.

[16] 李俊峰, 宝音贺西. 深空探测中的动力学与控制[J]. 力学与实践, 2007, 29(4): 1-9.

[17] Tsiokovsky K E. Extension of man into outer space[J]. 1921 [cf. also, Symposium Jet Propulsion No. 2, United Scientific and Technical Presses, 1936 (in Russian)].

[18] 龚胜平, 李俊峰. 太阳帆航天器动力学与控制[M]. 北京: 清华大学出版社, 2014.

[19] Friedman L, Carroll W, Goldstein R, et al. Solar sailing -The concept made realistic[C]//16th AIAA Aerosapce Sciences Meeting, Huntsville, Alabama, 1978, AIAA Paper 78-82.

[20] Garner C, Leipold M. Developments and activities in solar sail propulsion[C]//36th AIAA/ASME/SAE/ASEE Joint Propulsion Conference and Exhibit, Huntsville, Alabama, 2000, AIAA 2000-0126.

[21] Vulpetti G. 3D high-speed escape heliocentric trajectories by all-metallic-sail low-mass sailcraft. Acta Astronautica, 1996, 39: 161-170.

[22] Vulpetti G. Sailcraft at high speed by orbital angular momentum reversal[J]. Acta Astronautica, 1997, 40(10): 733-758.

[23] Vulpetti G. General 3D H-reversal trajectories for high-speed sailcraft[J]. Acta Astronautica, 1999, 40(1): 67-73.

[24] Zeng X Y, Gong S P, Li J F. Earth-crossing asteroid intercep tmission with a solar sail spacecraft[J].

IEEE Aerospace and Electronics Systems Magazine,2014,29(10)：4-15.

[25] Zeng X Y,Baoyin H X,Li J F,Gong S P. Three-dimensional time optimal double angular momentum reversal trajectory using solar sails[J]. Celestial Mechanics & Dynamical Astronomy,2011,111(4)：415-430.

[26] Zeng X Y,Alfriend K T,Vadali S R. Solar sail planar multireversal periodic orbits[J]. Journal of Guidance,Control,and Dynamics,2014,37(2)：674-681.

[27] 曾祥远,龚胜平,高云峰,等. 非理想太阳帆航天器时间最优交会任务[J]. 清华大学学报（自然科学版）,2014,54(9)：1240-1244.

[28] Mengali G,Quarta A A. Optimal heliostationary missions of high-performance sailcraft[J]. Acta Astronautica,2007,60：676-683.

[29] Jiang F H,Li J F,Baoyin H X. Practical techniques for low-thrust trajectory optimization with homotopic approach[J]. Journal of Guidance,Control and Dynamics,2012,35(1)：245-258.

[30] Macdonald M,McInnes C R. Solar sail science mission applications and advancement[J]. Advances in Space Research,2010,48：1702-1716.

[31] Zeng X Y,Jiang F H,Li J F. Asteroid body-fixed hovering using nonideal solar sails[J]. Research in Astronomy and Astrophysics,2015,15(4)：597-607.

[32] Zeng X Y,Jiang F H,Li J F,et al. Study on the connection between the rotating mass dipole and natural elongated bodies[J]. Astrophysics and Space Science,2015,356(1)：29-42.

[33] Zeng X Y,Gong S P,Li J F,et al. Solar sail body-fixed hovering around elongated asteroids[J]. Journal of Guidance,Control,and Dynamics,2016,39(6)：1223-1231.

[34] Bottke W F Jr,Cellino A,Paolicchi P,and Binzel R P. (editors) Asteroids Ⅲ[M]. The University of Arizona Press & Lunar and Planetary Institute,2002.

[35] Zeng X Y,Li J F,Baoyin H X,et al. Trajectory optimization and applications using high performance solar sails[J]. Theoretical. & Applied. Mechanics. Letters,2011,V1(3)：033001：1-7.

[36] Yang H W,Zeng X Y,Baoyin H X. Feasible region and stability analysis for hovering around elongated asteroids with low thrust[J]. Research in Astronomy and Astrophysics,2015,15(9)：1571-1586.